研究生卓越人才教育培养系列教材

二氧化碳地质封存与监测

原理及应用

主　编　张小莉　马劲风

副主编　马俊杰　屈红军　李　琳

王浩璠　薛　璐

西北大学出版社

·西安·

图书在版编目（CIP）数据

二氧化碳地质封存与监测 : 原理及应用 / 张小莉，马劲风主编. -- 西安 : 西北大学出版社，2024. 8.
ISBN 978-7-5604-5465-8

Ⅰ. P562；X831

中国国家版本馆 CIP 数据核字第 2024FL9455 号

二氧化碳地质封存与监测：原理及应用

ERYANGHUATAN DIZHI FENGCUN YU JIANCE: YUANLI JI YINGYONG

张小莉　马劲风　主编

出版发行　西北大学出版社

（西北大学校内　邮编：710069　电话：029-88303042　88303593）

http://nwupress.nwu.edu.cn　E-mail: xdpress@nwu.edu.cn

经　　销　全国新华书店
印　　刷　西安博睿印刷有限公司
开　　本　787 毫米×1092 毫米　1/16
印　　张　15.25

版　　次　2024 年 8 月第 1 版
印　　次　2024 年 8 月第 1 次印刷
字　　数　278 千字

书　　号　ISBN 978-7-5604-5465-8
定　　价　53.00 元

前　言

推进碳达峰、碳中和是党中央经过深思熟虑做出的重大战略决策，是我国对国际社会的庄严承诺，也是推动高质量发展的内在要求。二氧化碳捕集、利用与封存是国际公认的能够实现大规模快速减排的技术解决方案，是我国应对气候变化、迈向碳中和的必然选择。

本书从气候变化及其影响、应对措施等内容出发，介绍碳达峰、碳中和、碳减排与二氧化碳地质封存的概念，论述二氧化碳地质封存机理、二氧化碳地质封存评价与选址方法、二氧化碳地质封存地球物理监测以及二氧化碳地质封存泄漏的环境影响与监测技术，并结合国内外二氧化碳地质封存典型案例展开分析，为我国碳达峰、碳中和提供大规模减排的地球科学技术支撑。

本书共六章。第一章为气候变化与二氧化碳地质封存，主要从气候变化及其影响、碳循环、温室气体排放清单等概念出发，阐述应对气候变化与实现碳达峰、碳中和的重大意义以及碳捕集与封存技术所扮演的战略角色。第二章为二氧化碳地质封存机理，主要梳理二氧化碳的物理及化学特性，阐述适宜二氧化碳封存的主要地质场所，分析二氧化碳地质封存的主要机理。第三章为二氧化碳地质封存适宜性评价，梳理二氧化碳地质封存评价过程中储层、盖层、圈闭和断层封闭性的评价要点，介绍二氧化碳地质封存建模与模拟的流程与方法，论述二氧化碳地质封存量计算及地质封存选址方法。第四章为二氧化碳地质封存地球物理监测，介绍地球物理监测技术中的四维地震监测技术，包括二氧化碳以及混合流体的弹性性质计算方法，四维地震采集以及数据处理中的重复性问题，构建四维地震正演模型以及四维地震反演方法。第五章为二氧化碳地质封存的环境风险与环境监测，主要介绍二氧化碳地质封存泄漏及其风险、二氧化碳地质封存泄漏的环境影响、二氧化碳地质封存泄漏的环境风险评价以及二氧化碳地质封存的环境监测，为保障碳捕集与封存项目环境安全以及风险评价提供技术支撑。第六章为二氧化碳地质封存典型案例剖析，主要从国际成功的碳捕集与封存项目案例出发，介绍二氧化碳咸水层封存与驱油封存两种路径的范例，并列举了我国正在开展的碳捕集与封存项目。

本书第一章由西北大学榆林碳中和学院、地质学系的马劲风教授编写，第二章由西北大学榆林碳中和学院、地质学系的张小莉教授编写，第三章由西北大学榆林碳中和学院、地质学系的屈红军教授编写，第四章由西北大学城市与环境学院的李琳老师和西北大学榆林碳中和学院、地质学系的马劲风教授共同编写，第五章由西北大学榆林碳中和学院、城市与环境学院的马俊杰教授和西北大学榆林碳中和学院、地质学系、榆林学院的薛璐老师共同编写，第六章由西北大学榆林碳中和学院、地质学系的王浩璠老师和马劲风教授共同编写。

本书主要用作普通高等院校碳储科学与工程、地质资源与地质工程、石油工程、环境工程、热能工程等领域的研究生与本科生教材，也可供二氧化碳地质封存、油气地质等行业从事大气环境保护、碳减排、废气治理、油气开采等相关专业的技术人员、研究人员与管理人员参考。

由于编者水平有限，书中难免存在疏漏和不足之处，敬请读者批评指正。

编　者

2024 年 7 月

目 录

第 1 章　气候变化与二氧化碳地质封存

1.1　气候变化及其影响

1.1.1 气候变化的定义

气候变化是指温度和天气模式的长期变化。这些变化可能是由自然原因造成的，如太阳活动的变化和大型火山的爆发。但自 19 世纪以来，人类活动一直是造成气候变化的主要原因，特别是煤炭、石油和天然气等化石燃料的燃烧。化石燃料的燃烧会产生温室气体排放，这些气体就像包裹着地球的毯子，捕获太阳的热量并使地球温度不断升高。其中，造成气候变化的主要温室气体是二氧化碳和甲烷。

1.1.2 人类对全球变暖负有责任

早在人类出现之前，地球就经历过变暖和变冷的阶段。当时可能导致气候变化的因素包括太阳强度、火山爆发和自然发生的温室气体浓度的变化。但是有记录表明，今天的气候变暖——尤其是自 20 世纪中期以来发生的气候变暖——正在以比以往任何时候都快得多的速度发生，而且不能仅仅用自然原因来解释。根据美国国家航空航天局的说法，“这些自然原因今天仍在发挥作用，但它们的影响太小，或者发生得太慢，无法解释近几十年来的快速变暖”（Riebeek，2010）。

气候科学家表示，人类活动是过去两百年来全球变暖的最主要原因。人类活动产生温室气体排放，造成世界变暖的速度比过去两千年的任何阶段都要快。

燃烧煤炭、石油和天然气等化石燃料进行发电、供热和运输是人类排放的主要来源。第二个主要来源是森林砍伐，它将封存（或储存）的碳释放到空气中。据估计，砍伐、火灾和其他形式的森林退化每年平均释放 81×10^8 t 二氧化碳，占全球二氧化碳总排放量的 20%以上。第三个主要来源是产生空气污染的其他人类活动，包括化肥的使用（一氧化二氮排放的主要来源）、牲畜生产（牛和羊是主要的甲烷排放者）以及释放氟化气体的某些工业过程。

据美国环境保护署（EPA）称，我们目前的二氧化碳、甲烷和一氧化二氮浓度，“与过去 80 万年相比是前所未有的”。事实上，大气中二氧化碳的比例——地球气候变化的主要原因——自前工业化时代以来已经上升了 46%。

截至目前，地球表面的平均温度比 19 世纪末（工业革命前）升高了 1.1℃，是过去十万年来的最高水平。过去十年（2011—2020 年）是有记录以来最温暖的十年，而最近四十年中，任何一个十年的平均气温比 1850 年以来的任何一个十年都更高。

随着地球大气层的升温，它会收集、保留和减少更多的水分，从而改变天气模式，使潮湿地区变得更潮湿，干燥地区变得更干燥。气温升高会加剧多种灾害的发生频率，气候变化的后果包括极端干旱、缺水、重大火灾、海平面上升、洪水、极地冰层融化、灾难性风暴，以及生物多样性减少等。这些事件可能造成毁灭性后果，危及获得清洁饮用水，助长失控的野火，破坏财产，造成危险物质泄漏，污染空气，并导致生命损失。

1.1.3 人们正以不同方式经历气候变化

气候变化会影响我们的健康、粮食生产能力、住房、安全和工作。我们中的一些人在气候变化的影响面前已经显得更为脆弱，如生活在小岛屿国家和其他发展中国家的人们。海平面上升和海水倒灌等情况已经发展到整个社区被迫搬迁的地步，而长期的干旱正使人们面临饥荒的风险。在未来，“气候难民”的数量预计将会增加。

根据世界经济论坛发布的《2021 年全球风险报告》，未能减缓和适应气候变化是全球社区面临的“最具影响力”的风险，甚至超过了大规模杀伤性武器和水危机。这归咎于它的连锁效应：随着气候变化改变全球生态系统，它影响着从我们居住的地方到我们饮用的水再到我们呼吸的空气的一切。

1.1.4 全球每变暖一点都将影响重大

在一系列的联合国政府间气候变化专门委员会（IPCC）综合评估报告中，数千名科学家和政府评审人一致认为，将全球温度上升限制在不超过 1.5°C 将有助于我们避免最严重的气候变化影响，并保持气候宜居。然而，目前实施的政策表明，到 21 世纪末，气温将上升 2.8℃。

1.1.5 面临巨大挑战，解决方案也很多

许多气候变化解决方案在带来经济效益的同时还能改善我们的生活，并保护环境。我们还有指导性的全球框架和协定，如可持续发展目标、《联合国气候变化框架公约》和《巴黎协定》。这三大类行动分别是减少排放、适应气候变化的影响以及为必要的调整提供资助。

将能源系统从化石燃料转向太阳能或风能等可再生能源，有助于减少温室气体的排放，但我们必须现在就开始行动。虽然越来越多的国家联盟承诺到 2050 年实现净零排放，但大约一半的减排量必须在 2030 年之前到位，以保持升温幅度低于 1.5℃。为实现升温控制目标，各国必须大幅减少煤炭、石油和天然气的使用量，到 2050 年前，在目前已知的化石燃料储量中，必须将超过三分之二留在地下，以防止气候变化带来灾难性的后果。

1.2　碳通量和碳循环

1.2.1 定义

碳通量（Carbon Flux）是指地球上的碳库——海洋、大气、陆地和生物之间交换的碳量，通常以每年十亿吨碳（GtC/a）为单位。

地球上的碳在全球范围内交换，就是所谓的碳循环（Carbon Cycle）。碳循环每年交换大量的碳，且几乎完全自然平衡。然而，当人类将原本埋在地下的碳引入时，就会导致不平衡。

1.2.2 自然的碳交换

自然的碳交换主要有两种，构成了自然的碳循环。陆地—大气这种交换主要通过植物的光合作用和呼吸作用循环碳。如图 1-1 所示，每年大约有 1200×10^8 t 碳通过光合

作用被吸收，另外 1200×10^8 t 碳通过呼吸作用和分解作用被排放回大气中，净交换接近于零。这意味着这个循环不会增加任何一个碳库中的碳水平。海洋—大气—海洋这种交换通过与大气的压力差进行碳循环。在这个循环中大约有 900×10^8 t 碳当量交换，就像陆地—大气循环一样，净交换大约为零。这些交换都发生在非常不同的时间尺度上，陆地循环发生的速度很快，而海洋循环则慢得多。

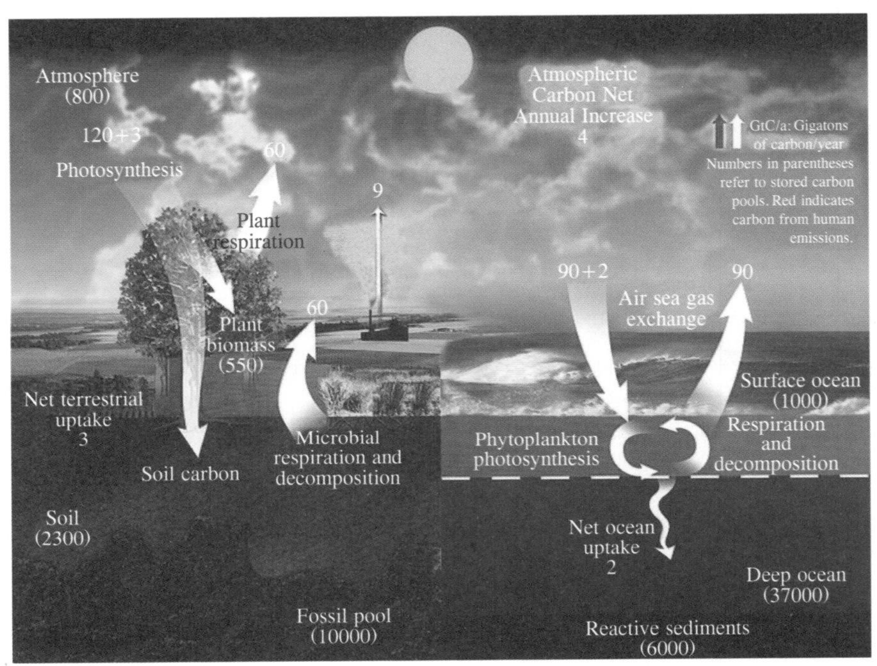

图 1-1　地球的碳循环

数字代表了碳的质量，以十亿兆吨为单位（不是分子，只是碳），在一年中循环。黄色文字是自然的碳循环，红色文字是人为的影响，人类每年排放的 90×10^8 t 碳（约 350×10^8 t 二氧化碳）在大气中增加 40×10^8 t、在光合作用中增加 30×10^8 t、在海洋中增加 20×10^8 t。这就是人类改变自然碳循环的方式。

1.2.3 人类的碳交换

人类的碳交换基本上是单行道，因为化石燃料是从地下深处开采出来的（在地下深处的化石燃料对地球基本上没有影响），然后被引入碳循环。化石燃料为我们提供了多种用途的能源，例如发电厂的发电或机动车辆的运输。然而，燃烧化石燃料会向大气中排放大量的二氧化碳和其他形式的碳（如甲烷和黑碳）。

与自然循环大量碳相比，人类输入的碳可能看起来并不多，但每年都会带来碳的净增长。这种净增长导致了令人担忧的气候变化问题，如全球变暖和海洋酸化。图 1-2 显示了人类的碳输入是如何分成不同碳汇的。其中有四个主要的碳汇——岩石圈（地壳）、水圈（海洋）、大气圈（空气）、生物圈（生物体）。

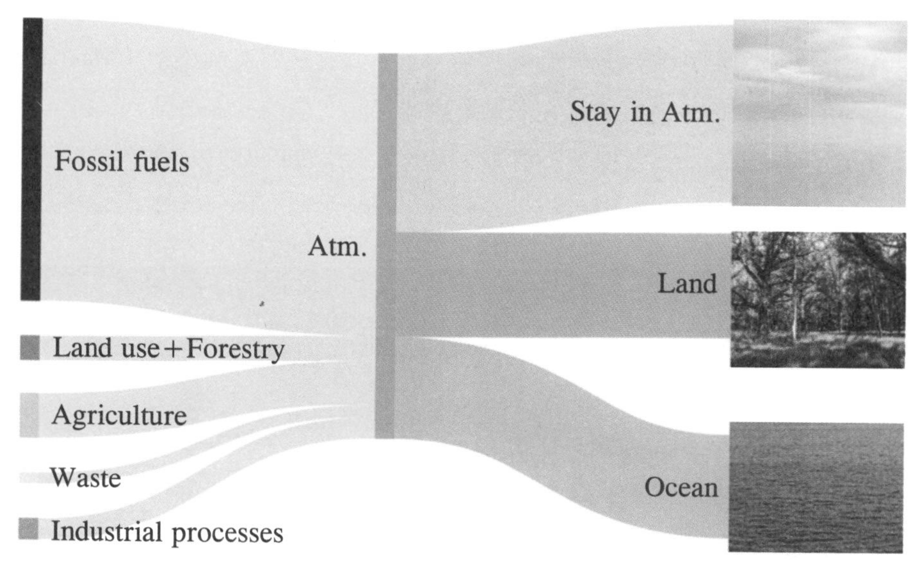

图 1-2　人为活动下的碳源与碳汇

人类活动的净排放进入大气，自然过程将这些温室气体分配到三大碳库中。其中大约一半留在大气中，另一半在陆地和海洋中平均分配（Melieres M，Marechal C，2015）。Atm. 为 atmosphere 的缩写。

碳在这些贮存库之间交换的速率取决于所涉及的转化过程：

（1）光合作用——从大气中去除二氧化碳，并将其作为有机化合物固定在生产者体内。

（2）呼吸作用——有机化合物在生物体中被消化时，向大气中释放二氧化碳。

（3）分解作用——有机物死亡后，有机物被循环利用，释放碳产物到空气或沉积物中。

（4）气体溶解——海洋和大气之间的碳气体交换。

（5）岩化作用——含碳沉积物被压实成地壳内的化石和岩石（如石灰岩）。

（6）燃烧——当有机碳氢化合物（煤、石油和天然气）作为燃料燃烧时释放出碳气体。

直接测量碳汇的大小或它们之间的通量是不可能的，只能进行估算。全球碳通量非常大，因此以千兆吨为单位测量。由于碳通量很大，而且是基于许多不同来源的测量结果，因此估算有很大的不确定性。

1.2.4 大气中二氧化碳浓度的测量

夏威夷美国国家海洋和大气管理局（NOAA）的莫纳罗亚气象站（Mauna Loa Observatory）（图 1-3）是一个测量大气中导致地球气候变化的元素的站点，还能够测量可能消耗臭氧层的元素。这一数据至关重要，因为臭氧层可以保护人类免受太阳紫外线产生的有害辐射。

图 1-3　美国国家海洋和大气管理局的莫纳罗亚气象站

莫纳罗亚气象站的位置是采集地球空气样本的理想地点，位于夏威夷莫纳罗亚火山的一侧。该气象站海拔约 3400 m，远离主要污染源。这意味着空气相对清洁，科学家更容易进行研究。

莫纳罗亚气象站的空气样本为世界各地的气候科学家提供了重要的温室气体数据（NOAA，2023）。科学家从 20 世纪 50 年代开始研究莫纳罗亚火山的大气。为了探测地球气候的变化，他们对空气中不同的气体进行了测量，包括一氧化碳、甲烷、一氧化二氮和二氧化硫。其中最值得关注的是气象站对二氧化碳的测量，测量结果用“基林曲线（Keeling Curve）”表示。基林曲线是以已故的基林（Charles David Keeling）博士的名字命名的，他是斯克里普斯海洋研究所（Scripps Institution of Oceanography）的教授，是第一个报告地球大气中二氧化碳含量持续上升的研究人员。基林曲线描述了地球大气中二氧化碳的最长连续记录。图 1-4 所示为不同年份的全球月度平均及大气中二氧化碳、甲烷的含量。

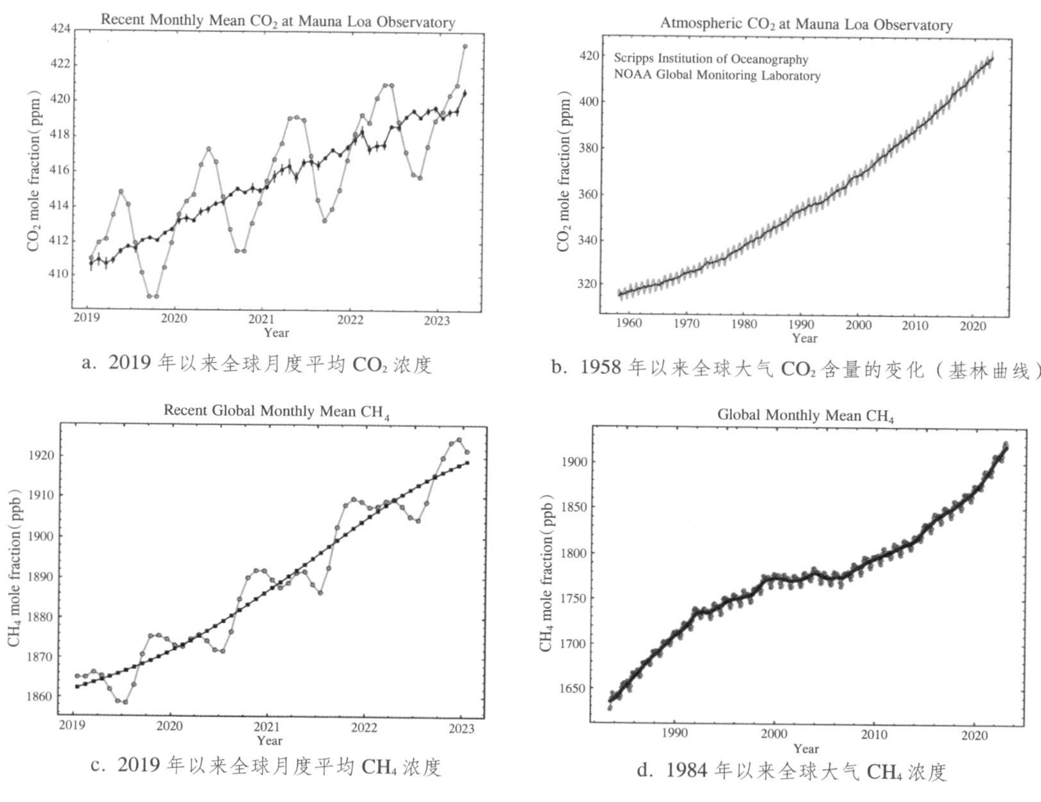

a. 2019 年以来全球月度平均 CO_2 浓度

b. 1958 年以来全球大气 CO_2 含量的变化（基林曲线）

c. 2019 年以来全球月度平均 CH_4 浓度

d. 1984 年以来全球大气 CH_4 浓度

图 1-4　不同年份全球月度平均及大气中二氧化碳、甲烷浓度

自工业革命以来，二氧化碳水平逐年稳步上升（由于化石燃料燃烧的增加）。目前大气中的二氧化碳浓度处于自测量开始以来的最高水平（图 1-5）。

1994 年 9 月，世界气象组织宣布：目前世界海拔最高而且是第一座建在大陆上的大气本底基准观象台，将在中国青海省瓦里关山开始运行。瓦里关中国大气本底基准观象台（以下简称瓦里关中国大气本底台）作为世界气象组织 1989 年开始建立的全球大气监测网的组成部分，将主要用于监测大气中温室气体和臭氧等化学成分的变化。1994 年

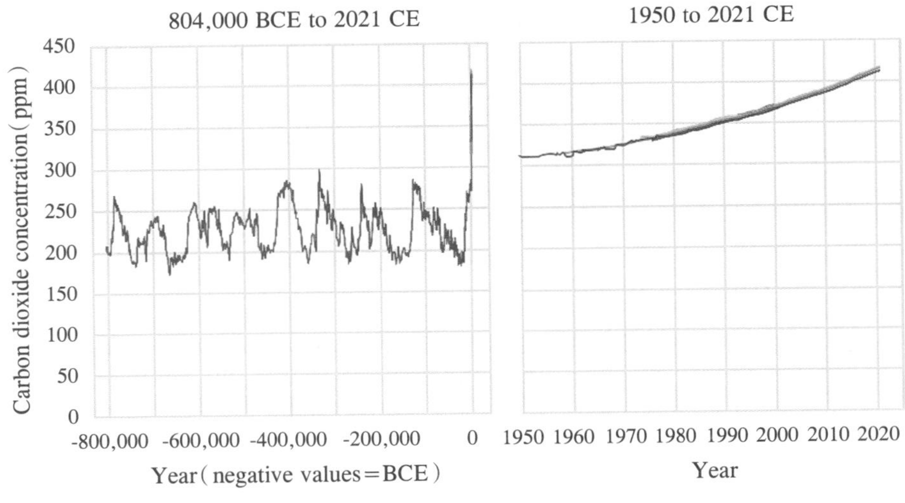

图 1-5　全球大气中 CO_2 浓度随时间变化

9 月 17 日，瓦里关中国大气本底台正式挂牌成立（图 1-6）。根据瓦里关中国大气本底台观测资料绘制的二氧化碳浓度变化曲线，成为国际气象界赫赫有名的“瓦里关曲线”。

图 1-6　位于我国大陆腹地青海省瓦里关山的世界上第一个大陆型大气本底观测站
（图片来自中国气象局网站）

1.3　温室气体排放清单

1.3.1 温室气体定义

温室气体是指任何会吸收和释放红外线辐射并存在于大气中的气体。地球大气中主要的温室气体包括二氧化碳、臭氧、氧化亚氮、甲烷、氢氟氯碳化物类、全氟碳化物以及六氟化硫等。由于水蒸气及臭氧的时空分布变化较大，因此在进行减量措施规划时，一般都不将这两种气体纳入考虑范围。1997 年在日本京都召开的联合国气候化纲要公约第三次缔约国大会中所通过的《京都议定书》，明确针对六种温室气体进行削减，具体包括二氧化碳、甲烷、氧化亚氮、氢氟碳化合物、全氟碳化合物及六氟化硫。其中以后三类气体造成温室效应的影响最大，但对全球升温的贡献百分比来说，二氧化碳由于含量较多，所占的比例也最大，约为 25%。

1.3.2 温室气体排放清单

温室气体排放清单是指以区域为单位计算在社会和生产活动各环节直接或间接排放的温室气体，即区域温室气体排放总量，是对一定区域内人类活动排放和吸收的温室气体信息的全面汇总。编制温室气体排放清单是应对气候变化的一项基础性工作，通过编制清单可以掌握区域温室气体年排放总量，识别出温室气体的主要排放源，了解各部门排放现状，预测未来减排潜力，从而为国家、地方、企业等制定应对气候变化的相关措施提供详细可靠的数据支持。

1.3.3 二氧化碳当量

二氧化碳当量（Carbon Dioxide Equivalent，CO_2e）是指一种用作比较不同温室气体排放的量度单位，各种不同温室气体对地球温室效应的贡献度皆有所不同。为了统一度量整体温室效应的结果，加之二氧化碳是人类活动产生温室效应的主要气体，因此规定以二氧化碳当量为度量温室效应的基本单位。一种气体的二氧化碳当量是通过把这一气体的吨数乘以其全球变暖潜能值（Global Warming Potential，GWP）后得出的（这种方法可把不同温室气体的效应标准化）。

全球变暖潜能值又称全球增温潜势，是一种物质产生温室效应的一个指数，是在100年的时间框架内，某种温室气体产生的温室效应对应于相同效应的二氧化碳的质量（表1-1）。

表1-1 不同温室气体的全球变暖潜能值（GWP）对照表

温室气体	时间框架		
	20年	**50年**	**100年**
CO_2	1	1	1
CH_4	62	21	7
N_2O	275	296	156
CCl_2F_2	7900	8500	4200
HCFC-22	4300	1700	520
N_2O	275	310	256
HFCs	9400	11700	10000
PFCs	3900	5700	8900
SF_6	15100	22200	32400
CHF_3	9400	12000	10000
$C_2H_2Cl_4$	3300	1300	400

1.3.4 《京都议定书》

1997年12月，《联合国气候变化框架公约》第三次缔约方大会在日本京都召开，149个国家和地区的代表通过了旨在限制发达国家温室气体排放量以抑制全球变暖的《京都议定书》。

《京都议定书》规定，到2010年，所有发达国家二氧化碳等六种温室气体的排放量要比1990年减少5.2%。具体说，各发达国家2008—2012年必须完成的削减目标是：与1990年相比，欧盟削减8%、美国削减7%、日本削减6%、加拿大削减6%、东欧各国削减5%～8%，新西兰、俄罗斯和乌克兰可将排放量稳定在1990年水平上。同时允许爱尔兰、澳大利亚和挪威的排放量较1990年分别增加10%、8%和1%。

《京都议定书》需要占1990年全球温室气体排放量55%以上的至少55个国家和地区批准之后，才能成为具有法律约束力的国际公约。中国于1998年5月签署并于2002

年 8 月核准了该议定书。欧盟及其成员国于 2002 年 5 月 31 日正式批准了该议定书。2005 年 2 月 16 日，该议定书正式生效，这是人类历史上首次以法律的形式限制温室气体排放。目前已有 192 个缔约方批准加入了该议定书，美国作为主要发达国家没有签署该议定书。

1.3.5 《巴黎协定》

《巴黎协定》是一项具有法律约束力的气候变化国际条约。2015 年 12 月 12 日，196 个缔约方在法国巴黎举行的《联合国气候变化框架公约》第二十一次缔约方大会上通过了该公约，于 2016 年 4 月 22 日在美国纽约联合国大厦签署，于 2016 年 11 月 4 日生效。《巴黎协定》是对 2020 年后全球应对气候变化行动做出的统一安排，长期目标是将全球平均气温较前工业化时期上升幅度控制在 2℃以内，并努力将温度上升幅度限制在 1.5℃以内。《巴黎协定》是已经到期的《京都议定书》的后续。

《巴黎协定》是多边气候变化进程中的一个里程碑，因为一项具有约束力的协议首次将所有国家聚集在一起，共同应对气候变化并适应其影响。

2016 年 4 月 22 日，时任中国国务院副总理张高丽作为习近平总书记特使在《巴黎协定》上签字。同年 9 月 3 日，全国人大常委会批准中国加入《巴黎气候变化协定》，成为完成了批准协定的缔约方之一。

2021 年 11 月 13 日，《联合国气候变化框架公约》第二十六次缔约方大会在英国格拉斯哥闭幕。经过两周的谈判，各缔约方最终完成了《巴黎协定》实施细则。

1.3.6 国家自主贡献

国家自主贡献（Nationally Determined Contributions，NDCs）是《巴黎协定》及其长期目标实现的核心。国家自主贡献体现了各国减少本国排放、适应气候变化影响的努力。缔约方应采取国内缓解措施，以期实现国家自主贡献的目标。

《巴黎协定》要求各缔约方概述并通报其 2020 年后的气候行动，即国家自主贡献。这些气候行动共同决定着世界能否实现《巴黎协定》的长期目标，能否尽快达到全球温室气体排放峰值，并根据现有的最佳科学依据，在此后迅速减少温室气体排放，从而在 21 世纪下半叶实现温室气体源的人为排放与汇的清除之间的平衡。据了解，发展中国家缔约方需要更长的时间才能达到排放峰值，而减少排放是在公平的基础上，并在可持续发展和努力消除贫困的背景下进行的，这是许多发展中国家的关键发展优先事项。

每五年向《联合国气候变化框架公约》秘书处提交一次国家自主贡献。为了随着时间的推移提高目标，《巴黎协定》规定，与之前的国家自主贡献相比，后续的国家自主贡献将是一个进步，并反映其可能的最高目标。

《巴黎协定》要求缔约方在 2020 年之前提交下一轮国家自主贡献（新国家自主贡献或更新的国家自主贡献），此后每五年（如到 2020 年、2025 年、2030 年）提交一次，无论其各自实施时间框架如何。此外，缔约方可随时调整其现有的国家自主贡献，以提高其目标水平（第四条第十一款）。

1.3.7 温室气体排放状况

《中华人民共和国气候变化第四次国家信息通报》和《中华人民共和国气候变化第三次两年更新报告》向国际社会报告了 2017 年、2018 年中国国家温室气体清单（表 1−2、表 1−3），并按要求对国家自主贡献基准年 2005 年温室气体排放与吸收（表 1−4）进行了回算（徐华清，马翠梅，徐丹卉，2024）。2017 年中国温室气体排放总量（包括 LULUCF，即土地利用、土地利用变化和林业）约为 115.50×10^8 t 二氧化碳当量，其中二氧化碳、甲烷、氧化亚氮和含氟气体所占的比重分别为 80.9%、11.8%、5.1%和 2.2%。土地利用、土地利用变化和林业的温室气体吸收汇约为 12.58×10^8 t 二氧化碳当量，若不包括土地利用、土地利用变化和林业，2017 年中国温室气体排放总量约为 128.08×10^8 t 二氧化碳当量。2018 年中国温室气体排放总量（包括 LULUCF）约为 117.79×10^8 t 二氧化碳当量，其中二氧化碳、甲烷、氧化亚氮、氢氟碳化合物、全氟碳化合物和六氟化硫所占比重分别为 81.1%、11.4%、5.0%、1.6%、0.2%和 0.6%。土地利用、土地利用变化和林业的温室气体吸收汇为 12.57×10^8 t 二氧化碳当量，如不考虑土地利用、土地利用变化和林业，温室气体排放总量为 130.36×10^8 t 二氧化碳当量。

表 1−2　2017 年中国温室气体总量（10^8 t 二氧化碳当量）

温室气体排放领域构成	温室气体种类						
	CO_2	CH_4	N_2O	HFCs	PFCs	SF_6	合计
能源活动	92.71	6.02	1.17				99.90
工业生产过程	14.15	0.00	1.35	1.64	0.20	0.67	18.00
农业活动		5.19	3.04				8.23

续表

温室气体排放领域构成	温室气体种类						
	CO_2	CH_4	N_2O	HFCs	PFCs	SF_6	合计
土地利用、土地利用变化和林业（LULUCF）	−13.42	0.84	0.00				−12.58
废弃物处理	0.03	1.55	0.37				1.94
总量（不包括 LULUCF）	106.89	12.76	5.93	1.64	0.20	0.67	128.08
总量（包括 LULUCF）	93.47	13.59	5.93	1.64	0.20	0.67	115.50

表 1-3　2018 年中国温室气体总量（10^8 t 二氧化碳当量）

温室气体排放领域构成	温室气体种类						
	CO_2	CH_4	N_2O	HFCs	PFCs	SF_6	合计
能源活动	94.26	6.02	1.27				101.55
工业生产过程	14.66	0.00	1.37	1.89	0.22	0.73	18.87
农业活动		5.01	2.92				7.93
土地利用、土地利用变化和林业（LULUCF）	−13.40	0.84	0.00				−12.57
废弃物处理	0.03	1.60	0.37				2.00
总量（不包括 LULUCF）	108.96	12.63	5.93	1.89	0.22	0.73	130.35
总量（包括 LULUCF）	95.55	13.46	5.94	1.89	0.22	0.73	117.79

表 1-4　2005 年中国温室气体总量（10^8 t 二氧化碳当量）

温室气体排放领域构成	温室气体种类						
	CO_2	CH_4	N_2O	HFCs	PFCs	SF_6	合计
能源活动	57.01	4.69	0.82				62.52
工业生产过程	7.06	0.00	0.34	1.14	0.04	0.07	8.65
农业活动		4.50	3.04				7.55
土地利用、土地利用变化和林业（LULUCF）	−8.62	0.88	0.04				−7.70
废弃物处理	0.01	0.81	0.29				1.10
总量（不包括 LULUCF）	64.07	10.00	4.49	1.14	0.04	0.07	79.81
总量（包括 LULUCF）	55.46	10.88	4.53	1.14	0.04	0.07	72.11

根据 EPA 发布的《美国温室气体排放和汇清单》，美国 2021 年温室气体的总排放量为 63.4×10^8 t 二氧化碳当量（不包括土地部门），二氧化碳占美国人类活动产生的温室气体排放总量的 79.4%，甲烷占 11.5%，氧化亚氮占 6.2%，氢氟碳化物合计为 3%（图 1-7）。

2021 年美国二氧化碳排放量按来源具体又分为（图 1-8）：

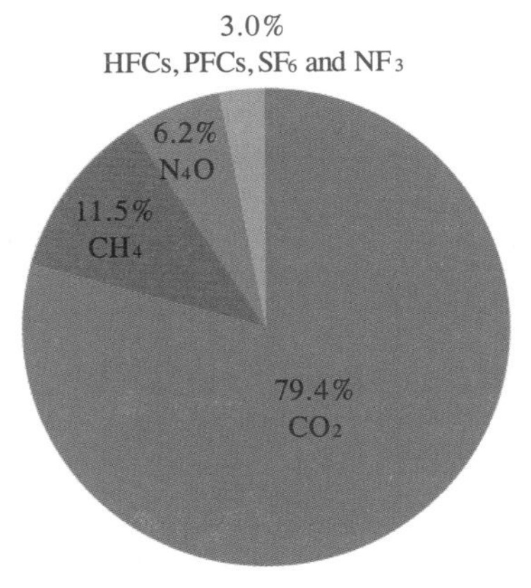

图 1-7　2021 年美国温室气体排放概况

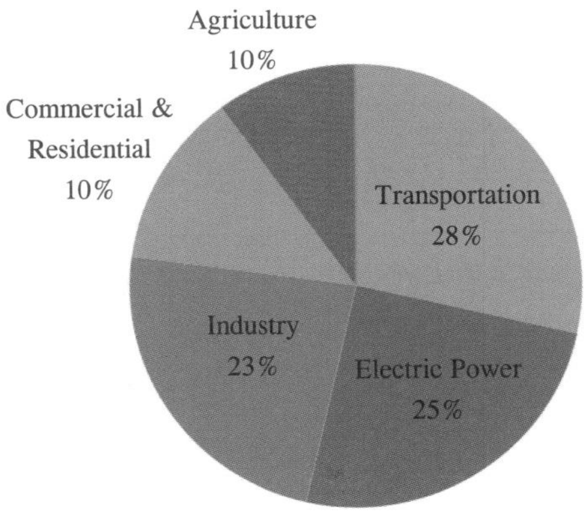

图 1-8　2021 年美国二氧化碳排放来源

（1）交通领域：燃烧汽油和柴油等化石燃料运输人员和货物是 2021 年美国二氧化碳排放的最大来源，占当年美国二氧化碳排放总量的 35%，占美国温室气体排放总量的 28%。这一类别包括国内运输来源，如公路和客运车辆、航空旅行、海运和铁路。

（2）电力：电力是美国能源的主要来源，为家庭、商业和工业提供电力。2021 年，燃烧化石燃料发电是美国第二大二氧化碳排放源，占当年美国二氧化碳排放总量的 31%，占当年美国温室气体排放总量的 24%。用于发电的化石燃料类型排放不同数量的二氧化碳。为了产生一定数量的电力，燃烧煤炭将比天然气或石油产生更多的二氧化碳。

（3）工业：许多工业过程通过消耗化石燃料排放二氧化碳。一些过程也通过不涉及燃烧的化学反应产生二氧化碳排放，如矿物产品（如水泥）的生产、金属（如钢铁）的生产以及化学品的生产。2021 年，各种工业过程中的化石燃料燃烧成分占美国二氧化碳排放总量的 15%，占当年美国温室气体排放总量的 12%。许多工业过程也使用电力，因此间接导致发电过程中的二氧化碳排放。

在美国，对森林和其他土地（如农田、草原等）的管理起到了二氧化碳净汇的作用，这意味着从大气中移除并储存在植物和树木中的二氧化碳比排放的二氧化碳要多。

1.4 气候变化解决方案与碳达峰碳中和

1.4.1 全球应对气候变化的主要途径

应对气候变化主要包括减缓气候变化与适应气候变化两个途径。减缓（Mitigation）是指减少大气中吸热温室气体的排放并使其水平稳定，是通过能源、工业等经济系统和自然生态系统较长时间的调整，减少温室气体排放，增加碳汇，以稳定和降低大气温室气体浓度，减缓气候变化速率。减缓是根本性减轻气候变化的策略。适应（Adaptation）是指通过加强自然生态系统和经济社会系统的风险识别与管理，采取调整措施，充分利用有利因素，防范不利因素，以减轻气候变化产生的不利影响和潜在风险。

1.4.2 中国应对气候变化的战略

积极应对气候变化，既是我国实现可持续发展的内在要求，又是我国深度参与全球治理，打造人类命运共同体，推动全人类共同发展的责任担当的体现。

2005 年 8 月 15 日，时任浙江省委书记的习近平在浙江湖州安吉考察时，首次提出了“绿水青山就是金山银山”的科学论断。

2007 年 10 月，党的十七大报告第一次明确提出了建设生态文明的目标。

2008 年 10 月，我国首次发布《中国应对气候变化的政策与行动》白皮书，全面介绍中国减缓和适应气候变化的政策与行动，成为中国应对气候变化的纲领性文件。

2009 年 11 月，我国宣布到 2020 年单位国内生产总值二氧化碳排放比 2005 年下降 40%～45%的行动目标，并将其作为约束性指标纳入国民经济和社会发展中长期规划中。

党的十八大以来，我国陆续发布《中国落实 2030 年可持续发展议程国别方案》，实施《国家应对气候变化规划（2014—2020 年）》，积极推动生态环境保护。

2013 年 11 月，我国发布第一部专门针对适应气候变化方面的战略规划——《国家适应气候变化战略》。

2015 年 6 月，我国向《联合国气候变化框架公约》秘书处提交了应对气候变化国家自主贡献文件，提出了到 2030 年单位国内生产总值二氧化碳排放比 2005 年下降 60%～65%等目标。2015 年 11 月，习近平总书记出席巴黎大会，为《巴黎协定》的最终达成做出历史性贡献。

2017 年 10 月，习近平总书记在党的十九大报告提出，引导应对气候变化国际合作，成为全球生态文明建设的重要参与者、贡献者、引领者。

2020 年 9 月 22 日，习近平总书记在第七十五届联合国大会一般性辩论上正式宣布："中国将提高国家自主贡献力度，采取更加有力的政策和措施，二氧化碳排放力争于 2030 年前达到峰值，努力争取 2060 年前实现碳中和。"

2021 年 10 月，党中央国务院发布碳达峰碳中和"1+N"政策体系。"1"由《中共中央国务院关于完整准确全面贯彻新发展理念做好碳达峰碳中和工作的意见》和《2030 年前碳达峰行动方案》两个文件共同构成，"N"是重点领域、重点行业实施方案及相关支撑保障方案。同时，各省区市均已制定了本地区碳达峰实施方案。总体上已构建起目标明确、分工合理、措施有力、衔接有序的碳达峰碳中和政策体系。

2021 年 10 月 27 日，国务院新闻办发表《中国应对气候变化的政策与行动》白皮书，从以下几方面阐明我国应对气候变化的政策与行动。

（1）气候变化是全人类的共同挑战。中国高度重视应对气候变化，作为世界上最大的发展中国家，中国克服自身经济、社会等方面困难，实施一系列应对气候变化战略、措施和行动，参与全球气候治理，应对气候变化取得了积极成效。

（2）中国实施积极应对气候变化国家战略。不断提高应对气候变化力度，强化自主贡献目标，加快构建碳达峰碳中和"1+N"政策体系。坚定走绿色低碳发展道路，实施减污降碳协同治理，积极探索低碳发展新模式。加大温室气体排放控制力度，有效控制重点工业行业温室气体排放，推动城乡建设和建筑领域绿色低碳发展，构建绿色低碳交通体系，持续提升生态碳汇能力。充分发挥市场机制作用，持续推进全国碳市场建设，建立温室气体自愿减排交易机制。推进和实施适应气候变化重大战略，持续提升应对气候变化支撑水平。

（3）中国应对气候变化发生历史性变化。经济发展与减污降碳协同效应凸显，绿色已成为经济高质量发展的亮丽底色，在经济社会持续健康发展的同时，碳排放强度显著下降。能源生产和消费革命取得显著成效，非化石能源快速发展，能耗强度显著降低，能源消费结构向清洁低碳加速转化。持续推动产业绿色低碳化和绿色低碳产业化。生态系统碳汇能力明显提高。绿色低碳生活成为新风尚。

（4）应对气候变化是全人类的共同事业，面对全球气候治理前所未有的困难，国际社会要以前所未有的雄心和行动，勇于担当，勠力同心，积极应对气候变化，共谋人与自然和谐共生之道。

（5）中国将脚踏实地落实国家自主贡献目标，强化温室气体排放控制，提升适应气候变化能力水平，为推动构建人类命运共同体做出更大努力和贡献，让人类生活的地球家园更加美好。

1.4.3 碳达峰与碳中和

碳达峰是指在某一个时点，二氧化碳的排放不再增长达到峰值，之后逐步回落。碳达峰是二氧化碳排放量由增转降的历史拐点，标志着碳排放与经济发展实现脱钩。碳中和指当一个组织在一年内的二氧化碳排放通过二氧化碳去除技术应用达到平衡，就是碳中和或净零二氧化碳排放。

中国承诺的 2030 年前碳达峰，指的是单纯二氧化碳排放量达峰。而 2060 年前努力争取碳中和，指的是所有温室气体实现中和。国际上的碳达峰与碳中和均是指所有温室气体的达峰与中和。

图 1-9、图 1-10 为 2017 年世界资源研究所给出的不同国家的碳达峰曲线（WRI，2017）。

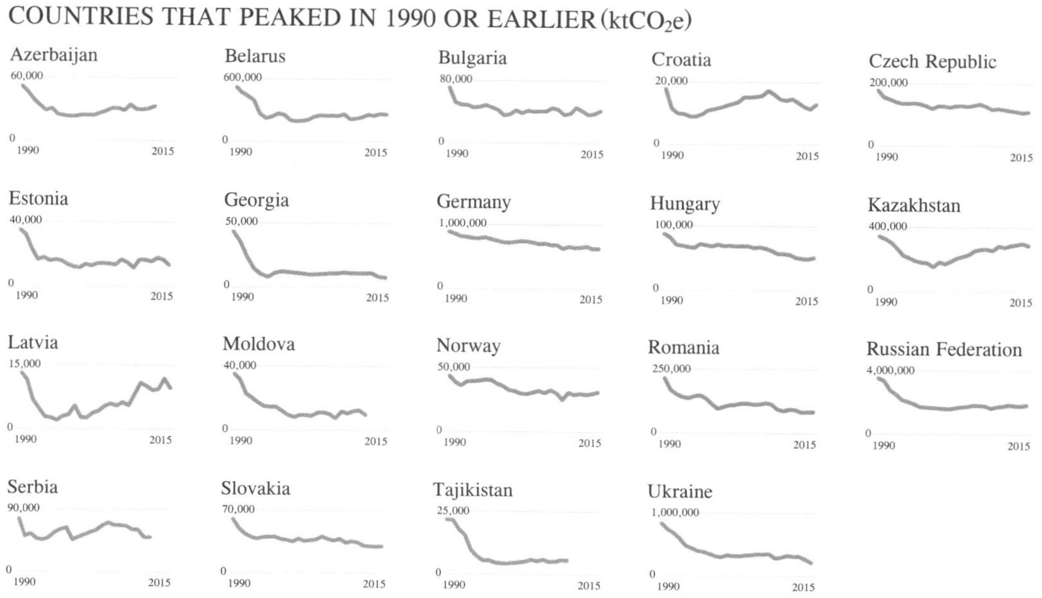

COUNTRIES THAT PEAKED IN 1990 OR EARLIER ($ktCO_2e$)

图 1-9　1990 年或者更早实现碳达峰的国家

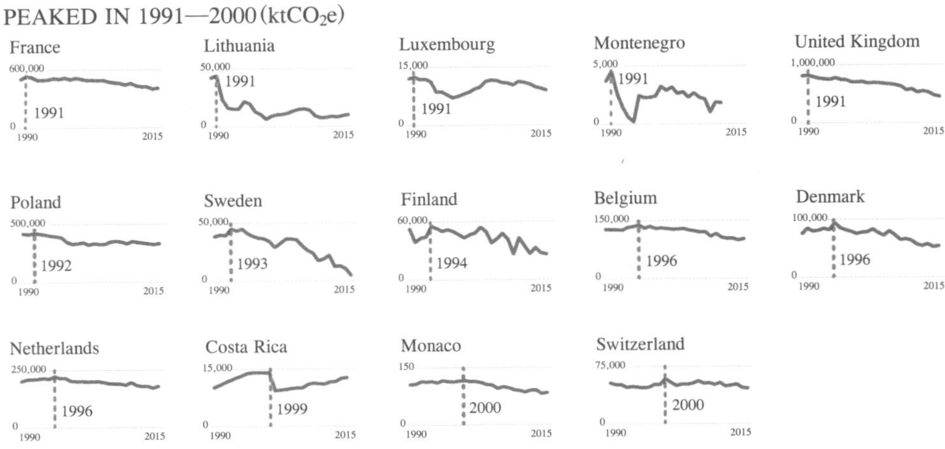

图 1-10 1991—2000 年实现碳达峰的国家

EPA 给出了 1990—2020 年美国各行业温室气体排放量的变化图（图 1-11），从中可以看出，美国 2005 年实现碳达峰，之后温室气体排放量逐年下降。目前交通运输是美国第一排放源，其次是电力行业。

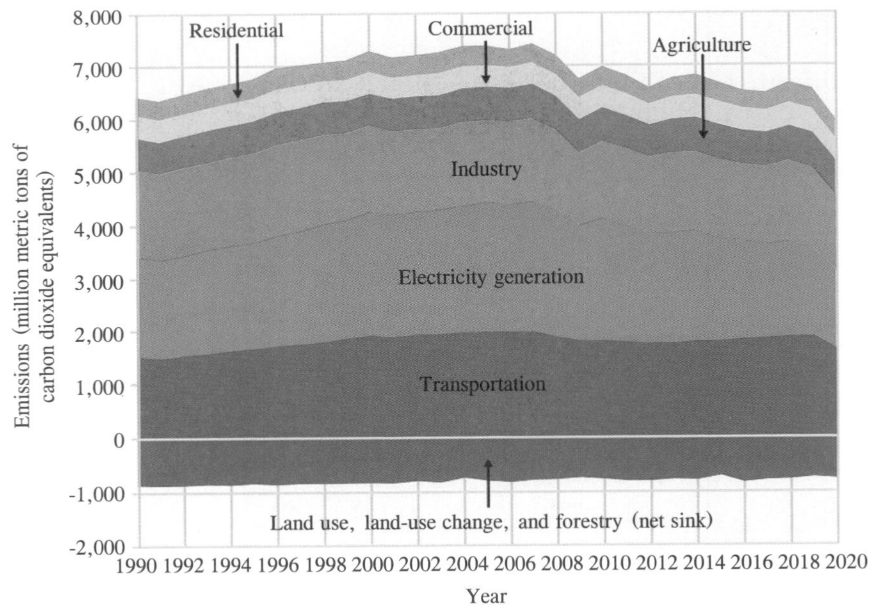

图 1-11 1990—2020 年美国按来源分列的温室气体排放和汇（负值）（EPA，2022）

美国 2019 年的总排放量为 65.58×10^8 t 二氧化碳当量，考虑到碳汇，净排放量为 57.69×10^8 t 二氧化碳当量。所有经济部门都排放温室气体，包括电力（占总量的 25%）、交通（占总量的 29%）、工业（占总量的 23%）、住宅和商业（占总量的 13%）以及农业（占总量的 10%）。2020 年，美国排放了近 60×10^8 t 温室气体（二氧化碳当量）。二氧化碳占温室气体的比例最大（79%），其次是甲烷（11%）、氧化二氮（7%）和其他温室气体（3%）。2020 年温室气体排放量较 2019 年下降约 5.58×10^8 t，美国实现碳排放下降与达峰的关键是使用天然气替换煤炭进行发电等。

1.4.4 实现碳达峰与碳中和的技术方法

实现碳达峰与碳中和的技术可以划分为：

（1）减碳技术，如节能和提高能源利用效率。

（2）低碳技术，如光伏、风电、潮汐发电等可再生能源。

（3）零碳技术，如水电、核能、生物质能、地热发电。

（4）负碳技术，如生物质能+CCS、土地利用与森林碳汇等（马劲风，2023）。

也可以将实现碳达峰与碳中和的技术划分为：源头减碳技术、过程降碳技术和末端减排技术。

中共中央、国务院印发的《关于完整准确全面贯彻新发展理念做好碳达峰碳中和工作的意见》，明确了发展与光伏、风电对应的智能电网、储能和氢能三种技术路径，以及与化石能源脱碳对应的规模化 CCUS 技术。这实际上已经明确了能源转型的两大技术路径，即可再生能源使用与化石能源脱碳。

目前我国重点技术研发与推广的方向主要包括煤炭清洁高效利用、可再生能源、氢能、储能、智能电网、碳捕集利用与封存、工业流程再造、生态碳汇以及碳排放监测等技术。

1.5　可再生能源

可再生能源是由太阳能和风能等资源产生的能源，这些能源可以自然补充，不会耗尽。可再生能源可用于发电、供暖、制冷以及运输。

1.5.1 可再生能源的种类

1. 生物质能源

生物质能源来源于植物和藻类材料，包括作物废弃物、森林残留物、专门种植的草、木本能源作物、微藻、城市木材废弃物、食物垃圾。

生物质是一种用途广泛的可再生能源（Rogers et al.，2016），它可以转化为相当于化石燃料的液体运输燃料，如汽油、柴油。生物能源技术使生物质和废物流中的碳能够重新利用，成为汽车、卡车、喷气式飞机和船舶的低排放燃料。

2. 地热能源

地热能源是在地球表面以下不同温度和深度下存在或由人类制造的热储层（Geothermal Energy Administration，2007）。井深从几米到几千米不等，可以钻入地下储层，以提取蒸汽和热水，这些蒸汽和热水可以被带到地表，用于各种应用，包括发电、直接使用以及供暖和制冷。

3. 氢

氢是一种清洁燃料，属于可再生能源，是新能源的一种（DOE，2021）。当氢在燃料电池中消耗时，只产生水。氢气不能直接开采，但可以通过一定的方法利用其他能源制取，如天然气、核能、生物质以及太阳能和风能等可再生能源。这些品质使其成为运输和发电应用的一种有吸引力的燃料选择。

氢是一种能量载体，可用于储存、移动和输送其他来源产生的能量。如今，氢燃料可以通过几种方法生产。目前最常见的方法是天然气重整（一种热工艺）和电解，其他方法包括太阳能驱动和生物过程。

4. 水电

水力发电的基本原理是利用水位落差，配合水轮发电机产生电力，也就是利用水的位能转为水轮的机械能，再以机械能推动发电机，从而得到电力。科学家以水位落差的天然条件，有效利用流力工程及机械物理等，精心搭配以达到最高的发电量，给人们提供廉价又无污染的电力。而低位水通过吸收阳光进行水循环分布在地球各处，从而恢复高位水源。1882 年，首先记载应用水力发电的地方是美国威斯康星州。到如今，水力发电站的规模已从几十瓦的微小型电站，覆盖至大城市供电用几百万瓦的电站。

5. 海洋能源

海洋能源也被称为海洋和水动能或海洋可再生能源，是一种利用水的自然运动的可再生能源，包括波浪、潮汐、河流和洋流。海洋能源也可以通过海洋热能转换获得。

利用海洋能源的机会很多。2019年，美国可用的海洋能源总量相当于美国总发电量的57%左右。目前研究人员正在测试和部署新技术，目标是从这些丰富的水资源中利用能源。

法国朗斯潮汐电站是世界上最早建成的潮汐发电站，也是世界第二大潮汐能电站（Andre，1978）。该电站位于法国布列塔尼的朗斯河河口，于1966年11月26日开放，目前由法国电力公司运营。它的24台涡轮机产生的峰值额定功率为240 MW，年供电量达5.44亿kW·h，可满足法国0.012%的电力需求。

6. 太阳能

太阳能来自太阳的辐射能量，太阳辐射能够产生热量，引起化学反应或发电，因此太阳能的主要利用形式为太阳能的光热转换、光化学转换以及光电转换三种。地球上的太阳能总量远远超过了世界当前和预期的能源需求。如果利用得当，这种高度扩散的能源有可能满足未来所有的能源需求。在21世纪，与有限的化石燃料——煤、石油和天然气形成鲜明对比的是，太阳能作为一种可再生能源，由于其取之不尽、用之不竭和无污染的特点，预计将变得越来越有吸引力。

太阳是一个非常强大的能量来源，太阳光是迄今为止地球接收到的最大的能量来源，但它在地球表面的强度实际上很低。这主要是因为来自遥远太阳的辐射的巨大径向扩散。相对较小的额外损失是由于地球的大气和云层，它们吸收或散射了多达54%的入射阳光。到达地面的阳光包括近50%的可见光、45%的红外辐射，以及少量的紫外线和其他形式的电磁辐射。

太阳能的潜力是巨大的，因为地球每天以太阳能的形式接收的电力大约是世界每日总发电量的20万倍。但太阳能收集、转换和储存的高成本仍然限制了许多地方对其的利用。太阳辐射既可以转化为热能，也可以转化为电能，虽然前者比较容易实现。

7. 风能

空气流动所产生的动能称风能。空气流速越大，动能越大。风能是世界上仅次于水电和核能的第三大无碳电力来源，也是增长速度仅次于太阳能的第二快能源来源。

将风能转化为电能的装置被称为风力涡轮机，主要由叶片、轴、轮毂、塔架和发电机等组件构成。不同形状的叶片使风在其上方和下方以不相等的速度流动，这就产生了一侧高压而另一侧低压的区域，将叶片向低压区“提升”，使叶片转动，为发电机提供动力。

小型的单个风力涡轮机可以产生 100 kW 的电力，足以为一个家庭供电。小型风力涡轮机也用于泵站等地方。稍大一些的风力涡轮机多安装在高达 80 m 的塔架上，叶片长约为 40 m，可以产生 1.8 MW 的电力。在 240 m 高的塔架上甚至可以找到更大的风力涡轮机，叶片长度超过 162 m，可以产生 4.8 MW 到 9.5 MW 的电力。

截至 2023 年 6 月底，我国风电装机 3.89 亿 kW，连续 13 年位居全球第一。我国也是世界第一大风电整机装备生产国，产量占全球的一半以上，风电机组目前具备实现整机 90%以上的国产化水平，在风机制造、风电场开发建设、运行维护等方面形成了完整的产业体系，大功率机组主轴轴承、超长叶片等关键部件不断取得突破，在机组大型化、漂浮式风电等方面甚至实现了对国外先进水平的反超。

1.5.2 可再生能源的优点

可再生能源的优点众多，影响着经济、环境、国家安全和人类健康。以下是使用可再生能源的一些好处：

（1）提高国家电网的可靠性、安全性和弹性。

（2）通过可再生能源产业创造就业机会。

（3）减少能源生产中的碳排放和空气污染。

（4）提高国家能源独立程度。

（5）增加可负担性，因为许多类型的可再生能源与传统能源相比在成本上具有竞争力。

（6）扩大未并网或偏远、沿海或岛屿社区获得清洁能源的机会。

1.5.3 美国可再生能源

美国可再生能源发电量约占美国总发电量的 20%，而且这一比例还在继续增长。图 1-12 是 1950—2021 年美国可再生能源发电量占美国总发电量的比例。

2022 年，太阳能和风能为美国电网增加了 60%以上的公用事业规模发电量（46%来自太阳能，17%来自风能）。

尽管美国的可再生能源增长迅猛，但是 2019 年其占美国一次能源消费的比例仅为 11%（图 1-13）。

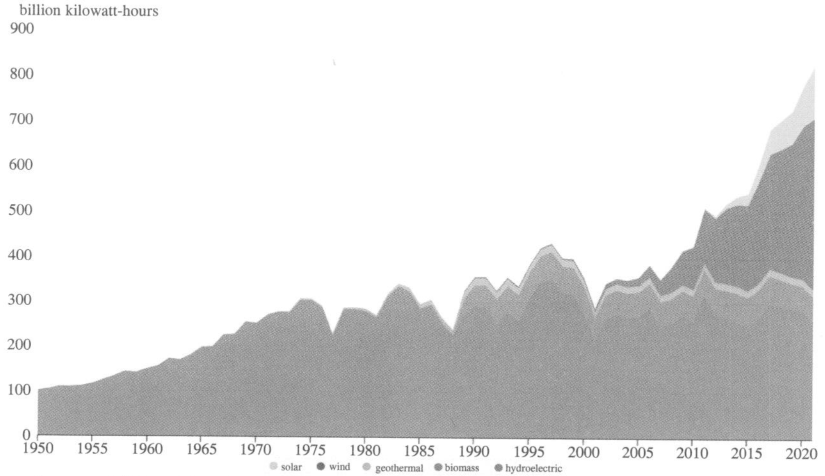

图 1-12　1950—2021 年美国可再生能源发电占美国总发电量的比例（U.S. Energy Information Administration，2022）

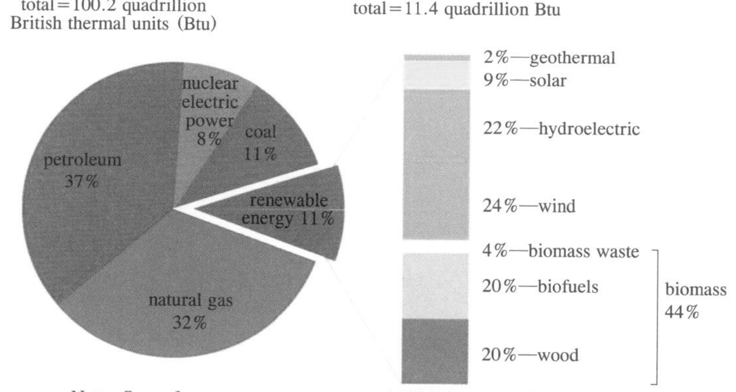

图 1-13　2019 年美国一次能源组成（U.S. Energy Information Administration，2020）

1.5.4 中国可再生能源

根据国家能源局 2022 年 9 月 16 日发布的《2021 年度全国可再生能源电力发展监测评价报告》显示，2021 年，全国可再生能源发电量达 2.48 万亿 kW · h，占全部发电量的 29.7%。其中，水电发电量 1.34 万亿 kW · h，占全部发电量的 16%；风电发电量 6556 亿 kW · h，占全部发电量的 7.8%；太阳能发电量 3259 亿 kW · h，占全部发电量的 3.9%；生物质发电量 1637 亿 kW · h，占全部发电量的 2%。火电在我国发电量占比中超过 70%，可以看出我国煤电占比高，减排难度大。

2023 年 6 月 2 日，国家能源局发布的《新型电力系统发展蓝皮书》公布了我国 2022 年的可再生能源装机量与发电量占比（图 1-14）。与 2021 年相比，太阳能发电量占比从 3.9%上升到 5%，风电发电量占比从 7.8%上升到 9%，说明我国可再生能源的发展势头迅猛。

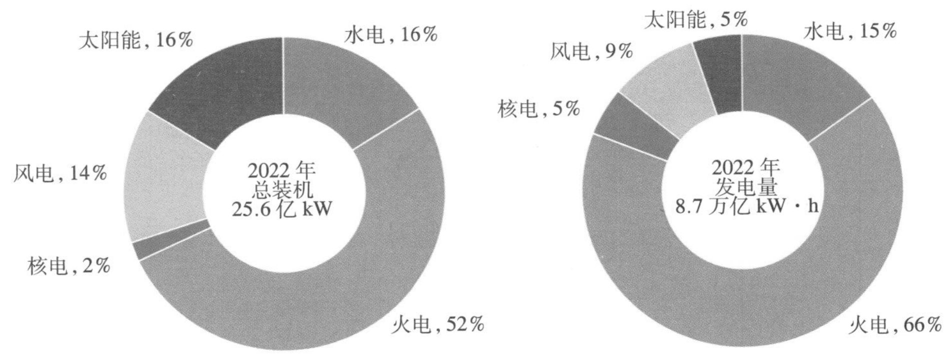

图 1-14　2022 年全国各类电源装机量（左）和发电量（右）占比

1.6　CCS 和 CCUS 在全球减排中的作用

1.6.1 CCS 技术

二氧化碳捕集与封存技术（Carbon Capture and Storage，CCS），是被国际上公认的减缓气候变化和保护人类生存环境不可或缺的关键技术（图 1-15）。国际能源署（IEA）与碳收集领导人论坛（CSLF）都认为，要使能源部门实现 2050 年净零排放，2030 年全球 CCS 规模必须达到 2020 年规模（4000×10^4 t/a）的 10～15 倍，2050 年全球 CCS 规模必须达到 2020 年规模的 100 倍。IPCC 认为，如果不采用 CCS 技术，减排成本将上升 138%。在 2018 年 IPCC 发布的《全球升温 1.5°C 特别报告》中，将 CCS 列为四种关键减排技术路径中必须采用的减排技术之一。

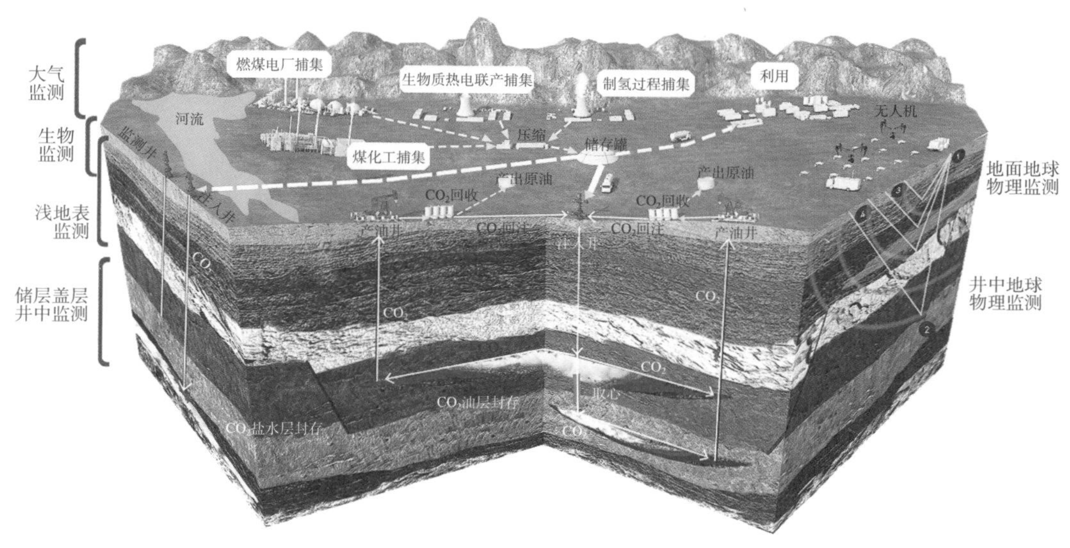

图 1-15　CCS 概念示意图（Ma et al.，2022）

1.6.2 CCUS 技术

CCUS 技术是指将高碳排放源中本该排放至大气中的二氧化碳进行捕集，然后压缩运输，用于二氧化碳利用，或用于驱油提高石油采收率的同时实现永久封存，或直接运输至适当的地点注入深部咸水层、废弃油气藏进行地质封存，从而实现永久减碳的目的。

二氧化碳捕集是指将化工、电力、钢铁、水泥等行业利用化石能源过程中产生的二氧化碳进行分离和富集的过程，可分为燃烧前捕集、富氧燃烧捕集和燃烧后捕集。

燃烧前捕集是指在燃料燃烧前将其中的含碳组分分离出来，主要用于整体煤气化联合循环（IGCC）电站。在IGCC电站中引入水煤气变换单元，使煤气中的一氧化碳与水蒸气反应生成二氧化碳和氢气，而后对其中的二氧化碳进行分离。燃烧前捕集可以避免常规燃煤电站燃烧后捕集烟气流量大、二氧化碳浓度低的缺点，被认为是未来最有前景的碳捕集技术路线之一。目前可应用于燃烧前捕集的二氧化碳分离技术主要有物理吸收法和化学吸收法。燃烧前捕集仍然存在成本高于燃烧后捕集的缺点，国内只有华能天津 IGCC 电厂建设了 6×10^4 t/a 的捕集设施。

富氧燃烧捕集原理是使用氧气代替空气燃烧煤炭燃料，从而实现更完全的燃烧，释放浓度更高的二氧化碳，提高捕集效率。但是这种方法的制氧技术投资和能耗太高，造成成本过高。加之需循环一部分冷却的二氧化碳以确保燃烧温度不超过燃烧室的材料极限，这就增加了附属系统，降低了工艺效率。富氧燃烧捕集在 20 世纪 90 年代由德国最先研发成功，但是被德国政府否决无法应用。目前国内的富氧燃烧研究还处于中试阶段。富氧燃烧发电适合新建电厂，由于新建的煤电厂越来越少，富氧燃烧捕集即便未来研究成功，在煤电领域规模化应用的可能性也非常小。当然，富氧燃烧技术在玻璃工业、冶金工业及热能工程领域仍有应用空间。

燃烧后捕集是在燃烧排放的烟气中捕集二氧化碳。这种方式对于现有的设备来说不需要过多的改造，可以在保证原有设备完整的情况下，对排放的烟气进行捕集，是煤电、钢铁、水泥、生物质燃烧等领域二氧化碳捕集最主流的技术，其效率最高、相对成本低，是目前商业项目使用的主要技术。捕集中的二氧化碳分离技术主要包括吸收（物理吸收、化学吸收）、低温分离、膜处理等，其中通过与吸收剂（如氨基化合物、碳酸钾溶液等）发生化学反应以从原料气体中分离出二氧化碳，是目前工业中应用最广泛的分离方法。目前最成熟的吸收技术是化学吸收法，即胺液吸收法。尽管燃烧后捕集针对二氧化碳浓度为 5%～30%的烟气，低浓度二氧化碳捕集需耗费大量能源，捕集成本比较高，但是燃烧后捕集仍是烟气捕集最佳的技术路径。

1.6.3 CCUS 技术的战略角色

国际能源署将 CCUS 战略角色定义归纳为：解决现存基础设施的碳排放；耦合低碳氢的生产；水泥、冶炼、垃圾焚烧等难以减排领域深度脱碳以及从大气中减少累积二氧化碳排放的解决方案。虽然 CCUS 技术与可再生能源技术都是减缓气候变化的关键技术，但是从土地利用角度来看，CCUS 属于地下空间利用技术，并且燃煤电厂加 CCUS 的占地面积要远比太阳能、风电占地面积小。在可再生能源无法提供大规模工业用电，以及其间歇性与储能难以解决的情况下，煤电、天然气发电加 CCUS 仍然是电力生产安全稳定的基石。同时，CCUS 技术也是以化石能源为基础的炼钢、水泥、化工等行业大规模排放源直接快速减排的唯一有效选择。CCUS 将成为与石油、天然气工业同等规模的大工业。

不同学者对 CCUS 在中国碳中和路径中的作用有不同的预测，不同的预测模型反映了 CCUS 对中国减排贡献的大小以及未来政府的投资比重。一些学者将 CCUS 技术作为保底技术而不是必需技术进行研究，这样预测的 CCUS 对中国减排的贡献值还不够高。然而，从中国对煤炭的实际使用情况来看，CCUS 的减排贡献值应该更高。例如，亚洲开发银行（ADB）2022 年发布的《中国碳捕集、利用和封存示范和部署路线图更新版》中预测，要实现中国碳中和目标，2030 年中国 CCUS 减排贡献要达到（0.3～1.2）$\times 10^8$ t/a，2050 年要达到（8.5～25）$\times 10^8$ t/a，2060 年则要达到（13～26）$\times 10^8$ t/a。而如果考虑未来“一带一路”国家的减排需求，CCUS 的广泛应用将为中国企业提供更大的开拓空间。像直接空气捕集（DAC）和从生物能源工厂捕集二氧化碳（生物质能耦合碳捕集与封存，BECCS）这样的负排放技术未来具有一定发展空间，需要扩大规模以确定经济可行性。

1.6.4 可再生能源的局限性与 CCUS 的关键作用

在实现碳达峰与碳中和的技术工具箱中，作为零碳技术的水电、核电资源有限，可以扩大规模的潜力也有限。这样一来，可再生能源中的光伏、风电被寄予厚望，具备了大规模推广的潜力。但是因为其间歇性、随机性、波动性等问题，需要电网调峰或智能电网来消纳可再生电力。另外的解决方案是通过大规模储能和可再生电力制氢来实现，而目前的储能还无法实现大规模、长时间储能。氢能的利用也面临成本高、安全隐患大等难题。

同时，因为可再生能源的部署需要占用大量土地资源，对于许多土地面积小的国家和地区，就无法部署光伏、风电。电网调峰需要煤电机组的频繁启停，这将会给煤电机组的安全性带来较大风险。

从 2023 年 6 月 Energy Institute 发布的《世界能源统计评论》(*Statistical Review of World Energy*）看，2022 年全球一次能源需求增长 1%，风电、光伏在电力行业创纪录部署并未使化石燃料的主导地位下降，化石燃料仍占能源供应的 82%。全球能源相关的碳排放继续增长（增长了 0.8%），高碳化石燃料的使用抵消了可再生能源的强劲增长。

从全球应对气候变化的阶段目标来看，实现碳中和是第一个阶段目标，即全球各国的温室气体实现零排放。但是在这个过程中，各国向大气中排放的温室气体累积量依然在增加。人类第二个阶段目标则是将大气中自工业革命以来累积排放的温室气体清除，将大气中二氧化碳的浓度恢复到工业革命前的水平，这就需要依靠碳移除技术来实现。

可再生能源的作用是替代部分化石能源，但是无法从大气中移除二氧化碳。CCUS 不仅是化石能源脱碳的关键选择，是水泥、钢铁、化肥、垃圾焚烧等难以减排行业重要的脱碳技术选项，同时也担负着在未来百年内清除大气中累积的二氧化碳的使命。

党中央、国务院印发的《关于完整准确全面贯彻新发展理念做好碳达峰碳中和工作的意见》和国务院印发的《2030 年前碳达峰行动方案》中，多次强调了发展 CCUS 对中国减排的重要性。国家不同部委也在不断推出鼓励开展 CCUS 的政策，比如 2023 年 8 月国家发展改革委等十部门联合印发《绿色低碳先进技术示范工程实施方案》，提出全流程规模化 CCUS 示范、二氧化碳先进高效捕集示范、二氧化碳资源化利用及固碳示范三个重点方向。以 CCUS 技术实现脱碳，也是我国和许多国家兑现《巴黎协定》中国家自主贡献目标的一部分（马劲风，王浩璠，李琳，2024）。

本章思考题

（1）为什么要提出碳达峰、碳中和目标？

（2）哪些行业必须依靠碳捕集与封存技术实现脱碳？

（3）试评估碳捕集与封存在不同的省或地区碳中和路径中的作用。

本章参考文献

[1] 高扬，王朔月，陆瑶，等. 区域陆—水—气碳收支与碳平衡关键过程对地球系统碳中和的意义 [J]. 中国科学：地球科学，2022，52 (5): 832-841.

[2] 国家能源局. 2021 年度全国可再生能源电力发展监测评价报告 [R]. 2022. https: //www.gov.cn/zhengce/zhengceku/2022-09/23/content_5711253.htm.

[3] 马睿. 绿色低碳转型如何走稳走深 [N]. 中国石油报，2020-12-8 (8).

[4] 马劲风. 全球 CCS 呈现多元化发展态势 [N]. 中国石油报，2022-4-26 (6).

[5] 马劲风. 化石能源脱碳的关键路径 [N]. 中国石油报，2023-12-19 (5).

[6] 马劲风，王浩璠，李琳. 借助能源化工企业优势以 CCUS 技术方案实现脱碳 [J]. 中国石化，2024，2：30-32.

[7] 生态环境部，国家发展和改革委员会，科学技术部，等. 国家适应气候变化战略 2035. 2022. https: //www.mee.gov.cn/xxgk2018/xxgk/xxgk03/202206/t20220613_985261.html

[8]《新型电力系统发展蓝皮书》编写组. 新型电力系统发展蓝皮书 [M]. 北京：中国电力出版社，2023.

[9] 徐华清，马翠梅，徐丹卉. 中国温室气体排放基本状况、主要特征及变化趋势 [N]. 中国环境报，2024-1-9 (3).

[10] Andre H. Ten Years of Experience at the La Rance Tidal Power Plant [J]. Ocean Management, 1978, 4:2-4, 165-178. https://doi.org/10.1016/0302-184X(78)90023-9.

[11] Asian Development Bank. Road Map Update for Carbon Capture, Utilization, and Storage

Demonstration and Deployment in the People's Republic of China [R]. 2022. https://www.adb.org/sites/default/files/publication/814386/road-map-update-carbon-capture-utilization-storage-prc.pdf.

[12] DOE. Five Things You Might Not Know About Hydrogen Shot. 2021. https://www.energy.gov/eere/articles/five-things-you-might-not-know-about-hydrogen-shot.

[13] DOE. Renewable Energy. 2021. https://www.energy.gov/eere/renewable-energy.

[14] Energy Information Administration, Monthly Energy Review, Table 7.2a, January 2022 and Electric Power Monthly, February 2022, preliminary data for 2021. https://www.eia.gov/energyexplained/electricity/electricity-in-the-us.php.

[15] Energy Information Administration, Monthly Energy Review, Table 1.3 and 10.1, April 2020, https://www.eia.gov/totalenergy/data/monthly/archive/00352004.pdf.

[16] Energy Institute. Statistical Review of World Energy [R]. 2023. 72nd edition, https://www.energyinst.org/statistical-review

[17] EPA. Inventory of U.S. Greenhouse Gas Emissions and Sinks: 1990—2020. 2022. EPA 430-R-22-003. www.epa.gov/ghgemissions/inventory-us-greenhouse-gas-emissions-and-sinks.

[18] Friedrich J, Ge M, Pickens A, et al. This Interactive Chart Shows Changes in the World's Top 10 Emitters [N]. World Resources Institute, March 2, 2023, https://www.wri.org/insights/interactive-chart-shows-changes-worlds-top-10-emitters

[19] Geothermal Energy Administration. A Guide to Geothermal and the Environment. 2007.

[20] Ma J, Li L, Wang H, et al. Carbon Capture and Storage: History and the Road Ahead [J]. Engineering, 2022, 8 (7): 33-4.

[21] Melieres M, Marechal C. The Carbon Cycle Prior to the Industrial Era, in Climate Change: Past, Present and Future. 1st ed. 2015, U.K.: Wiley, Ch.29, sec.1, pp. 298-301.

[22] NOAA. Having Dodged Lava Flows, NOAA's Mauna Loa Research Facility to Get Upgrades. 2023. https://www.noaa.gov/news/having-dodged-lava-flows-noaas-mauna-loa-research-facility-to-get- upgrades.

[23] Riebeek H. Global Warming, NASA Earth Observatory. 2010. https://earthobservatory.nasa.gov/features/GlobalWarming/page1.php

[24] Rogers J N, Stokes B, Dunn J, et al. An Assessment of the Potential Products and Economic and Environmental Impacts Resulting from a Billion Ton Bioeconomy [J]. Biofuels, Bioproducts and Biorefining, 2016, 11: 110-128.

[25] WRI. Turning Points: Trends in Countries' Reaching Peak Greenhouse Gas Emissions over Time. 2017.

第2章　二氧化碳地质封存机理

2.1　二氧化碳特性及主要应用

2.1.1 分子结构

二氧化碳俗称碳酸气、碳酸酐、干冰（固态）。二氧化碳分子形状是直线形的（图2-1），其结构简式为：O＝C＝O。由于二氧化碳分子中碳氧键的键长为116.3 pm，介于碳氧双键（键长为124 pm）和碳氧三键（键长为113 pm）键长之间，因此二氧化碳中的碳氧键具有一定程度的三键特征。一般认为，二氧化碳分子中可能存在着离域的大π键，即碳原子与氧原子除了形成两个σ键之外，还形成两个三中心四电子的大π键。

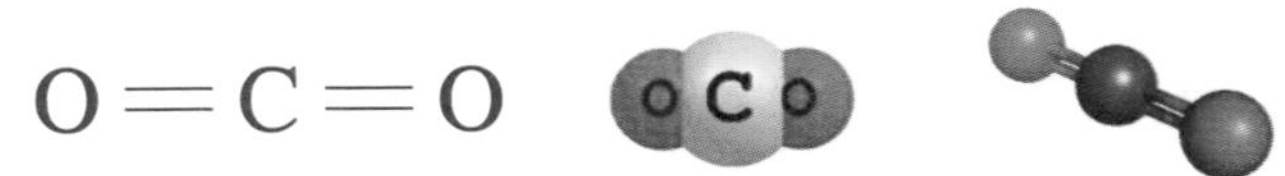

图2-1　二氧化碳分子结构

二氧化碳的原子和分子轨道示意如表2-1所示。碳原子和每个氧原子都分别由1个2s原子轨道和3个2p原子轨道（$2p_x$，$2p_y$，$2p_z$）构成，这些原子轨道绕主轴旋转时对应的波函数可能会产生符号变化，符号改变的匹配形式对应的是π键，符号不变的匹配形式对应的是σ键。碳原子的2s轨道上电子能量为−19.4 eV，2p轨道上电子能量为−10.7 eV，氧原子的2p轨道上电子能量是−15.9 eV，这三个轨道上的电子能量比较接近，而氧原子的2s轨道上的能量相对较大，约为−32.4 eV。二氧化碳的分子轨道由具有相同的、不可约表示的能量相近的原子轨道线性组合而成，原子轨道的最大重叠是二氧化碳分子产生sp杂化的原因。二氧化碳的中心碳原子为sp杂化，由于碳氧原子间存在电负性差异，因此中心碳原子具有一定的 Lewis 酸性。二氧化碳最低空轨道的电子亲和能为 38 eV，是较强的电子受体。但是氧原子中 n 电子的第一电离能为 13.79 eV，明显高于二氧化碳的等电子体 CS_2（10.1 eV）和 N_2O（12.9 eV），属于弱电子给体。由于二氧化碳的上述电子结构特征使其具有多种活化反应方式，因此二氧化碳不仅可以和金属原子形成不同形式的配位化合物，同时也可以与富电子试剂发生成键反应。

表 2-1　二氧化碳的原子和分子轨道示意

元素	原子轨道示意					分子轨道示意		
	原子轨道	O=C=O	不可约表示	ID	原子轨道	分子轨道	O=C=O	键
碳	2s	 O O	σ_g	AO1	AO1+AO8	MO1		成键
	$2p_z$	 O O	σ_u	AO2	AO1−AO8	MO2		反键
	$2p_x$	 O O	π_u	AO3	AO2+AO7	MO3		反键
	$2p_y$	 O O	π_u	AO4	AO2−AO7	MO4		成键
氧	2s	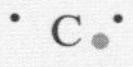 C	σ_g	AO5	AO3+AO9	MO5		成键
	2s	 C	σ_u	AO6	AO3−AO9	MO6		反键
	$2p_z$	 C	σ_u	AO7	AO4+AO11	MO7		成键
	$2p_z$	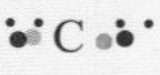 C	σ_g	AO8	AO4−AO11	MO8		反键
	$2p_x$	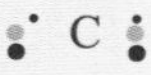 C	π_u	AO9	AO5	MO9		非键
	$2p_x$	 C	π_g	AO10	AO6	MO10		非键
	$2p_y$	 C	π_u	AO11	AO10	MO11		非键
	$2p_y$	 C	π_g	AO12	AO12	MO12		非键

资料来源：王献红，2016。

2.1.2 物理、化学性质

1. 物理性质

二氧化碳在常温常压下低浓度时为无色无味气体，浓度较高时有刺激的酸味，能溶于水、烃类等多数有机溶剂，其相关物理性质如表 2-2 所示。

表 2-2　二氧化碳物理性质统计表

性质	条件或符号	单位	数据
熔点	527 kPa	℃	-56.6
沸点		℃	-78.5
密度	标准温度压力	$kg \cdot m^{-3}$	1.98
相对密度	-79℃，水＝1		1.56
相对蒸气密度	空气＝1		1.53
饱和蒸气压	-39℃	kPa	1013.25
临界温度		℃	31.26
临界压力		MPa	7.29
辛醇/水分配系数			0.83
折射率	12.5～24℃		1.173～1.999
摩尔折射率			6.98
黏度	21℃，5.92 MPa	$mPa \cdot s$	0.0697
蒸发热	升华	kJ/mol	25.25
熔化热		kJ/mol	8.33
生成热		kJ/mol	394.4
比热容	20℃，定压	$kJ/(kg \cdot K)$	2.8448
蒸气压	5.9～14.9℃	MPa	4.05～5.07
热导率	12～30℃	$W/(m \cdot K)$	$(0.10048 \sim 83.74) \times 10^{-7}$
体膨胀系数	-50～0℃	K^{-1}	0.00495
	0～20℃	K^{-1}	0.00991
摩尔体积		mL/mol	44.7
等张比容	90.2 K		60.9
表面张力		dyne/cm	3.4
极化率		$10^{-24}\ cm^3$	2.76

二氧化碳的相图如图 2-2 所示，三相点约在 5.18 bar（518 kPa）、216.55 K（-56.6℃），临界点为 74.32 bar（7432 kPa）、304.41 K（31.26℃）。

高于临界温度 304.41 K（31.26℃）和临界压力 74.32 bar（7432 kPa）的条件下，二氧化碳性质会发生突变，其密度接近液体，黏度接近气体，扩散系数为液体的 100 倍，具有很强的溶解能力，可溶解多种物质，因此超临界二氧化碳在超临界萃取方面具有广泛的应用。

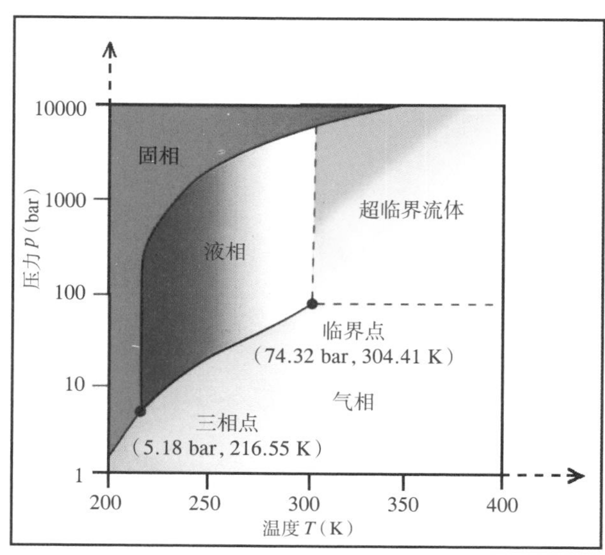

图 2-2　二氧化碳相图

注：1 巴（bar）=100 千帕（kPa）；K=℃+273.15。

1825 年，法国化学家 Thilorier 首次发现二氧化碳在−78.51℃时会升华，所形成的固态二氧化碳俗称“干冰”，可用于冷冻或冷藏；固态二氧化碳还可以一种玻璃态存在，称为卡博尼亚（Carbonia），类似于硅（石英玻璃）和锗。但是卡博尼亚不稳定，如果恢复正常压力就会变回原状。

2. 化学性质

二氧化碳是碳氧化合物之一，是一种无机物，不可燃，通常也不支持燃烧，低浓度时无毒性。二氧化碳也是碳酸的酸酐，属于酸性氧化物，具有酸性氧化物的通性，能与一些弱碱性氧化物发生反应，其中碳元素的化合价为+4 价，处于碳元素的最高价态，故二氧化碳具有氧化性而无还原性，但氧化性不强。

二氧化碳又是一个较强配体，能以多种配位方式与金属形成配合物。一是二氧化碳作为独立的配体通过碳原子或氧原子与同种或异种金属直接配位生成单、双或多核配合物（图 2-3）；二是二氧化碳插入过渡金属配合物的某个键上，这是过渡金属配合物固定二氧化碳的主要途径，该插入反应是产生催化活性并转化二氧化碳的第一步。二氧化碳的插入位置主要在 M—C、M—H、M—O、M—S、M—P 和 M—N 等化学键中，插入可以按照如图 2-3 中（1）所示的正常方式进行，即碳原子与被插入的较富电子的一端连接成键，也可以按照图 2-3 中（2）所示的反常方式进行，即碳原子与被插入的较贫电子的一端连接形成具有 M—C 键的配合物。二氧化碳和很多共聚单体发生阴离子配位聚合反应，主要是二氧化碳及其共聚合单体轮流与催化剂中的金属配位活化，继而插入金属杂原子键中。

二氧化碳能够被许多金属配合物活化，金属铜、锌、镉、铁、钴、锡、铝、钨等

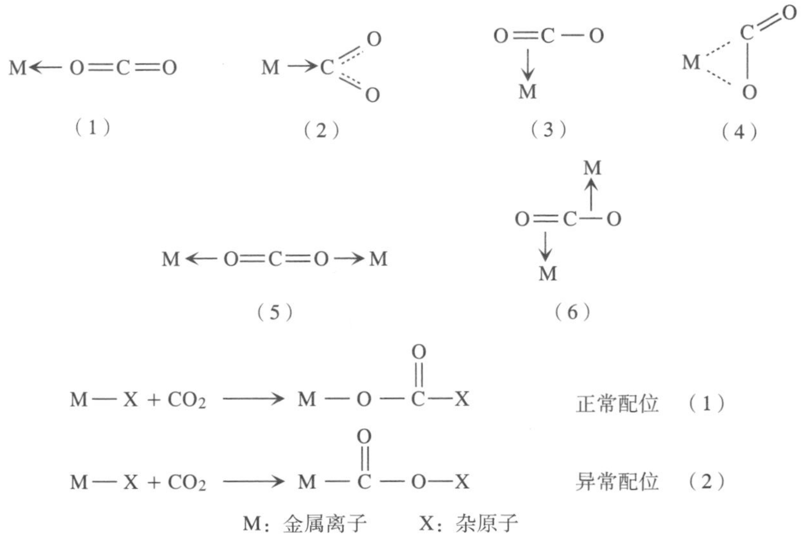

$M \leftarrow O{=}C{=}O$ (1)

$M \rightarrow C$ (with two O, dashed bonds) (2)

$O{=}C{-}O$, $\downarrow M$ (3)

M ⋯ $C{=}O$, O (4)

$M \leftarrow O{=}C{=}O \rightarrow M$ (5)

$O{=}C{-}O$ with M (↑) and M (↓) (6)

$$M{-}X + CO_2 \longrightarrow M{-}O{-}\overset{O}{\overset{\|}{C}}{-}X \quad \text{正常配位} \quad (1)$$

$$M{-}X + CO_2 \longrightarrow M{-}\overset{O}{\overset{\|}{C}}{-}O{-}X \quad \text{异常配位} \quad (2)$$

M：金属离子　　X：杂原子

图 2-3　金属-二氧化碳配位化学结构类型（王献红，2016）

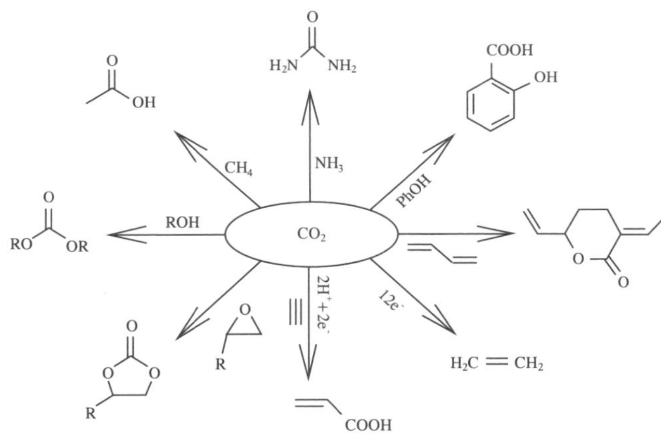

图 2-4　二氧化碳作为 C_1 资源与小分子发生的化学反应（王献红，2016）

与多种配体（如羧基、醚、酯、胺、膦等含有氧、氮、磷元素的基团）组成的配合物是有效的活性中心，而在配合物中引入空间位阻大的配位基团能够促进二氧化碳的活化。

利用二氧化碳合成有机小分子化合物是二氧化碳参与化学反应中很受关注的研究方向，相关反应使二氧化碳成为合成能源化学品的主要 C_1 资源（图 2-4），如二氧化碳合成尿素反应、二氧化碳加氢制备甲醇、二氧化碳与甲烷重整制备合成气和烃、二氧化碳与甲醇反应合成碳酸二甲酯等。但是，由于反应过程中碳原子价态发生改变，合成有机小分子的反应过程中常需要额外消耗能量或氢，所以如何有效利用二氧化碳合成有机小分子仍存在很大挑战。

2.1.3 主要应用

1. 二氧化碳强化石油开采

将超临界或液相二氧化碳注入利用常规方法难以开采或采收率较低的油藏，利用其与原油的物理化学作用，导致原油性质、油藏性质和油藏流体孔隙压力发生变化，实现增产石油、提高石油采收率的目的，就是二氧化碳强化石油开采技术（CO_2-Enhanced Oil Recovery，CO_2-EOR）。

二氧化碳驱油一般可使原油采收率提高 7%～15%，延长油井生产寿命 15～20 年。二氧化碳的地质利用最早出现在 CO_2-EOR 领域，20 世纪 20 年代就有文献记载（Khatib et al.，1981）。1952 年，沃顿等取得了第一个二氧化碳采油专利（Whorton et al.，1952）。由于二氧化碳在原油中的溶解度大于在水中的溶解度，因此当原油中溶有注入的二氧化碳时，原油性质会发生变化，甚至油藏的物性也会得到改善。注入的二氧化碳溶于原油能够降低油水界面张力，降低原油黏度，导致原油膨胀增加原油的流动性；未被溶解的二氧化碳填充了原油中的空隙，导致油层压力升高，有利于气驱采油；溶于水的二氧化碳生产碳酸，抑制黏土矿物膨胀，溶蚀部分矿物以改善储层物性，有利于油气开采。

二氧化碳驱油分为混相驱和非混相驱。当地层压力高于二氧化碳与原油的最小混相压力时，称之为混相驱油；当地层压力低于二氧化碳与原油的最小混相压力时，称之为非混相驱油。稀油油藏主要采用混相驱，稠油油藏主要采用非混相驱。混相驱的采收率明显高于非混相驱。二氧化碳混相驱替是利用二氧化碳将原油中的轻质组分萃取或气化，从而形成二氧化碳与原油中的轻质烃混合，降低界面张力，提高原油采收率（图 2-5）。二氧化碳混相驱替技术适用于轻质原油开采，尤其适用于水驱效果达不到开采要求的低渗特低渗油藏、开采程度较高接近于枯竭的砂岩油藏或轻质油藏。二氧化碳非混相驱替利用二氧化碳溶解于原油中来降低原油黏度，导致原油膨胀，降低界面张力，使原油流动性更好，提高采收率。

美国最早使用二氧化碳驱的 SACROC 油田采用的就是混相驱。2014 年，美国混相驱项目比例达 93.43%（秦积舜等，2015）。美国 CO_2-EOR 项目起步于 20 世纪 50 年代，20 世纪 60—70 年代持续开展关键技术攻关，20 世纪 70—90 年代逐步扩大工业试验规模，技术配套逐渐成熟，20 世纪 80 年代以后进入商业化推广阶段。自 20 世纪 80 年代起，美国 CO_2-EOR 技术工业化应用规模持续快速扩大，年产油量于 20 世纪 80 年代初突破 100×10^4 t，20 世纪 90 年代初突破 1000×10^4 t，2012 年突破 1500×10^4 t，并保持稳定（图 2-6）。

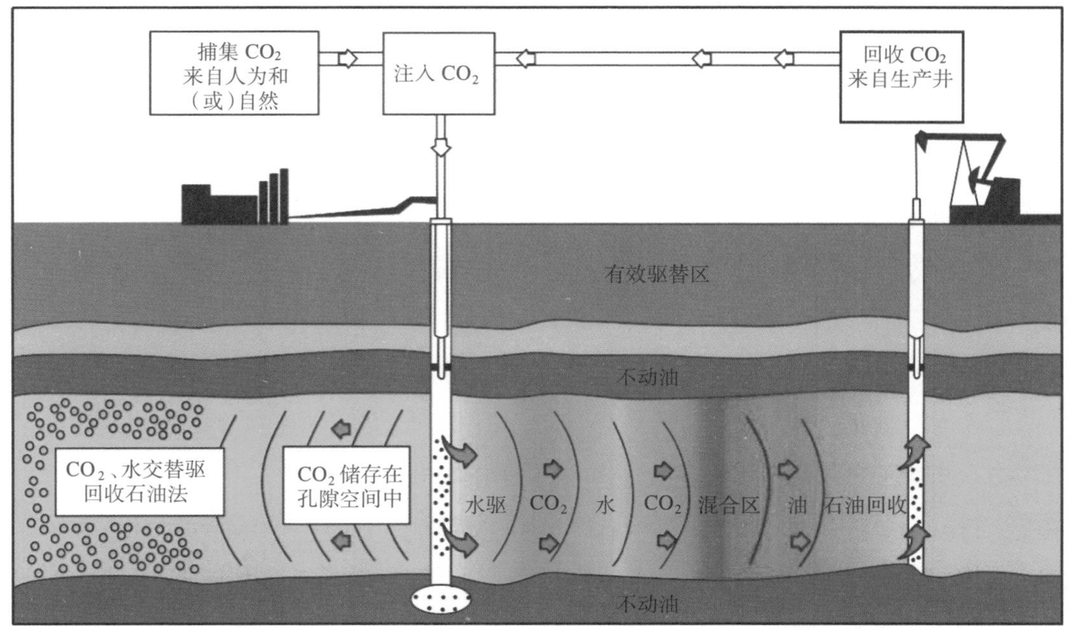

图 2-5 二氧化碳混相驱油示意图

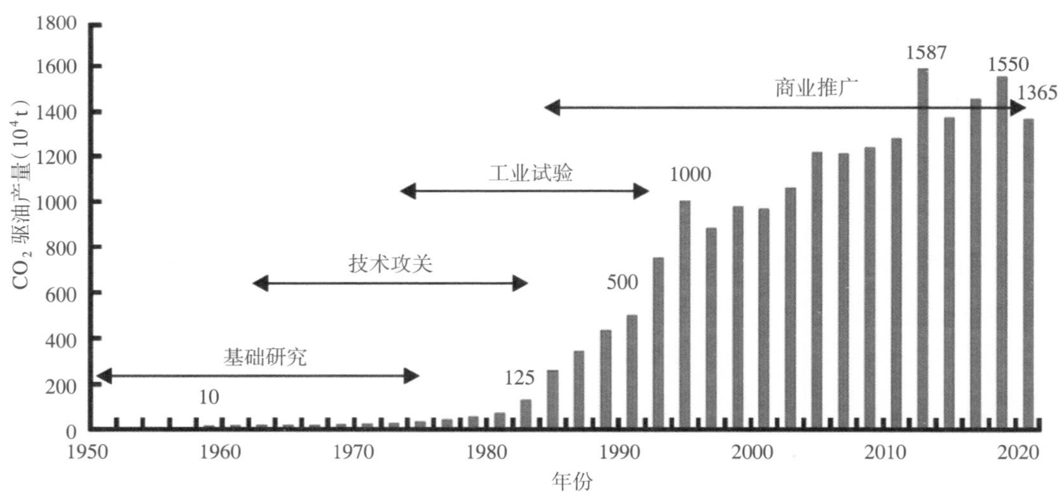

图 2-6 美国历年二氧化碳驱油产量（Wallac E M，2021）

1950—2020 年，土耳其大规模使用二氧化碳非混相驱开发重油油田，以 Raman 油田大规模二氧化碳非混相驱较为典型（秦积舜等，2015）。

中国自 20 世纪 60 年代开始关注二氧化碳驱油技术及其应用。1963 年，中国首先在大庆油田开展了二氧化碳驱提高采收率试验研究。苏北盆地草舍油田泰州组油藏通过开展二氧化碳伴生气回收、储运、压注、排采、循环回收等技术研究，开展二氧化碳驱油与封存试验，达到了增产原油、提高采收率、封存二氧化碳的目的，实现了环境保护、二氧化碳伴生气综合利用、碳减排的目标。胜利油田高 89 区块二氧化碳驱先导试验的目的是探索二氧化碳驱提高低渗难采储量采收率的可行性。高 89-1 断块含油面积 4.3 km^2，储量 252×10^4 t，主力含油层系沙四段发育四个砂层组 15 个小层，平均孔隙度 12.5%，平均渗透率 4.7 mD，地层温度 126℃，注二氧化碳前地层压力为 24 MPa，最小混相压力为 29 MPa，五点法井网，10 个注二氧化碳井组，14 口生产井，采用连续注入二氧化碳，单井二氧化碳日注 20 t，预计提高采收率 17%，换油率 2.63 tCO_2/t 油，二氧化碳封存率 55%。2008 年 2 月开始注气，截至 2016 年 12 月，累积注入 26.1×10^4 t 二氧化碳。阶段累积增油 5.86 t，阶段提高采收率 3.4%。胜利油田高 89-1 断块二氧化碳驱提高采收率先导试验区产量见图 2-7。

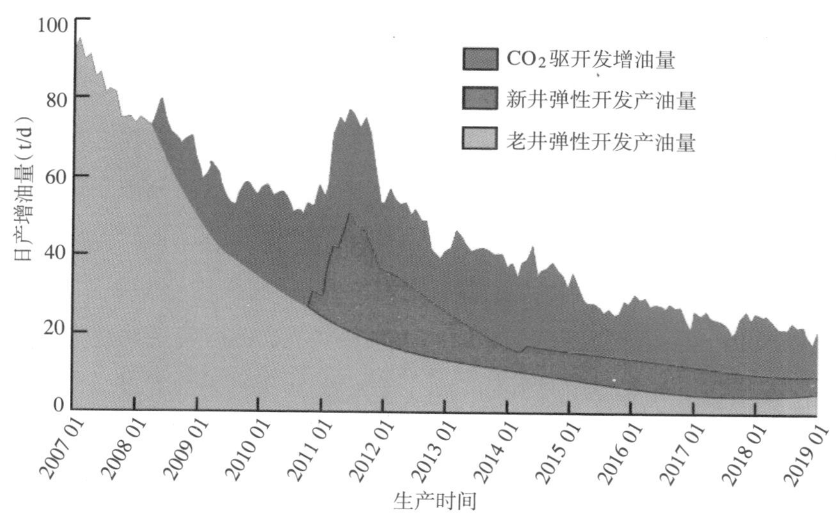

图 2-7　胜利油田高 89-1 断块二氧化碳驱提高采收率先导试验区生产曲线（杨勇，2020）

另外，我国吉林油田、延长石油、中原油田、长庆油田、新疆油田等都相继开展了二氧化碳驱油试验与示范工程。

2. 二氧化碳强化天然气开采

随着国家对低碳绿色能源的倡导，天然气需求量急剧增加，供需矛盾日趋显著。在此背景下，亟须研发推进新技术，提升天然气的采收率。二氧化碳强化天然气开采并封存二氧化碳为新兴的二氧化碳地质利用和封存技术。

天然气以游离气为主，主要以超临界二氧化碳压裂、增加渗透率和流体驱替的方式提高天然气采收率。把二氧化碳注入即将枯竭或衰竭的天然气藏中，恢复地层压力，将因自然衰竭而无法开采的残存天然气驱替出来，从而提高采收率，同时将二氧化碳封存于气藏地质构造中实现减排的过程，就是二氧化碳强化天然气开采技术（CO_2-Enhanced Natural Gas Recovery，CO_2-EGR）。此过程既可以封存二氧化碳，又可以增加天然气的开采。注入的二氧化碳提高了地层压力，并可以驱替地层中的天然气，提高天然气的采收率。对于二氧化碳驱天然气藏，由于气藏压力得以保存，因此有利于稳定天然气产量，控制底水和边水侵入。

3. 二氧化碳强化页岩气开采

页岩气以吸附态为主，二氧化碳强化页岩气开采（CO_2-Enhanced Shale Gas Recovery，CO_2-ESGR）与二氧化碳强化煤层气开采的原理类似，是指超临界或液相二氧化碳代替水来压裂页岩，并利用页岩吸附二氧化碳能力比吸附甲烷强的特点，置换甲烷从而提高页岩气采收率和生产速率并实现二氧化碳地质封存（图 2-8）。

液态二氧化碳代替水来压裂页岩，使得岩石孔喉特征长度远远大于甲烷气体分子平均自由程，甲烷气体分子自由振荡，形成连续介质流动。超临界二氧化碳黏度较低，扩散系数较大，表面张力为零，因此在页岩孔隙中容易流动，而且能够进入任何大于其分子的空间，在外力作用下，能够有效驱替微小孔隙和裂缝中的游离态甲烷。另外，页岩对二氧化碳分子的吸附能力强于对甲烷分子的吸附能力，二氧化碳能够与吸附在孔隙、有机质、微小黏土颗粒等矿物表面的甲烷分子发生置换，将吸附态的甲烷转变为游离态；同时，超临界二氧化碳流体密度大且有强的溶剂化能力，能溶解近井地带的重油组分和其他污染物，减小近井地带油气流动阻力。二氧化碳强化页岩气开采，可获得更高的页

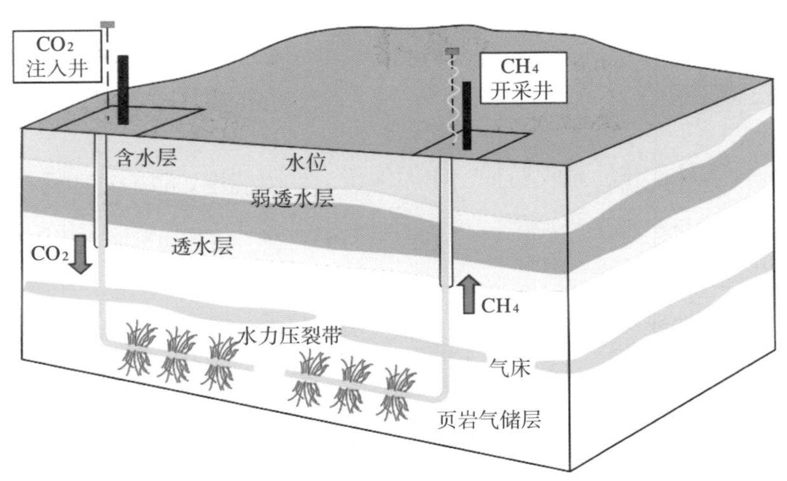

图 2-8　二氧化碳强化页岩气开采（CO_2-ESGR）技术概念图（黄晶，2022）

岩气产量并实现二氧化碳地质封存。

美国在 2010 年首次进行二氧化碳驱替页岩层的封存项目示范。中国页岩气资源丰富，但开采难度大，采收率低，如何提高页岩气采收率一直是中国页岩气领域探索的主要方向。近十年来，中国做了很多有益的探索，并取得了较好的进展。

4. 二氧化碳强化煤层气开采（CO_2-ECBM）

将从排放源捕集到的二氧化碳注入深部不可开采煤层中进行封存，同时将煤层气驱替出来加以利用的过程称为二氧化碳强化煤层气开采（CO_2-Enhanced Coal Bed Methane Recovery，CO_2-ECBM）。

驱替煤层气提高煤层气采收率是以二氧化碳作为吸附剂，利用其在煤体表面被吸附的能力高于甲烷的特性，驱替煤层气，实现提高煤层气采收率封存二氧化碳的目的（图 2-9）。

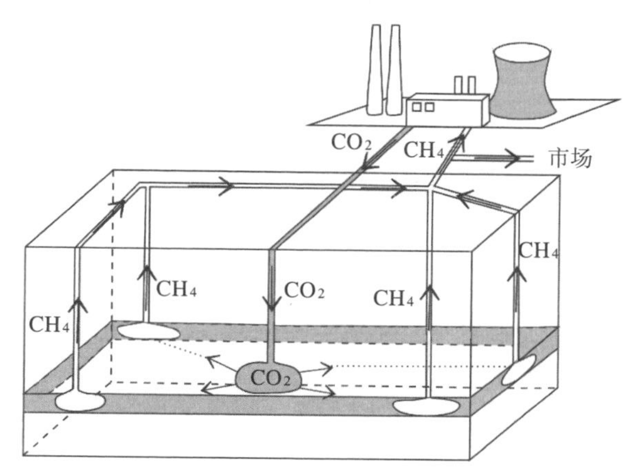

图 2-9　二氧化碳驱煤层气示意图（黄晶等，2022）

一般煤层气包括游离气和吸附气，其中吸附气占 80%～90%，游离气占 10%～20%（马志宏等，2001）。煤层对于二氧化碳的吸附能力明显大于煤层气，高压二氧化碳注入不仅可以通过提高煤层渗透率来提高游离气的采收率，还可以置换吸附气。

Allison Unit 项目是 CO_2-ECBM 示范项目（Reeves et al.，2004），该项目于 1995 年开始注入二氧化碳，五年注入二氧化碳量约为 27.7×10^4 t，甲烷采收率提高了 150%。中国二氧化碳强化煤层气开采研究始于 20 世纪 90 年代，现场试验结果差异较大。总体上，中国煤层条件复杂，对应的技术和设备需要进一步完善和优化。

5. 二氧化碳强化天然气水合物开采

天然气水合物的大规模开发利用对保障国家能源安全具有重要意义。2013—2016 年，南海珠江口海域和神狐海域分别发现了超千亿立方米级的天然气水合物。2019 年，南海重点海域新区发现厚度大、纯度高、类型多、多层分布的天然气水合物。采用二氧化碳置换天然气水合物中的甲烷，可以实现能源增产，缓解中国天然气紧张的供给形势，保障中国能源供应安全，还有助于实现二氧化碳地质封存。

二氧化碳置换天然气水合物中的甲烷，简称“二氧化碳置换水合物”，是将二氧化碳注入天然气水合物储层中，利用二氧化碳水合物形成时释放出的热量使天然气水合物分解，从而采出甲烷（图 2-10）。与常规的加热法、降压法等天然气水合物开采技术相比，二氧化碳置换水合物技术具有能耗低、效率高、对地层影响小且可同时封存二氧化碳等优点。

二氧化碳和甲烷在形成水合物时温度、压力均存在一定差异，因此在天然气水合物处于稳温稳压边界外的特定区域，二氧化碳水合物仍处于稳定状态，故在促进天然气水合物分解的同时，形成二氧化碳水合物，且释放出的热量有利于天然气水合物继续分解并维持地层的稳定，实现二氧化碳地质封存。

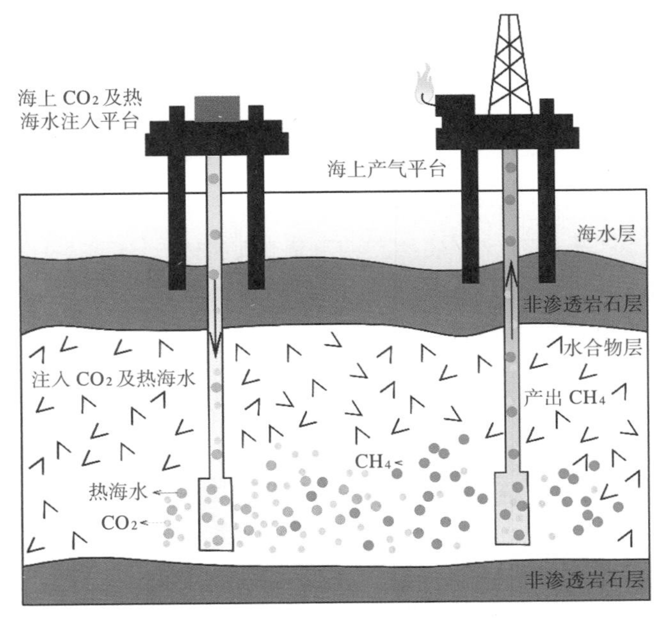

图 2-10　二氧化碳强化天然气水合物开采示意图（丁仲礼，2022）

6. 二氧化碳铀矿浸出增产开采

二氧化碳铀矿浸出增产开采技术（CO_2-Enhanced Uranium Leaching，CO_2-EUL），是指将二氧化碳与溶液注入砂岩型铀矿层，通过抽注平衡维持溶浸流体在铀矿中运移，促使含铀矿物选择性溶解，溶浸采铀资源的同时实现二氧化碳地质封存。

溶浸采铀技术是一种综合采矿技术，是采矿学、地质学、湿法冶金技术、化学科学和环境工程学等多学科交叉和渗透发展的结晶。这种采矿技术把常规采矿方法、选矿方法和化学浸出融合在一起，是一项可以直接把矿石中有价值金属提取出来的综合开采工艺技术，其原理是根据物理、化学作用机理配合化学工艺技术，利用化学溶剂或采用微生物催化作用，有选择地溶解和浸出矿石中的有用成分。用这种方法开采出来的是包含金属的溶液而不是固体矿石，从根本上改变了常规采矿工程中采、选、冶的技术工艺，其突出特点为：采用溶浸采铀技术把常规采矿方法中的采、选、冶工艺整合到一起，简化了工艺流程，减少采矿投资，缩短建设周期，降低生产成本，降低能耗，减少环境污染，提高矿产资源回收利用率，同时改善环境和提高生产安全性等（图 2-11）。具体来说，二氧化碳铀矿浸出增产开采技术主要包括两个方面：一是常规的碳酸盐岩浸出，通过二氧化碳调整和控制浸出剂的碳酸盐浓度和酸度，促进砂岩铀矿中铀矿物的配位溶解，

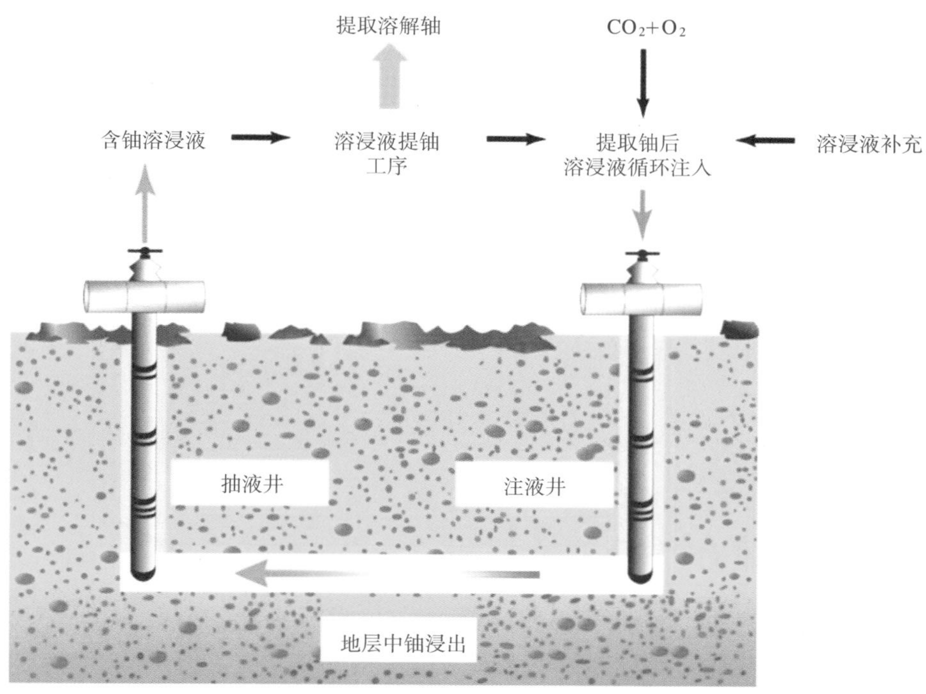

图 2-11　二氧化碳铀矿浸出增产开采工艺流程示意图
（中国二氧化碳地质封存环境风险研究组，2018）

提高铀的浸出率；二是二氧化碳促进浸出，即二氧化碳的加入可控制地层内碳酸盐矿物的产出，避免以碳酸钙为主的化学沉淀物堵塞矿层，同时能够有效溶解铀矿床中的碳酸盐矿物，提高矿床的渗透性，由此提高铀矿开采的经济性。

7. 二氧化碳强化增强采热

地热地域分布广且具有可再生性，具有重要的经济价值。干热岩型地热是一种包含在地壳深处岩石中的热能，对环境影响小，具有热能连续性好、利用效率高的优势。

将二氧化碳注入深部地热储层，并通过生产井回采，以二氧化碳为工作介质有效提取地热并实现二氧化碳利用和封存的过程，即二氧化碳强化增强采热（CO_2-Enhanced Geothermal Systems，CO_2-EGS）。

Brown（2000）提出了增强地热开采的概念，即利用二氧化碳代替水作为热传导流。目前，二氧化碳采热技术是指以二氧化碳为介质的地热开采利用技术，包括二氧化碳羽流地热系统（CO_2-Plume Geothermal System，CPGS）和二氧化碳增强型地热系统（CO_2-EGS）。CPGS 以二氧化碳作为传热介质，开采高渗透性储层孔隙中的地热能。CO_2-EGS 以超临界二氧化碳作为传热流体，替代水开采深层增强型地热系统中的地热能。两种系统均能达到地热能获取和二氧化碳地质封存的双重效果。

CO_2-EGS 利用类似于水力激发致裂的人工方法，在致密的深层岩石中可以使流体从中间通过从而提取岩石内热量热储层，之后将用来采热的冷流体输送到该系统中，开采出地壳 3～10 km 范围内岩石中的热量（图 2-12）。传统的增强型地热系统使用水从地热系统中开采地热资源（H_2O-EGS），产生的热水是发电系统的热源。可以使用超临界二氧化碳替代水作为增强型地热系统中的传热流体来开采地热资源。相比于水 H_2O-EGS，CO_2-EGS 拥有更好的流动性和热开采速率（Pruess，2006）。

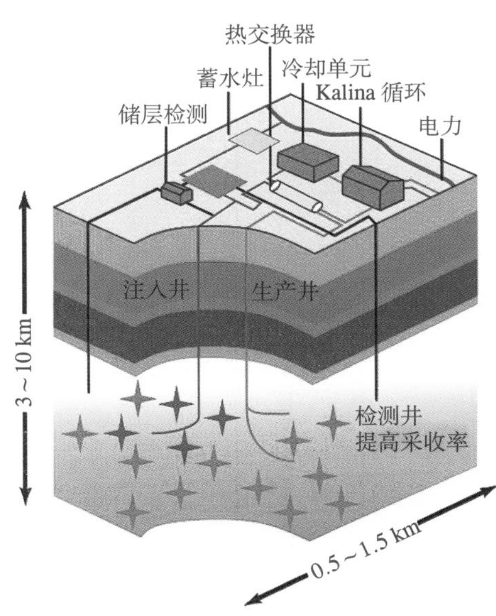

图 2-12　二氧化碳增强采热技术示意图（张乐，2017）

8. 二氧化碳强化深部咸水采水

二氧化碳强化深部咸水采水是指二氧化碳地质封存与深层咸水/盐水联合开采（CO_2-Enhanced Water Recovery，CO_2-EWR），即将二氧化碳注入深部微咸水、咸水层或卤水层，强化驱替深部地下水及地层中高附加值溶解态矿产资源（如锂盐、钾盐、溴素等）的开采，同时实现二氧化碳在地层内与大气长期隔离的封存过程（图 2-13）。

超临界二氧化碳强化深层咸水开采，不仅可以显著提高咸水的开采效率，而且有助于保证二氧化碳地质封存的安全性。深部咸水层抽采后能够为二氧化碳地质封存提供更大空间，避免注入后二氧化碳压力过大造成盖层破裂、进而导致二氧化碳和咸水层迁移等问题。另外，如果地层水是高矿化度的卤水，那么开采的咸水可以提炼出矿产资源，如钾盐、锂盐等；若矿化度较低，则经过淡化后可以补充地表和浅层淡水。

在通过二氧化碳提高咸水采收率方面，中国开展了有关向深部咸水层注入二氧化碳以获得水资源的项目，但是目前全球还没有成功案例。

9. 二氧化碳压裂技术

二氧化碳压裂技术源于北美，是一种采用液态二氧化碳代替水作为压裂液进行压裂施工的国际前沿技术。与常规水基压裂相比，二氧化碳干法压裂对地层基本无伤害，具有良好的增产增能作用，并可大量节约施工用水，达到了节能减排、绿色环保的施工要求，对于非常规油气储层清洁及高效开发意义深远，具有广阔的应用前景。

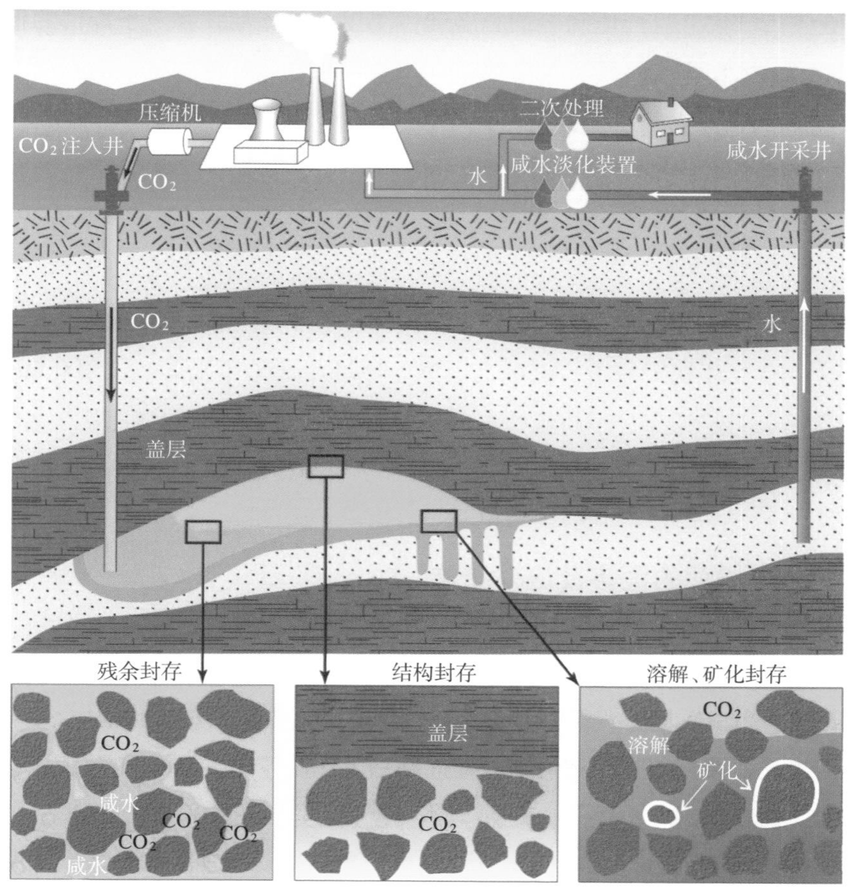

图 2-13　二氧化碳强化深部咸水采水示意图（丁仲礼，2022）

10. 二氧化碳其他用途

（1）高纯二氧化碳主要用于电子工业、医学研究及临床诊断、二氧化碳激光器、检测仪器的校正气及配制其他特种混合气，在聚乙烯聚合反应中则用作调节剂。

（2）固态二氧化碳广泛用于冷藏奶制品、肉类、冷冻食品和其他转运中易腐败的食品，在许多工业加工中作为冷冻剂，如粉碎热敏材料、橡胶磨光、金属冷处理、机械零件的收缩装配、真空冷阱等。

（3）气态二氧化碳多用于碳化饮料、水处理工艺的 pH 控制、食品保存、化学和食品加工过程的惰性保护、焊接气体、植物生长刺激剂，铸造中用于硬化模、气动器件等，还应用于杀菌气的稀释剂（用氧化乙烯和二氧化碳的混合气作为杀菌剂、杀虫剂、熏蒸剂，广泛应用于医疗器具、包装材料、衣类、毛皮、被褥等的杀菌，骨粉消毒，仓库、工厂、文物、书籍的熏蒸等）。

（4）液体二氧化碳可用作制冷剂和溶剂，用于飞机、导弹和电子部件的低温试验，铀矿浸出增采，橡胶磨光以及控制化学反应，也可用作灭火剂。

（5）超临界状态的二氧化碳可以用作溶解非极性、非离子型和低分子量化合物的溶剂，所以在均相反应中有广泛应用，如油气田和煤田开采中用于驱油驱气（包括强化常规、非常规油气，后者包括煤层气、页岩气和天然气水合物）开采增产、强化深部盐水层开采等。

（6）二氧化碳可以作为碳氧资源化学固定为小分子化合物，如合成尿素、水杨酸、无机碳酸盐、有机环状碳酸酯、碳酸二甲酯、甲基丙烯酸甲酯等。二氧化碳还可以作为碳氧资源化学固定为高分子材料，如二氧化碳基塑料、二氧化碳基聚氨酯、非光气法聚碳酸酯等。

2.1.4 二氧化碳排放的危害及应对措施

1. 对自然环境的危害

（1）天然的温室效应：大气中的二氧化碳等温室气体在强烈吸收地面长波辐射后能向地面辐射出波长更长的长波辐射，对地面起到了保温作用。

（2）增强的温室效应：自工业革命以来，由于人类活动排放了大量的二氧化碳等温室气体，使得大气中温室气体的浓度急剧升高，结果造成温室效应日益增强。据统计，工业化以前全球年均大气二氧化碳浓度为 278 ppm（1 ppm 为百万分之一），而 2012 年全球年均大气二氧化碳浓度为 393.1 ppm，到 2014 年 4 月，北半球大气中月均二氧化碳浓度首次超过 400 ppm。

（3）全球气候变暖：大气温室效应的不断加剧导致全球气候变暖，产生一系列全球性气候问题。国际气候变化经济学报告中显示，如果人类一直维持如今的生活方式，那么到 2100 年，全球平均气温将有 50%的可能会上升 4℃。如果全球气温上升 4℃，地球南北极的冰川就会融化，海平面因此将会上升，全世界 40 多个岛屿国家和世界人口最集中的沿海大城市都将面临被淹没的危险，全球数千万人的生活将会面临危机，甚至产生全球性的生态平衡紊乱，最终导致全球发生大规模的迁移和冲突。

2. 对人体健康的危害

相关研究表明，空气中二氧化碳浓度低于 2%时，对人体没有明显的危害，超过这个浓度则可引起人体呼吸器官损坏，即一般情况下二氧化碳并不是有毒物质，但当空气中二氧化碳浓度超过一定限度时会使人体肌体产生中毒现象，高浓度的二氧化碳则会让人窒息。动物实验证明，在含氧量正常（20%）的空气中，二氧化碳的浓度越高，动物的死亡率越高。同时，纯二氧化碳引起动物死亡较低氧所致的死亡更为迅速。此外，在低氧的情况下，8%～10%浓度的二氧化碳可在短时间内引起人、畜死亡。所以，进入含有较高浓度二氧化碳的工作区域前，应先检查空气中二氧化碳浓度是否超过了2%，若超过，则需要采取有效的安全措施：①进行通风排毒，置换工作场所空气，使空气中二氧化碳浓度不超过2%；②佩戴送风面罩、自吸式导管防毒面具、氧气呼吸器等常用的防毒面具。

3. 应对措施

（1）低碳生活：尽量减少生活作息时所耗用的能量，从而降低二氧化碳排放量，减少二氧化碳对大气的污染，减缓生态恶化。

（2）CCS 技术：CCS 技术是指二氧化碳捕集与封存技术，是短期之内应对全球气候变化最重要的托底技术，即通过碳捕集技术，将工业和有关能源产业所产生的二氧化碳分离出来，再通过储存手段，将其输送并封存到海底或地下等与大气隔绝的地方。

（3）国际法律：1992年6月，在巴西举行的联合国环境与发展大会上，有153个国家签署了《联合国气候变化框架公约》，此公约自1994年3月起有效，已有176个缔约方（截至2015年2月）；1997年12月，由《联合国气候变化框架公约》参加国出席的会议在日本京都召开，会议制定了《京都议定书》，作为《联合国气候变化框架公约》的补充条款，此条约自2005年2月16日起有效，已有183个缔约方（截至2009年2月）；2015年11月30日—12月11日，在巴黎举行的《联合国气候变化框架公约》第二十一次缔约方大会暨《京都议定书》第十一次缔约方大会上，来自195个国家的代表一致通过了《巴黎协定》。

2.2　二氧化碳地质封存概述

2.2.1 二氧化碳地质封存的概念

二氧化碳地质封存，是指通过工程技术手段将主要来自工业领域大型排放源捕集的二氧化碳注入适宜地质体中，实现其与大气长期隔绝的过程。按照地质封存体的不同，可分为深部咸水层封存和枯竭的油气藏封存。全球二氧化碳地质封存类型中，深部咸水层封存占主导地位，分布广泛，封存量大，是较为理想的地质封存场所；枯竭的油气藏由于存在于完整的圈闭中，具有较好的地质勘探基础，是适合二氧化碳封存的早期选址地质场所。

2.2.2 二氧化碳地质封存的主要场所

地球有足够大的容量封存注入的二氧化碳。IPCC 估算，全球潜在容量为 20000×10^8 t，实际容量可能更大。

目前，公认的二氧化碳地质封存场所主要包括深部咸水层、枯竭油气藏、玄武岩层等（图 2-14）。每种类型的二氧化碳地质封存都是将二氧化碳压缩后注入地下地质体中，具有渗透性的多孔岩石等都是潜在的封存二氧化碳的场所。

1. 深部咸水层封存

深部咸水层一般指深度大于 800 m 的咸水层，该类地层在全球范围内分布广泛，且饱含大量的水资源。深部咸水层的地下水矿化度较大，不适合作为饮用水或农业用水，但却可以作为封存二氧化碳的有利场所。深部咸水层在沉积盆地的封存潜力大、分布广，

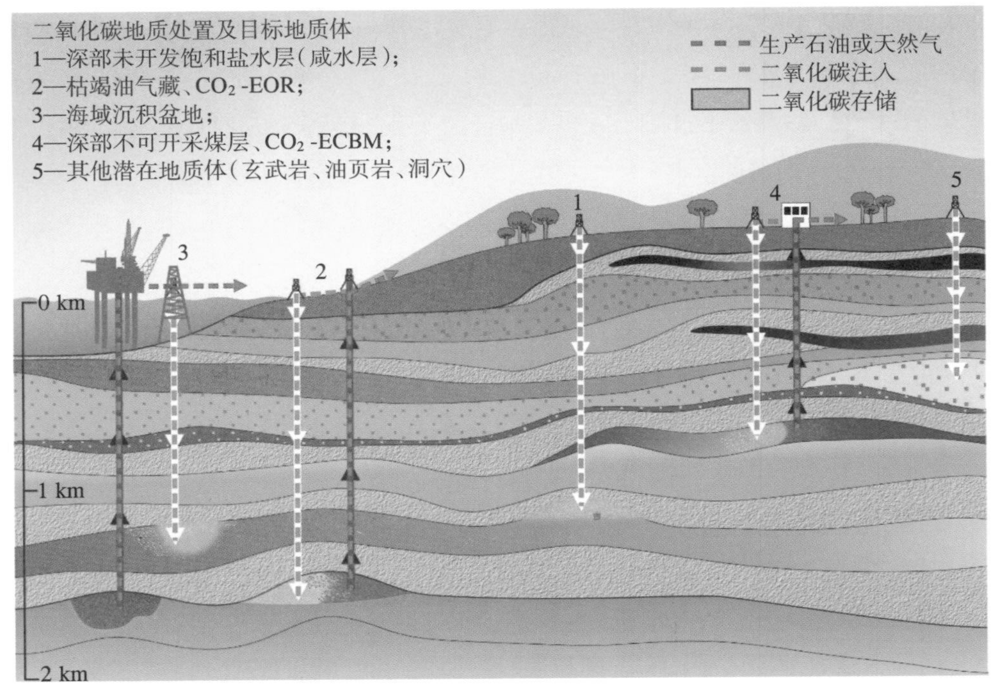

图 2-14　二氧化碳地质封存主要场所

受埋存量、埋存地点和埋存时间的限制较小，封存安全性较高，因此深部咸水层封存技术应用范围更广泛。一方面深部咸水层尽可能避免二氧化碳向浅部运移而污染地下可饮用水源，另一方面该深度以下的温度和压力可以保证二氧化碳保持在液体或超临界状态。IPCC 特别报告（2005）同样指出深部咸水层是最有前景的长期封存二氧化碳的选择，尤其是在缺少直接经济刺激的前提下，深部咸水层在靠近二氧化碳捕获地方面具有潜在的地理优势。

深部咸水层二氧化碳地质封存机理主要包括圈闭封存、残余气/束缚气封存、溶解封存和矿化封存四种。当把二氧化碳以超临界或液体状态注入地下深部咸水层后，二氧化碳在浮力以及注入压力的双重作用下，由注入井逐渐向周围运移，一部分在运移过程中被毛细力固定或被岩石颗粒吸附而固定下来，一部分在合适的地质构造中被封存下来，还有一部分在运移的过程中缓慢溶解于卤水中，同时在上部盖层的作用下确保二氧化碳长期留在储层中。因此，赋存于咸水层岩石孔隙中的二氧化碳多为游离态、吸附态和溶解态三态共存。随着时间的推移（百万年），二氧化碳、地层水和碳酸岩石发生化学反应，生成碳酸盐矿物质，实现二氧化碳永久封存。

目前，二氧化碳咸水层封存项目实施的大部分技术可以在石油、天然气开采等行业现有技术的基础上进行改造开发。欧美发达国家对二氧化碳咸水层封存相关关键技术的研发开始较早，部分技术已经比较成熟。相比之下，中国虽然在油气资源开发方面有一定的基础，但是由于二氧化碳咸水层封存是纯粹的环保措施，在没有相关政策扶持的情况下，咸水层封存的关键技术研发和实施存在着动力不足的劣势；因此，中国的二氧化碳咸水层封存所属关键技术的研究还处于起步阶段，关键技术研发与国际先进水平存在一定的差距。从已有的研究来看，对注入的二氧化碳如何在咸水层中流动、深部咸水层对注入的二氧化碳固化能力大小的影响、二氧化碳能否在地下咸水层中稳定封存至少上千、上万年，以及可能产生的环境影响等诸多问题和挑战仍是不可预知的。

现已建成运营的主要二氧化碳咸水层封存项目中，属挪威 Statoil 公司开发的 Sleipner 项目运行时间最长，最有代表性，是全球范围内第一个商业级用于温室气体减排目标的二氧化碳咸水层封存项目，于 1996 年投产。该项目所选取的咸水层位于海床下 800～1000 m，顶部非常平坦，上覆盖层为延伸范围长、厚度大的页岩，对二氧化碳的封存容量巨大。该项目每年向位于海底之下 1000 m 深处的高渗透性 Utsira 砂岩中注入 100×10^4 t 左右的二氧化碳（图 2-15）。该项目运行至今，监测结果显示盖层的密封性良好，二氧化碳羽流的径向延伸约 5 km^2。已有储层研究与模拟分析表明未来成百上千年时间尺度内，二氧化碳将不断溶解于水中，可有效降低二氧化碳泄漏的可能性。

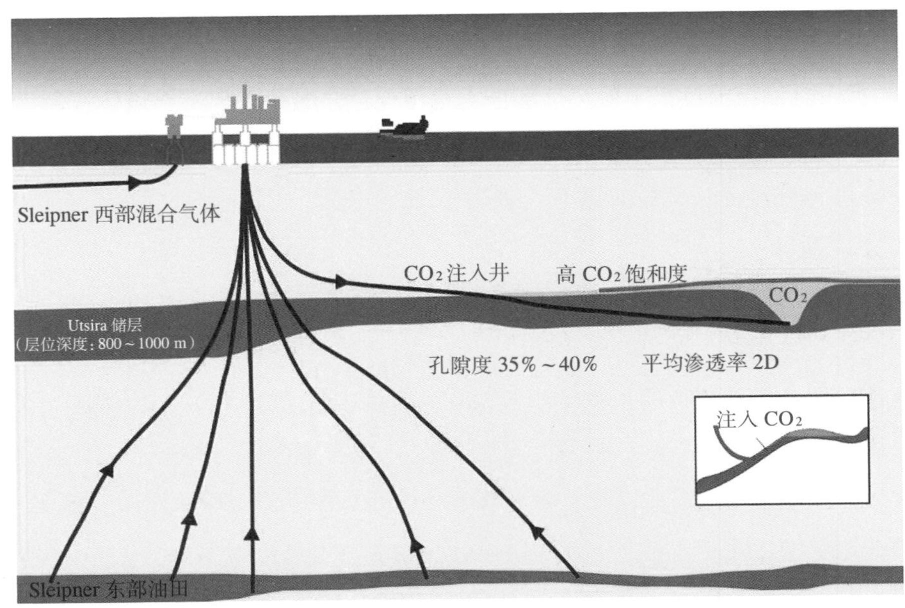

图 2-15 挪威 Sliepner 项目 Utsira 咸水层二氧化碳地质封存示意图

世界范围内运营的大型二氧化碳咸水层封存项目还有挪威的 Snøhvit 项目（海上）、加拿大壳牌石油公司的 Quest 项目和美国的 Illinois 封存项目。

中国神华集团鄂尔多斯煤制油分公司碳捕集与封存示范项目是中国也是世界上第一个全流程二氧化碳咸水层封存项目，对于我国二氧化碳咸水层封存更具有典型的代表意义。该示范项目 2011 年成功地将超临界的二氧化碳注入咸水层，至 2014 年 4 月完成注入目标。目前监测结果表明未发现二氧化碳泄漏。

咸水层封存需要关注的因素有：①地质构造条件，即是否存在不利于二氧化碳封存的地质构造；②盖层岩性和厚度，即盖层的封闭性及完整性；③储层厚度，即有关二氧化碳封存空间，也就是封存量；④储层孔隙度和渗透率，物性特征影响二氧化碳封存速率和封存总量（魏一鸣等，2020）。咸水层封存过程中，要充分评价盖层的破裂压力，避免因二氧化碳注入后压力过大导致盖层破裂和二氧化碳泄漏。

2. 油气藏封存

二氧化碳油气藏封存，是指在现有油气藏中封存二氧化碳，是目前最为成熟的二氧化碳地质封存技术。

目前商业级大规模二氧化碳地质封存的主要方式仍是油气藏封存，油气藏作为二氧化碳地质封存的首选场地，主要原因有：①油气藏本身具有良好的封闭性，可以长久提供安全的地质圈闭；②油气藏的地质结构与物理特性在油气开采的过程中已研究清楚，并建立了三维地质模型；③油气藏已具备生产井和注入井等基础设施，可以有效降低封存的工程成本；④二氧化碳可作为原油的溶剂，注入油气藏后可形成混相驱，提高原油的采收率。因此，利用油气藏封存二氧化碳是目前国际社会普遍采用的封存方法之一，尤其是在技术和项目推广的初期阶段。以往的工程经验表明能够实施二氧化碳地质封存的油气藏有两种：一种是枯竭的油气藏，直接利用枯竭的原始储油层封存二氧化碳，无附加经济收益；另一种是正在开采中的油气藏，利用二氧化碳驱油，以提高原油的采收率，获得额外收益，降低碳封存成本。

实际上，在利用二氧化碳驱油的过程中，部分二氧化碳会滞留在油气藏中，部分随原油、天然气、水从生产井中采出，采出的这部分二氧化碳经过分离、压缩后可以重新注入井中利用，且成本较低。近十几年来，由于气候变化导致的环境问题日益严峻，政策制定者将封存二氧化碳的节排目标上升到与提高原油采收率同等地位甚至更高。因此，二氧化碳驱油技术逐渐成为经济效益最佳的二氧化碳利用和封存方式，也是最具有主动性的二氧化碳地质封存方案。

枯竭油气藏一般是指经过三次开采以后，已丧失开采价值的油气藏。利用该类油气藏封存二氧化碳所关注的重点是封存能力和封存的安全性，因此储层中单位体积的岩石所能储存的二氧化碳的能力是衡量一个油气藏能否成为潜在二氧化碳地质封存地址的重要标准。封存能力受储层中岩石的孔隙度、渗透率等参数的影响，过量地注入二氧化碳会破坏储盖层的完整性和力学稳定性。因此，在注入二氧化碳之前，需要在原有围绕油气勘探和开发研究工作的基础上，重新对储层的沉积类型（碎屑岩或碳酸盐岩），储层的埋深、厚度、三维几何形态和完整性，以及储层的物性和非均质性进行评价，从而对二氧化碳存储能力做出客观、翔实的评估。在重新评价的过程中，除应考虑上述关于理想储层的普遍要求外，还需特别注意：①对油气藏中岩层进行重新评估，确保圈闭的完整性，避免二氧化碳泄漏或运移；②枯竭油气藏的封堵层位及井眼需要重新标示并对井筒的完整性与密封性做出评估，否则会存在二氧化碳泄漏风险；③相应的辅助条件，如开采特征及现状、目前油气层油气水分布情况、油气藏驱动方式等。

美国的二氧化碳驱油技术水平最为发达，自 1980 年以来，美国的二氧化碳驱油的现场应用不断发展，成为第二大提高原油采收率的技术，仅次于蒸汽驱技术。美国拥有充足的二氧化碳气藏，开展了大量的注入二氧化碳提高原油采收率的项目，并取得了很好的经济效益。根据 2014 年统计数据，美国二氧化碳非混相驱生产井数已达到 993 口，年产量达 106.89×10^4 t，相比传统采油技术，该技术一般可提高原油采收率 7%～23%

（平均 13.2%），延长油井生产寿命 15～20 年。美国二氧化碳提高原油采收率项目中，平均二氧化碳滞留系数为 60%，40%的二氧化碳通过生产井循环（IEA，2008）。

中国石油开采对于提高采收率技术的需求十分迫切，但目前的技术水平还有待提升。中国原油新增可采储量无法满足中国经济发展对石油的需求，原油可采储量的补充越来越多地依赖于已探明地质储量中采收率的提高。中国大部分油田为陆相沉积储层，非均质性严重，原油黏度大，因此水驱采收率较低。为提高原油采收率，自 20 世纪 60 年代以来，我国各大石油院校相继开展了二氧化碳驱油实验，并在大庆、胜利、江苏等油田进行应用，对二氧化碳驱油方法形成了初步的认识。进入 21 世纪以来，围绕该技术展开了系统的研究，以先导性试验为核心的工作不断展开，并在吉林油田、中石化华东局、胜利油田率先开展了示范项目，效果显著，该技术已逐渐成为我国提高石油采收率的一项有力技术手段。

二氧化碳驱油机理可分为二氧化碳混相驱和二氧化碳非混相驱，两种方式的区别在于地层压力是否达到最小混相压力。当注入地层压力高于最小混相压力时，实现混相驱油；当注入地层压力达不到最小混相压力时，实现非混相驱油。标准状况下，二氧化碳是一种无色、无味、比空气重的气体。当温度压力高于临界点时，二氧化碳的性质会发生变化：形态与液体相似，黏度接近于气体，扩散系数为液体的 100 倍。此时的二氧化碳是一种很好的溶剂，其溶解性和穿透性均超过水、乙醇与乙醚等有机溶剂。如果将二氧化碳流体与待分离的物质接触，它就能够有选择性地把该物质中所含的极性、沸点和相对分子质量不同的成分依次萃取出来。萃取出来的混合物在压力下降或温度升高时，其中的超临界流体就变成普通的二氧化碳气体，而被萃取的物质则完全或基本析出，二氧化碳与萃取物就迅速分离为两相，这样可以从许多种物质中提取其有效成分。二氧化碳驱油机理正是利用了二氧化碳这一特殊物理、化学属性，即当超临界二氧化碳溶于油后会使原油膨胀，降低原油黏度，从而使原油流动能力增强，提高原油产量；当超临界二氧化碳溶于原油和水时，将使原油和水碳酸化，原油碳酸化后，其黏度随之降低，水碳酸化后，水的黏度将提高 20%以上，同时也降低了水的流度，碳酸化后的油和水的流度趋向靠近，改善了油与水流度比，扩大了波及体积。所以，二氧化碳通过注入井注入油层后，易被水驱向前推进，当二氧化碳与原油达到混相后进而驱动原油进入生产井。综上所述，利用二氧化碳驱提高原油采收率具有如下特点：①降低原油黏度；②使原油体积膨胀；③改善油与水流度比；④分子扩散作用；⑤混相效应；⑥萃取和气化原油中的轻烃；⑦溶解气驱；⑧降低界面张力。

随着二氧化碳驱油技术的日趋成熟，国内外有很多采油项目在油田开发后期选择注入二氧化碳以实现提高采收率的同时封存二氧化碳。最具代表性的二氧化碳驱油项目是加拿大 Weyburn—Midale 项目，该项目将美国北达科他州 Beulah 的大型煤气化装置中捕获的二氧化碳输送到加拿大萨斯喀彻温省（Saskatehewan）东南部的 Weyburn—Midale 油田，用于提高原油采收率。Weyburn 油田的地表覆盖面积约 180 km^2，原油储量达 222×10^6 m^3，二氧化碳驱油项目设计使用年限为 20～25 年，在整个项目周期内计划每天注入 3000～5000 t 二氧化碳，年注入 200×10^4 t 二氧化碳，以实现封存二氧化碳 2000×10^4 t 的总目标。从 2000 年 10 月开始注入，到 2023 年 3 月累积封存量已经超过 4000×10^4 t。Weyburn—Midale 油田的原油储层属于裂隙性碳酸岩，厚 20～27 m，上部盖层和底部岩层均为硬石膏带。油层的北界限，碳酸岩发生尖灭形成一个区域性不整合面，该不整合面上部是厚而平的页岩岩层，在空间上构成了阻止二氧化碳泄漏的天然屏障。该项目自 2000 年正式运行以来，运行状态良好，达到预期效果。目前，每天可增采原油 1600 m^3，所有随原油排出的二氧化碳均被分离、压缩后重新注入，循环使用，并且所采用的多种监测设施尚未发现有二氧化碳泄漏。

3. 玄武岩层封存

玄武岩层原位矿化封存，是直接将二氧化碳注入自然界富含钙、镁、铁等元素的矿物中，在地层原位完成二氧化碳的矿物矿化反应，生成永久的、更为稳定的碳酸盐，从而达到永久且高效封存二氧化碳的目的（图 2-16）。原位矿化封存具有封存量大、成本低、安全性高的特点。

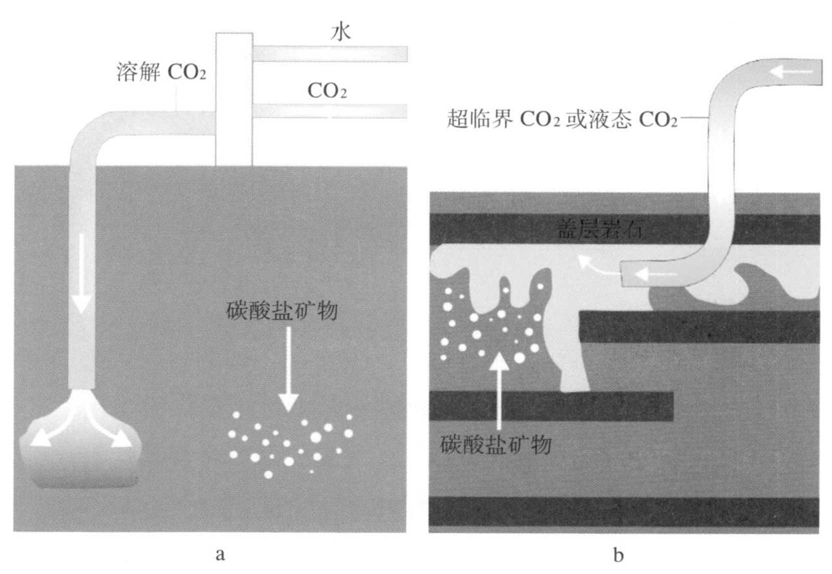

图 2-16　原位矿化封存二氧化碳示意图（黄晶等，2022）

玄武岩层原位矿化封存要求被注入的地质体中必须含有大量易溶解的碱性金属离子、足够的渗透率和孔隙度以封存注入的二氧化碳以及碳酸盐产物。原位矿化封存二氧化碳的储层主要以富含硅灰石、镁橄榄石、蛇纹石、滑石的玄武岩和超基性岩层为主。

冰岛西南部的CarbFix项目已经证实了玄武岩层原位矿化封存二氧化碳的潜力，因其富含钙、镁和铁矿物，与二氧化碳具有较高的反应活性，生成的碳酸盐相对稳定（图 2-17）。

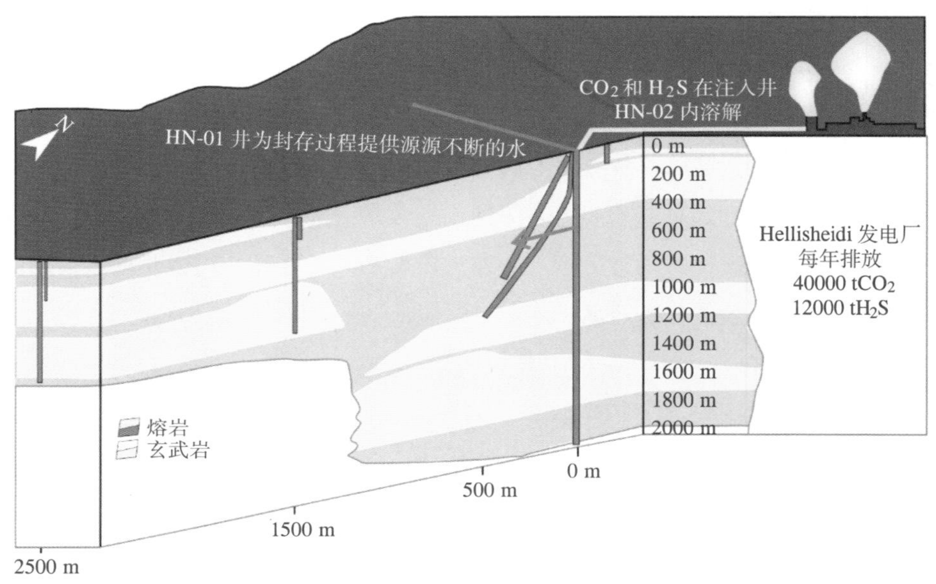

图 2-17　冰岛西南部 CarbFix 项目原位矿化封存二氧化碳示意图（黄晶等，2022）

玄武岩层等二氧化碳矿化封存避免了二氧化碳地质封存过程中存在的二氧化碳泄漏风险，克服了地质封存局限性，且无须投入后续监测成本，减少对环境的污染和危害，有效实现二氧化碳永久安全封存。但是玄武岩封存对温度、压力、孔隙连通性等条件要求较高，目前只有冰岛火山口附近的玄武岩地层满足条件。

4. 其他地质封存

除上述以外的其他地质封存，是指地下其他空间（如洞穴）、地面碳矿化（稀释或浓缩的二氧化碳流体与尾矿或冶炼渣表面的碱性源发生反应的过程）等。另外，还可将二氧化碳或者含有二氧化碳的混合流体注入深部不可开采煤层中，实现二氧化碳地质封存。

2.3　二氧化碳地质封存的四种机理

保证二氧化碳安全封存而不逸散，关键是对二氧化碳的特性、逃逸途径及可能性做出正确评价。对于二氧化碳地质封存体，盖层完整性、断裂时空发育、水动力条件、储层及流体性质的变化、地下温压条件的变化等，均可能会造成二氧化碳的逸散和泄漏。因此，评价二氧化碳地质封存机理十分重要。

2.3.1 二氧化碳深部咸水层地质封存机理

二氧化碳在深部咸水层中的封存机理，可分为物理封存和化学封存。其中，物理封存主要包括构造封存和残余/束缚封存，化学封存主要包括溶解封存和矿化封存。构造封存是目前地质封存二氧化碳的主要方式，溶解封存一般需要漫长的过程，矿化封存则能达到永久封存的目的。矿化封存可能会导致岩石的孔喉堵塞、渗透率降低，从而导致二氧化碳注入困难等问题，降低了二氧化碳的储存能力；同时，二氧化碳的溶解作用会增大岩层的渗透率，提高注入效率。

2.3.1.1 二氧化碳物理封存机理

二氧化碳注入地层后以气态或超临界状态的物理封存主要包括构造封存（也称结构封存）、残余/束缚封存，以及以分子态的溶解封存。

1. 二氧化碳构造封存机理

构造封存是通过盖层等阻挡二氧化碳运移并使其聚集在储层内的封存过程，通常包括构造圈闭、地层圈闭、岩性圈闭、水动力圈闭及复合圈闭内的封存。

当注入的二氧化碳遇到非渗透性岩层或水动力阻挡，无法继续运移而滞留在地质体中便形成了构造封存。构造封存是二氧化碳注入初期主要的封存方式（图 2-18）。在二氧化碳注入初期，大量的二氧化碳以超临界状态向远离注入井的方向运移，但是由于二氧化碳密度小于盐水密度，二氧化碳在浮力的作用下向地层上端或上倾方向运移直至遇到盖层或断层阻挡。一般来说，为了确保被注入地层的二氧化碳可以长期稳定封存在地质体中，需要选择有致密封盖层或存在断层圈闭、水动力圈闭的地层中。封盖层一般为渗透率很低、孔隙度很小的岩石（如泥页岩），可以阻止二氧化碳泄漏到其他地层

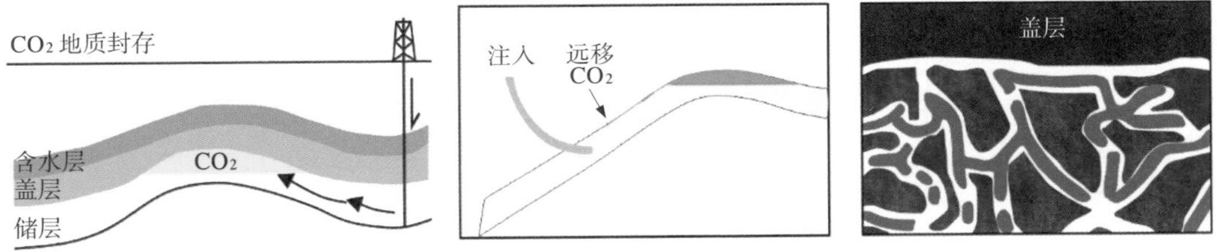

图 2-18　二氧化碳地层构造封存示意图（王万福，2013；Global CCS Institute Publication，2019）

中。低速注入的二氧化碳可能使二氧化碳在浮力的作用下运移至渗透性地层的顶端形成构造封存。随着二氧化碳的不断注入，注入井附近的地层压力会明显增大，伴随时间的推移，二氧化碳的扩散及其他封存方式共同作用，压力会逐渐释放。

（1）盖层封闭。

盖层是位于油气藏等流体之上并阻止流体继续运移的封闭层。盖层封闭性研究主要涉及盖层微观封闭性、盖层排驱压力、盖层综合封闭能力等（邹才能等，2022）。

①盖层微观封闭性。盖层微观封闭性评价主要参数包括岩性（泥页岩、石膏、盐岩、粉砂岩等）、岩石密度、比表面、孔隙半径、孔隙度、裂缝、渗透率、排驱压力等。压汞分析、吸附分析等岩石物理实验分析可以半定量或定量获取盖层封闭性的有关参数，有利于分析盖层的微观封闭性。

②盖层排驱压力。由于钻井、取心等因素的制约，系统研究盖层封闭性的空间展布所需要的排驱压力实测难度较大且可能性较小，所以只能利用基于岩心刻度后的间接方法开展预测，如建立声波时差与实测排驱压力的函数关系来预测钻井附近的盖层排驱压力（付广等，1996）；同时，在井点约束控制的基础上，充分利用地震速度资料，预测盖层排驱压力参数，评价盖层封闭性的空间展布。

③盖层综合封闭能力。盖层封闭性受盖层的微观封闭能力和宏观发育特征的共同制约，因此盖层封闭性的综合评价需要同时综合考虑二者，如盖层岩石类型（石膏、泥页岩、粉砂岩等）、盖层的横向展布（连续稳定的区域性地层，预测能够全面覆盖二氧化碳羽流的范围）、盖层与下伏储层的关系（储层上部紧邻直接盖层，距离一般小于 5 m）、盖层与断裂的关系（盖层中无张性、贯穿性断裂等）。灰色关联分析法、模糊数学法、大数据分析法等，结合达西定律、菲克定律等，可以实现对盖层综合封闭能力的分析和评价。对于不同级别的二氧化碳地质封存需求，需要充分评估封存空间的规模性、注入性、安全性及经济性等。从地质因素上看，主力盖层之上是否有缓冲盖层和多套盖层，盖层本身是否具有连续性和安全性是实现二氧化碳地质封存安全的重要因素。

下面介绍几个盖层封闭能力研究实例：

迄今为止，世界上进行的二氧化碳地质封存项目中，背斜型圈闭是百万吨级二氧化碳地质封存的首选，如挪威在 1996 年起执行的 Sleipner 项目和阿尔及利亚的 In Salah 项目等。一方面背斜型圈闭构造较为简单，能够稳定且长期封存二氧化碳；另一方面背斜型圈闭是油气探勘的重点区域，该类型圈闭井位多、数据全，被认为是二氧化碳地质封存中理想的储集空间。

挪威的 Sleipner 项目是世界上第一个深部咸水层百万吨级二氧化碳地质封存项目，该项目选址在背斜型圈闭，其 Utsira 储层本身具有较高的孔、渗条件［孔隙度达到 35%～40%，波动范围小；平均渗透率为 2D（1D＝1 μm^2）］，有足量的地下空间储集二氧化碳（预计共注入 2000×10^4 t）；Utsira 储层不受大型断层和裂缝的影响，地质条件稳定，内部的泥岩夹层构成的低渗透隔板可以显著抑制二氧化碳羽流向上逸散。储层上方近 200 m 厚的低渗（水平渗透率为 0.001 mD，垂向渗透率为 0.0004 mD，1 mD＝$10^{-3}\mu m^2$）页岩盖层（Nordland）具有很好的封存能力，储层、盖层之间巨大的渗透率差值致使二氧化碳极难突破毛管排驱压力而泄漏。

国外年封存量百万吨级二氧化碳地质封存项目中，多数选址在砂岩型圈闭中，一方面是由于国外的砂岩储层物性较好，不仅有足够的地下储集空间来封存百万吨级二氧化碳，而且地层的注入性难度较低；另一方面砂岩型圈闭多数是油气聚集的场所，在项目初期注入二氧化碳驱替地层中难以开采的原油可提高原油采收率，在项目后期注入二氧化碳可实现碳封存的目的。国外二氧化碳封存砂岩圈闭一般都是发育在海相砂岩地层，砂体以滨海砂岩（如 Illinois-Mt. Simon Sandstone）、潮坪（如 Quest-BCS）、浊积砂岩（如 Gorgon-Dupuy）等海相砂岩为主，往往在平面上分布稳定、面积广大、储集性优越（孔隙度在 15%以上，很多可以高达 35%；渗透率几十到几百 mD），岩石成分和结构成熟度高、胶结物少（Brydie J，et al.，2014），一般埋深在 2000～3000 m，以一套砂岩居多，但是也存在如美国密西西比 Kemper 项目白垩纪多套砂岩共同封存的情况（Bensinger J, et al., 2020）。

澳大利亚 Gorgon 项目是澳大利亚在 2009 年开始建设的世界上最大的二氧化碳地质封存项目，该项目选址在巴罗岛斜坡背景下砂岩尖灭型圈闭 Dupuy 层储层中（图 2-19），地层深度在 2000～2500 m，总厚度为 200～500 m。该地层具有中等孔隙度（约 22%），渗透率为 30～100 mD。Dupuy 层顶部的巴罗群页岩（BBGS）是直接且主要的盖层单元。Dupuy 层被分为四个主要岩石单元，分别是 Basal Dupuy 层、Lower Dupuy 层、Upper Massive Sand 层和 Upper Dupuy 层。Basal Dupuy 层岩性是菱铁矿胶结的细粒至中粒砂岩，储层物性普遍较差，不是二氧化碳注入目标层。Lower Dupuy 层主要是细粒砂岩和粉砂岩，为二氧化碳封存目标层。巴罗岛北部地区主要为砂岩（砂地比高达90%），南部地区为页岩粉砂岩。Upper Massive Sand 层主要是细粒到中粒的块状砂岩，也是二氧化碳注入目标层，向上岩石颗粒不断变细；Upper Massive Sand 层顶部的粉砂岩被认为是阻止二氧化碳向上逸散的重要挡板。Upper Dupuy 层岩性主要为粉砂岩，夹少量砂岩透镜体，不作为二氧化碳注入目标层，它在 Dupuy 顶部形成屏障，阻止二氧化碳向上逸散。紧邻 Dupuy 层上方的是 BBGS 层，它是位于 Barrow Delta 层底部的三角洲页岩单元，存在于巴罗岛上向下穿透至 Dupuy 层顶部的每一口井中，因此被认为是区域性广泛且连续的屏障（Flett M，et al.，2009；Tenthorey E，et al.，2011；Trupp M，et al.，2013）。

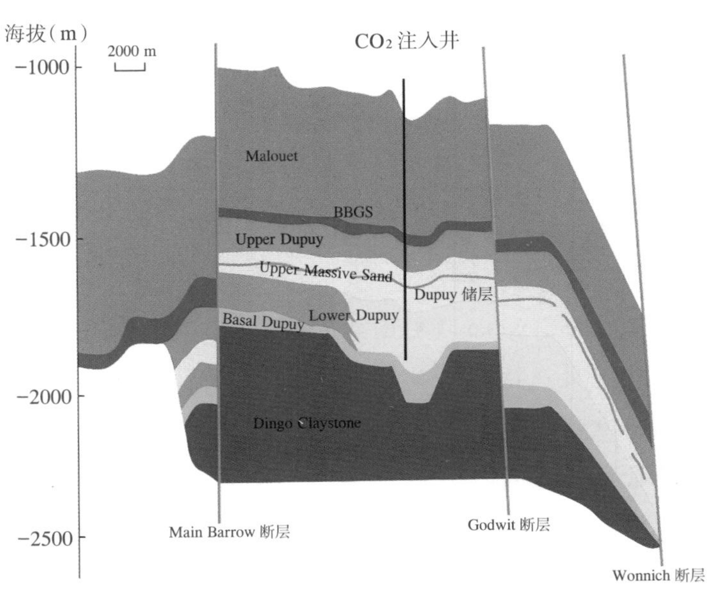

图 2-19　澳大利亚 Gorgon 项目二氧化碳封存场地地质模式（Flett M，et al.，2009）

中国鄂尔多斯盆地是多旋回叠合型内陆盆地，总体上构造简单、地层平缓、断裂不发育，整体呈现为东高西低的区域斜坡构造。区域上斜坡砂体分布广、储集性好，盆地内发育多套深部咸水层和岩性圈闭、鼻状构造圈闭，可实现大规模二氧化碳地质封存。盆地邻近工业集中区，碳源丰富、交通便利，所以在此处实施年封存量百万吨级二氧化碳地质封存的可行性高。除砂岩型圈闭外，盆地中部面积大、构造简单的陕北斜坡内的鼻状构造圈闭也是年封存量百万吨级二氧化碳地质封存选址的有利区域。

（2）断层封闭。

断层封闭指断层与地层各向异性的组合，能够阻止油气等流体继续运移，促使流体聚集形成的物性和压力系统。同一条断层在其发育过程中，可能经历多期的开启和封闭过程。认识断层封闭、开启性及其发育史，有助于把握流体运移、聚集、散失过程及流体分布规律。

造成断层具有封闭性的根本原因是断层两盘之间的排驱压力存在差异。断层的封闭机理主要包括对接封闭、物性较差（如泥岩、黏土）的涂抹封闭、破碎岩石封闭、高泥质含量的断层岩封闭、成岩胶结封闭。断层是否具有封闭性主要与断层两盘岩石对接关系、断层岩的泥质含量、断层岩的成岩程度、应力状态、断层后期活动性、胶结作用等有关。断层封闭具有双向性，即侧向封闭和垂向封闭，二者的封闭机理不同，影响因素各异。

影响断层侧向封闭的因素较多，如断层断开岩性、断层两盘岩性对置关系、断裂带充填、断层活动、断距大小、泥岩涂抹、后期成岩作用等，主控因素包括断移地层的岩性、碳酸钙和二氧化硅的沉淀与溶解作用、埋藏深度等。一般情况下，砂泥岩地层中，砂岩为渗透层，泥岩为非渗透层，砂岩、泥岩对接的概率也就是砂岩层被泥岩层封堵的概率。一般泥质含量高，排驱压力大，侧向封闭性强。若断裂带被泥质充填，侧向封闭良好；若断裂带被砂质充填，侧向可以通过碳酸钙和二氧化硅的沉淀与胶结作用实现封堵。断层未被充填时，流体会通过断裂带运移，压力和温度的差异会导致碳酸钙和二氧化硅出现沉淀与溶解，进一步对砂岩孔隙空间进行胶结堵塞。相同情况下，一般埋深越大，岩石压实作用越强，物性变差，排驱压力增大，侧向封闭性变好。

影响断层的垂向封闭性的主要因素包括断层面应力、断裂带充填物阻力以及后期成岩胶结作用。如果流体运移的浮力小于断层垂向封闭力，则断层面具有垂向封闭能力（付广等，1996）。断层面应力指上覆岩层的压力，断层处地层埋深越大，断层面应力越大，垂向封闭性越强。另外，即使断层面应力很大，部分断裂带和断裂附近的裂缝可能存在开启，此时需要后期物质的充填，如对于陆相地层中能发生塑性流动的泥岩，若上覆应力超过泥岩的弹性应变同时又小于脆性破裂所需应力，此时断层垂向封闭性最好。

将二氧化碳封存在断层型圈闭中存在较大的风险和安全隐患。由于断层具有不均质性以及在空间上的多变性，盖层对断层型圈闭的封堵性是最关键的考虑指标。盖层不仅要求厚度足够大，而且岩性应该是极低渗的岩石。当选址为断层型圈闭时，要对断层的稳定性和封闭性进行详细研究，放弃贯穿储层、盖层的断层，起到封盖作用的断层可以作为选址区域。此外，只发育在储层内部的断层，其盖层本身不受断层影响的断层型圈闭也可作为年封存量百万吨级二氧化碳地质封存的场所。针对断层型圈闭前期二氧化碳的运移模拟以及后期的监测是必不可少的，以确保长期有效地封存二氧化碳。

下面介绍几个断层封闭能力研究实例：

巴西 Petrobras 项目是巴西第一个年封存量百万吨级二氧化碳地质封存项目，该项目选址在 Buracica 油田的断层型圈闭中（图 2-20）。该圈闭的地质特点是断层本身作为储层的侧面封盖作用，地层较为破碎，具有多套的储层和盖层且储层和盖层交替分布。Sergi层作为主力注入封存层位，具有较好的孔、渗、饱条件，平均孔隙度约为22%，平均初始含水饱和度约为24%，平均渗透率为570 mD。与Sergi层直接接触的是主力盖层Itaparica 1层，是厚度为18m的页岩盖层，平均渗透率在0.0003 mD以下。在主力储层之上存在两个备用储层，分别是位于Sergi层顶部上方约18 m处6 m厚的Arenito B层和位于Arenito B层顶部上方约30 m处6 m厚的Água Grande层，两套备用储层的岩性都是砂岩，都可能储存从下方Sergi层迁移来的二氧化碳。在备用储层Arenito B层之上的是盖层Itaparica 2层，与Itaparica 1层的岩性和渗透率相同，但Itaparica 2层的厚度达到30 m；与备用储层Água Grande层直接接触的盖层是Taua层，厚度为30 m，平均渗透率为0.00036 mD；在Taua层之上分别是由厚泥质沉积与灰岩和浊积砂岩互层的Candeias层以及由页岩、粉砂岩、砂岩和钙质砂岩填充的Taquipe层，均作为防止二氧化碳向上逸散的盖层。

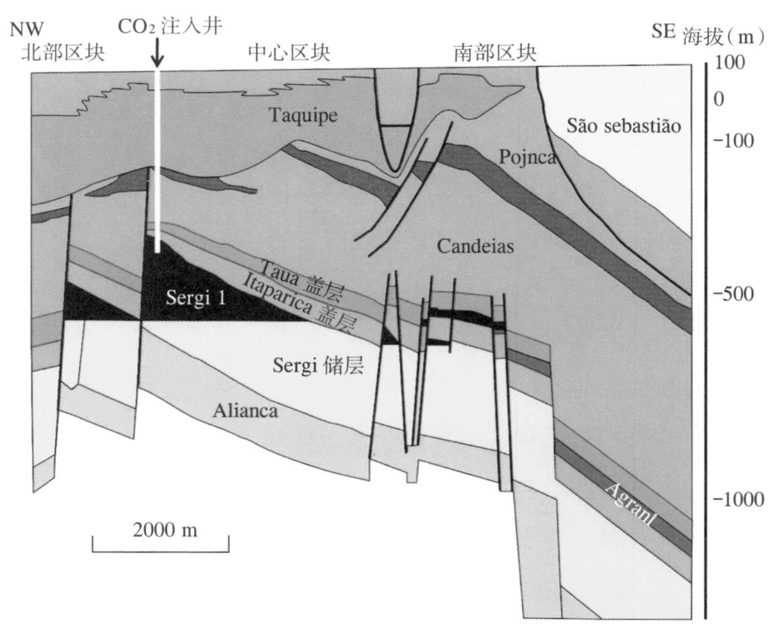

图 2-20　巴西 Petrobras 项目二氧化碳封存场地地质模式
（Roggero F，et al.，2012）

构造裂缝对于二氧化碳地质封存是一把“双刃剑”。一方面裂缝被认为是二氧化碳的潜在逸出通道，可能会破坏特定储存地点的封储能力；另一方面裂缝本身也可以作为二氧化碳运移的通道和封存空间。目前世界上年封存量百万吨二氧化碳地质封存选址在裂缝构造的案例相对较少。裂缝型储层非均质性极强，从基质到裂缝带，渗透率相差很大。裂缝型圈闭对注入井的要求较高，注入压力要超过最小地应力和抗拉强度；而且注入井的方向要垂直裂缝带的延展方向，这样就会发生水力压裂并在储层内产生沿裂缝带方向的拉伸裂缝，有利于二氧化碳的迁移和从该方向注入的多余孔隙压力的消散。由于裂缝型圈闭存在一定的不稳定性，且注入井水力压裂产生新的裂缝可能会影响原生的裂缝带，因此选择裂缝型圈闭作为二氧化碳地质封存场所时还要考虑该圈闭的侧面封堵作用以及对其进行裂缝动态评价。前期二氧化碳的运移模拟以及后期的监测是必不可少的，确保能长期有效地封存二氧化碳。

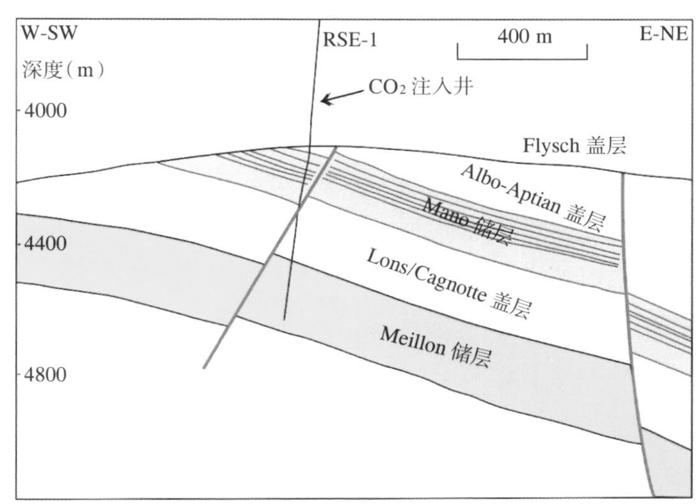

图 2-21　法国 Lacq 项目二氧化碳封存场地地质模式（Thibeau S，et al.，2013）

法国的 Lacq 项目是法国第一个二氧化碳地质封存项目，年封存量十万吨级二氧化碳，选址在 Lacq 盆地的 Rousse 枯竭气田裂缝型圈闭中（图 2-21）。二氧化碳地质封存的层位是深为 4500 m、厚度为 120 m 的 Mano 层，该层为白云质储层，基质孔隙度为 2%～4%，受裂缝的影响渗透率为 5 mD；Mano 层受边界断层的封闭作用，Albo-Aptian 层黏土作为侧盖层，顶部盖层是近 800 m 厚的泥灰岩、页岩和泥岩互层的 Flysch 层（Prinet C，et al.，2013；Thibeau S，et al.，2013）。

（3）水动力封闭。

水动力封闭是构造地层封闭的延伸，以侧向静水压力为封闭条件，将注入的二氧化碳圈闭在相对封闭的空间内（林广宇等，2013）。水动力储存条件与构造圈闭、地层圈闭和岩性圈闭不同，主要依靠水动力圈闭而实现。

由水动力因素起主控作用的水动力圈闭主要有三种类型：鼻状构造和构造阶地型水动力圈闭、单斜型水动力圈闭、纯水动力油气藏。

对于没有大规模地层圈闭的单斜构造，注入的二氧化碳进入储层后，随储层地层水运动，部分上升至咸水层顶部，受盖层阻挡，在含水层顶部汇聚并在压力作用下沿近水平方向流动。该过程中，一部分二氧化碳将储存在岩石孔隙中，如果存在小规模地层圈闭，部分二氧化碳将聚集，同时伴随着二氧化碳和储层地层水的接触而逐渐溶解，并通过弥散、扩散等过程以溶解相的形式运移，最终通过与矿物的化学反应使其以固体形式储存。

沉积盆地深部咸水层中的地下水在一个区域或盆地级别的流动系统中，以较长时间尺度流动，在这类系统里，流体流动速度通常以 cm/a 来衡量，二氧化碳运移距离是以数百米到数千米为单位来计算的。如果二氧化碳注入此类含水系统中，尽管没有构造地层圈闭来阻挡二氧化碳的侧向运移，二氧化碳因密度小于地层水仍然可以在浮力作用下以非常慢的速度沿地层倾向逆重力方向运移。较低的地层水运移速率可以保证这部分二氧化碳被中长期封存（许志刚等，2009），这些二氧化碳一般要经过几万年甚至几百万年的时间才能运移到浅层。该过程中，其他封存机理同时作用，二氧化碳运移过程中可能遇到构造地层圈闭而被封存。该类水动力封闭在二氧化碳注入后立即起作用。

2. 二氧化碳残余/束缚封存机理

残余封存又称束缚封存或毛细管捕集，是指未溶解的二氧化碳在运移过程中，遇到细小的孔隙，由于液—气相界面张力，即受毛细管力的作用，二氧化碳浮力不足以克服孔隙吼道的毛细管突破压力，从而使其在注入运移过程中从连续相中分离出来并被长久吸附滞留在岩石孔隙吼道内而被封存。另外，残余封存也包含二氧化碳吸附于矿物表面的封存过程。

两相流动中，根据接触角不同，分为润湿相和非润湿相。对地层中二氧化碳和水的两相流动的过程来说，一般水为润湿相，二氧化碳为非润湿相。非润湿相驱替润湿相，使润湿相饱和度逐渐减小的过程为驱替过程；润湿相驱替非润湿相，使润湿相饱和度逐渐增加的过程为吸入过程。毛细管力和相对渗透率是描述多孔介质中两相驱替过程的重要特征参数。一般来说，毛细管力随着非润湿相饱和度的增加而增加，直至到达束缚水状态。由于饱和历史会影响流体分布，所以相同饱和度情况下，润湿相（水）在吸水过程中的相对渗透率会略高于驱水过程，而非润湿相（二氧化碳）在吸水过程中相对渗透率总会低于驱水过程，称为滞后现象。

二氧化碳残余气体捕集机制主要发生在二氧化碳注入过程中或注入结束后的阶段，是由毛细管力和相对渗透率的滞后性导致的。在二氧化碳注入阶段，二氧化碳羽流（注入储层中的二氧化碳运移扩散形成的羽状流体）在浮力作用下向侧向和上方移动，同时，由于注入二氧化碳时压力一般比较大，挤进地层细小孔隙和吼道的二氧化碳，大部分很难突破通道外的流体压力，从而长期封存在细小孔隙和吼道中（肖钢，2011）。当注入结束后，二氧化碳羽流继续向上移动。在二氧化碳羽流的前段，移动的二氧化碳继续驱替水，即驱替过程。相反，在二氧化碳羽流的末端，上端被驱替的水反过来驱替二氧化碳，即吸入过程。因此，二氧化碳羽流将会被截断，当部分二氧化碳浓度低于某一极限值时，二氧化碳会被毛细管力封存于孔隙中，即二氧化碳在储层运移中由于岩石孔隙结构差异产生的贾敏效应，导致部分二氧化碳以残余气的形式保留在孔隙中。在较低渗透率特性的含水层中，该作用更为明显。残余气饱和度与水相对渗透率相关，由于毛细管力滞留作用的存在使得驱替与渗吸相渗曲线不重合，两者之间含气饱和度的差异即为残余气饱和度。由于毛细管力驱动的咸水回流作用导致注入井周围有盐析出，形成局部沉淀，盐沉淀堵塞岩石孔隙，降低井的注入性，影响液—气相流动（图 2-22）。

对于存在圈闭的咸水层，在储层低处注入二氧化碳有助于羽流上升，有效充注咸水层（图 2-23）。该圈闭封存二氧化碳过程中，以构造封存为主，同时也伴有残余封存和溶解封存，后期可能存在矿化封存。

另外，二氧化碳以物理溶解的方式即二氧化碳以分子形式溶解于水或油气中，不产生分子结构变化，在一定温度和平衡状态下，二氧化碳在水中的溶解度服从亨利定律，

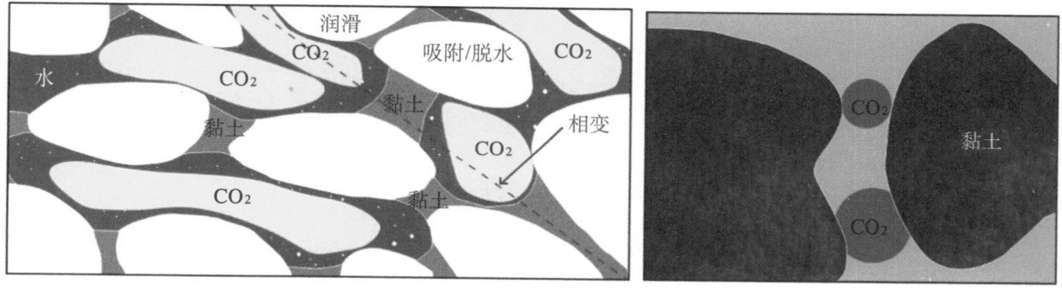

图 2-22 二氧化碳残余/束缚封存示意图（王万福，2013；Global Institute Publication，2019）

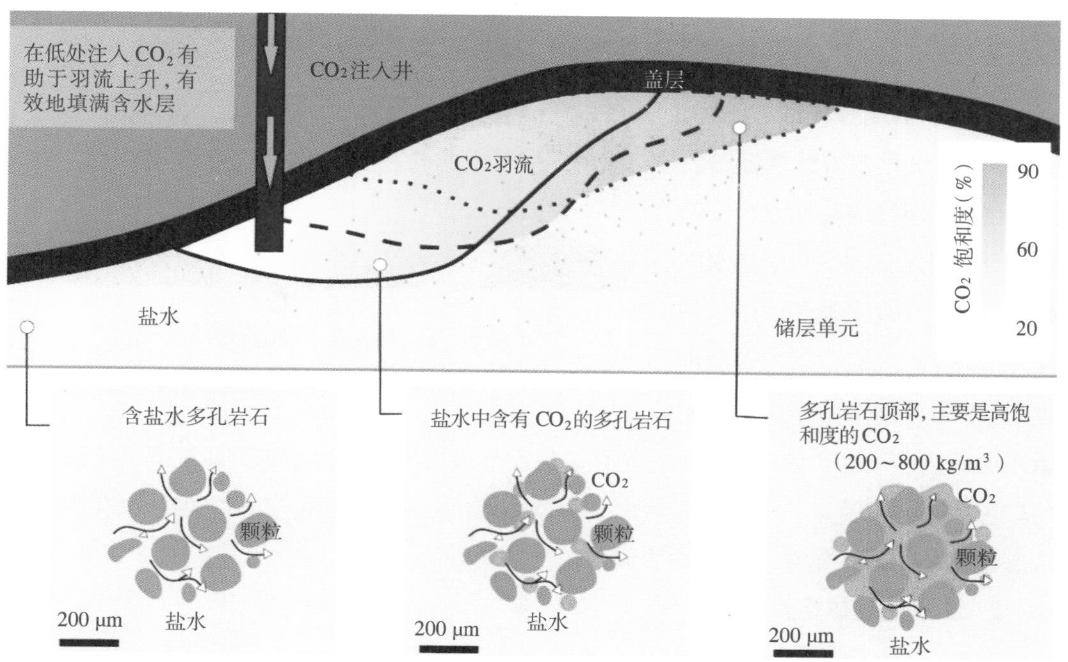

图 2-23 二氧化碳咸水层封存示意图

二氧化碳在水中的溶解量与该气体的平衡分压成正比，压力越高，溶解度越大。二氧化碳溶解在水或油气中并不能保证其永久停留在流体中，当外部温压条件发生变化时，如储层压力突然降低或温度突然上升，溶解的二氧化碳有可能会释放出来，这对于二氧化碳强化采油封存影响较大，因为随着原油采出，地层压力下降，可能导致溶解在地层水和剩余油中的二氧化碳析出，进一步影响油层内部压力波动。

2.3.1.2 二氧化碳化学封存机理

二氧化碳化学封存主要包括溶解封存和矿化封存。

1. 二氧化碳溶解封存

二氧化碳溶解于地层流体中的封存过程，即为溶解封存。随着二氧化碳在孔隙中扩散，二氧化碳的浓度逐渐降低，导致部分二氧化碳不再发生运移，部分以分子形式溶于地下水或油气中，部分以化学溶解的形式溶解在地下水中，溶解于地下水中的二氧化碳生成碳酸。该过程是一个可逆反应，当压力较高时，反应生成的碳酸量也较大。另外，碳酸电离产生HCO_3^-和 H^+，使得水溶液呈酸性。二氧化碳注入早期，与二氧化碳物理溶解量相比，二氧化碳化学溶解量相对较小。

在二氧化碳和水的两相流动过程中，部分二氧化碳与地层水接触被地层水溶解（图 2-24），溶解量的大小取决于封存体的温度、压力和盐度等（许志刚等，2009）。二氧化碳溶解度随着压力的增大、温度的降低及盐度的增加而变化；同时，与地层水的接触有关，二氧化碳与地层水的接触率越高，二氧化碳溶解速度越快。二氧化碳溶解于咸水会使咸水层的密度增加，导致重力不稳定性，进而形成密度驱使的指进，即溶解了二氧化碳的较重咸水向下流动，未溶解二氧化碳的较轻地层水向上流动。溶于水的二氧化碳，以液态和离子的形式储存于地下地质体中，具有较好的稳定性。

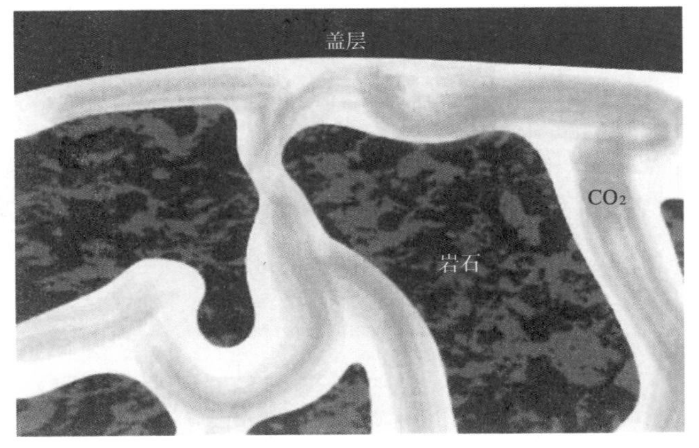

图 2-24　二氧化碳溶解封存示意图
（Global Institute Publication，2019）

2. 二氧化碳矿化封存

二氧化碳与地层环境中的物质发生地球化学反应，从而将二氧化碳转化为次生矿物的过程，称为矿物固碳。二氧化碳与含镁、钙、铁等可溶解于水的矿物反应形成碳酸盐矿物的过程，称为二氧化碳矿物碳酸盐化。注入地层中的二氧化碳溶解于地层水中并与水反应生成碳酸，溶解生成的碳酸与岩层中的镁、铁等金属离子发生化学反应生成碳酸盐岩或其他沉淀物，实现矿化封存。这种化学反应将以固体沉淀的形式永久封存二氧化碳。

二氧化碳与水反应生成碳酸的化学方程式为

$$CO_2(g)+H_2O \leftrightarrow H_2CO_3 \leftrightarrow HCO_3^- + H^+ \leftrightarrow CO_3^{2-} + 2H^+ \quad (2-1)$$

当二氧化碳溶解于地层水中后，会形成 $H_2CO_3(aq)$、HCO_3^-、CO_3^{2-}，生成碳酸。碳酸是一种弱酸，会增加地层水的酸度，使地层水的 pH 值下降，加大了地层岩石矿物的溶解能力，促使部分岩石溶解并析出二次矿化物。例如，增加地层水中的 Na^+、Ca^{2+}、Mg^{2+}、Fe^{2+}等阳离子浓度，HCO_3^-、CO_3^{2-}与这些阳离子结合形成次生稳定碳酸盐岩矿物，二氧化碳被矿化封存。二氧化碳与微孔中的流体、地层中的矿物发生化学反应，即流体—固体相互作用，从而以碳酸盐或水合物的形式被固定，这种方式就是矿化封存（图 2-25）。地层中矿物岩石组成、地层水化学组成、温度、压力、固液界面力、流体流速等在矿化封存作用中均影响二氧化碳被矿化的程度。二氧化碳矿化反应化学方程式为

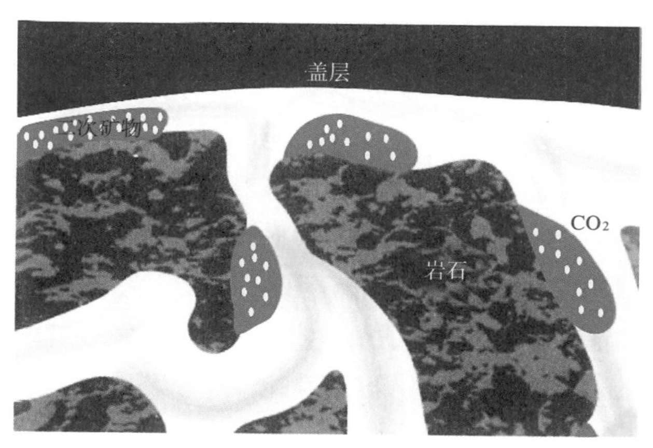

图 2-25　二氧化碳矿化封存示意图
（Global Institute Publication，2019）

$$3(KAlSi_3O_8)+2H_2O+2CO_2 \leftrightarrow KA1_2(OH)_2(AlSi_3O_{10})+6SiO_2+2K^+ + HCO_3^- \quad (2-2)$$

$$3(NaAlSi_3O_8)+2H_2O+2CO_2 \leftrightarrow NaA1_2(OH)_2(AlSi_3O_{10})+6SiO_2+2Na^+ + HCO_3^- \quad (2-3)$$

$$3(CaA1_2Si_2O_8)+4H_2O+4CO_2 \leftrightarrow CaA1_4(OH)_4(AlSi_3O_{10})2+2Ca(HCO_3)_2 \quad (2-4)$$

$$CaCO_3+H_2O+CO_2 \leftrightarrow Ca(HCO_3)_2 \quad (2-5)$$

$$CaMg(CO_3)_2+2H_2O+2CO_2 \leftrightarrow Ca(HCO_3)_2+Mg(HCO_3)_2 \quad (2-6)$$

岩石与碳酸发生反应，使碳酸逐渐转化为碳酸氢盐和硅酸盐，盐水中碳酸数量逐渐减少，盐水的酸性被不断中和。根据化学反应平衡的原理，随着盐水中碳酸含量的降低，盐水中更多的二氧化碳继续与水反应生成碳酸，同时碳酸又不断地与岩石反应而被消耗。随着溶解的二氧化碳不断地与水反应，盐水中溶解的二氧化碳的数量也不断地减少，则原来受限于溶解度而未溶解的二氧化碳又不断地溶解。上述过程可以简单地用

图 2-26 来表示。

自由态 CO_2 ⟷ CO_2 溶解在咸水中 ⟷ 溶解的 CO_2 与水生成碳酸 ⟷ 碳酸电离 ⟷ 碳酸与岩石发生反应

图 2-26　注入的二氧化碳从溶解直到与岩石发生反应的过程链示意图

这样，随着时间推移，位于咸水界面附近的二氧化碳数量会随着溶解→生成碳酸→电离→与岩石反应这一链条逐渐向右进行而不断减少，最终与岩石反应的不断被消耗的二氧化碳数量会不断增多，直至整个反应系统达到平衡。这时，注入地层的二氧化碳已经有相当一部分溶解在咸水中，部分与咸水反应生成了碳酸，生成的碳酸电离为 H^+、HCO_3^-离子，更有相当多的二氧化碳与岩石反应生成了碳酸盐和硅酸盐，成为岩石结构的有效组成部分。至此，地层中的压力以及自由态的二氧化碳含量降到二氧化碳注入完成以来的最低水平，封堵的盖层或断层等受到的压力大大降低，二氧化碳地质封存的安全性增强。

一般情况下，由于二氧化碳与岩石发生化学反应，岩石的渗透率将随岩石的溶蚀而增大，或随着新矿物的沉淀析出而降低，如产生新的碳酸盐岩矿物，导致白云石的溶解、钾长石高岭石化、硬石膏的沉淀等。

对于碳酸盐岩储层而言，岩石矿物主要由方解石和白云石组成，注入的二氧化碳溶解进入地层水后，产生的碳酸溶蚀碳酸盐岩矿物，当溶解达到饱和，CO_3^{2-}与 Ca^{2+}、Mg^{2+}反应，生成碳酸钙、碳酸镁沉淀。对于砂岩储层而言，岩石矿物主要由铝硅酸盐矿物组成，如钠长石、钾长石、斜长石、绿泥石、高岭石等，钠长石与碳酸反应生成片钠铝石而实现封存二氧化碳。碳酸盐岩咸水层与砂岩咸水层，后者具有更强的二氧化碳捕获能力。由于二氧化碳—水—岩石反应过程较为缓慢，所以二氧化碳矿化封存一般需要较长时间。

另外，沉积盆地中的砂—泥岩界面也可能会发生强烈的碳酸盐溶解—沉淀反应，这种反应主要取决于相邻泥岩中流体的组成和性质、流体动力环境和砂岩与泥岩之间的物理化学条件，如 pH、Eh、P（CO_2）、化学组成、温度、压力、孔隙度和渗透率、矿物组成和流体动力条件的差异性等。砂—泥岩界面碳酸盐溶解—沉淀反应的意义主要体现在：①影响储层物性；②影响流体的运移和充注；③有利于形成压力封存箱，对流体保存具有重要作用（曾溅辉等，2006）。

碳酸盐岩型圈闭为有利的二氧化碳地质封存场地，一方面是因为碳酸盐岩生物礁的面积足够大，能够作为年封存量百万吨级二氧化碳地质封存的储集空间；另一方面是因为碳酸盐岩矿物（如方解石、白云石等）容易与二氧化碳剧烈反应生成钙、镁质矿物，在溶解封存的同时实现矿化封存二氧化碳。另外，致密碳酸盐岩岩性稳定且具有较强的封闭性，能够作为优质盖层阻止二氧化碳的逸散。但是碳酸盐岩型圈闭的非均质性较强，其岩性、物性差异大，单层厚度较薄，相较于砂岩型圈闭注入难度较大。由于碳酸盐岩矿物与二氧化碳的反应，圈闭的注入点比较关键，对于注入井位置的精确性要求较高。若要将年封存量为百万吨级二氧化碳封存在碳酸盐岩型圈闭中，前期的选址工作极为重要，既要充分了解碳酸盐岩圈闭中的储层、盖层岩性，又要在实验室进行二氧化碳—水—岩反应试验及相关模拟。

2.3.1.3 二氧化碳咸水层驱水封存机理

深部咸水层二氧化碳地质封存过程中，由于二氧化碳持续注入，地层压力逐渐增大，注入能力渐渐变差，影响二氧化碳注入和有效封存。为此，结合地层压力管理与水资源综合利用，形成二氧化碳驱水与封存技术。其与常规二氧化碳咸水层封存区别在于，二氧化碳不断注入地层的同时，采出一部分咸水资源，增大二氧化碳在地下的封存空间。同时，咸水采出圈闭也释放了地层压力，使得二氧化碳注入能力提升，具有压力补偿效应。

通过二氧化碳驱水，不同程度上强化了各种形式的二氧化碳封存。以气态形式封存机理主要依靠构造封存和毛细管残余作用来实现。如果只注入不产水，二氧化碳在圈闭内的封存量小且流动性差，毛细管残余封存量也较小。通过采水过程的实施，能够有效释放部分地下空间，使得圈闭内的二氧化碳封存量大幅度提高，流动性改善，毛细管残余封存量也有所提升，整体上二氧化碳封存量增加。

羽状气腔扩散拉伸增大二氧化碳封存量，改善二氧化碳封存安全性。深部咸水层驱水封存过程中，随着二氧化碳注入时间的延长，二氧化碳浓度场从注入井向生产井逐渐运移。受重力超覆的影响，顶部横向扩散速度快，底部扩散速度慢，呈羽状形态。与深部咸水层驱水封存相比，二氧化碳驱水与封存过程中，二氧化碳气腔扩展规律表现为水平方向上拉伸更长、顶部二氧化碳浓度更低、底部扩展范围大的特点。由于咸水层产出导致二氧化碳气腔扩展向生产井运移，水平方向上拉伸了二氧化碳羽状，减弱了垂向上二氧化碳重力超覆作用，进而改善封存安全性。与此同时，产出水释放了部分地下空间，使得二氧化碳气腔体积有所增大。另外，咸水层产出加速了碳酸水对储层的溶蚀作用，具有改善储层物性、扩容增储的作用。通过二氧化碳驱水封存，能够减缓二氧化碳重力分异程度，加速二氧化碳在储层内的扩散运移，有利于碳酸水对咸水层岩石矿物的溶蚀改造，为二氧化碳地质封存提供更多地下空间。

2.3.2 枯竭油气藏二氧化碳地质封存机理

受当时的技术、经济条件限制，有部分油气不能被继续采出，失去了开采价值，这些油气藏被称为枯竭油气藏。

实施枯竭油气藏二氧化碳地质封存时，可充分利用已有的油气藏勘探开发资料、井场和设备等，以节约投资和施工时间。枯竭油气藏其实是个相对概念，随着技术的进步，以及经济、政治因素的变化，可以使枯竭油气藏重新获得开采价值。在枯竭油气藏中封存二氧化碳，有利于枯竭油气藏重新获得开发。同时，在二氧化碳地质封存过程中，需要明确枯竭油气藏的地质模型、二氧化碳在储层中的运移规律，从而为枯竭油气藏的重新开发和二氧化碳的有效封存奠定基础。

2.3.2.1 封存机理

1. 枯竭油藏二氧化碳地质封存机理

油藏储层是目前经济技术条件下二氧化碳地质封存的理想场所，主要封存机理为流体置换、溶解滞留、圈闭封存。影响二氧化碳在油藏储层中封存量的因素很多，如圈闭大小（构造圈闭、地层圈闭、岩性圈闭、水动力圈闭）、毛细管压力、地层水矿化度、原油和地层水的组分、油藏温度和压力、岩石压缩系数、盖层封闭性、储层矿物组成以及二氧化碳—地层水—岩石的矿化作用反应时间等。

2. 枯竭气藏二氧化碳地质封存机理

天然气藏中封存二氧化碳一般采用直接注入的方式，主要机理为气体置换、溶解滞留、物理圈闭等，气藏压力和水动力扩散为其主控因素。另外，在煤层气、页岩气中封存二氧化碳一般也采取直接注入的方式，主要机理也是气体置换、溶解滞留、物理圈闭等，置换系数和底水溶解为其主控因素。

中国多数气藏受底水侵入影响，物理封存空间有所缩减，溶解滞留量将增大。

2.3.2.2 枯竭油气藏二氧化碳地质封存特点

枯竭油气藏二氧化碳地质封存主要包括驱替油气和封存两个阶段。

1. 二氧化碳驱替油气阶段

二氧化碳在驱替原油的过程中，不断占据被驱替原油的孔隙，二氧化碳以自由气形式封存于储层孔隙中；同时，在毛细管力的作用下，部分二氧化碳气体滞留于孔隙中。在二氧化碳与储层流体接触时，二氧化碳会溶于残余水和残余油中。溶解于残余水中的二氧化碳与水和岩石发生水—岩作用，以次生固体碳酸盐岩的形式封存。一般，在地层水充足的条件下，注入的二氧化碳经过足够长的时间会全部转化为碳酸盐矿物。在二氧化碳驱替原油过程中封存的二氧化碳为“一次封存”。图 2-27 为二氧化碳驱替原油阶段不同封存形式下二氧化碳的封存量，可以看出，二氧化碳驱替原油阶段，封存量由大到小依次为构造封存、残余气封存、溶解封存和矿物封存。二氧化碳驱替原油阶段，大部分注入的二氧化碳以自由气形式封存于储层中，矿物封存量所占比例小。

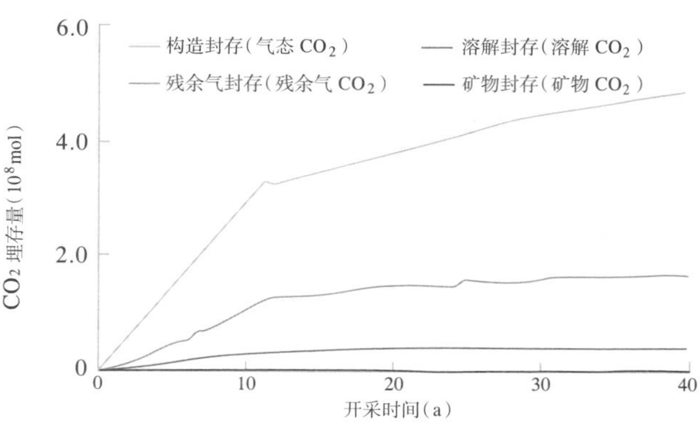

图 2-27　二氧化碳驱替原油阶段不同封存形式在储层中的二氧化碳封存量（崔国栋，2017）

2. 二氧化碳地质封存阶段

二氧化碳地质封存与其进入地层后的二氧化碳—地层水—岩石反应密切相关。处于超临界状态的二氧化碳进入岩石后，与地层水、残余油气等形成多相流体，并与矿物发生物质交换，或溶蚀已有矿物，或形成新矿物，改变储层物性和孔隙结构，影响二氧化碳封存效率（Wu et al.，2019）。

Ketzer 等（2009）研究了巴西南部的咸水层二氧化碳—地层水—岩石反应，证实在现今地层条件下二氧化碳可以与岩石发生反应生成碳酸钙，从而实现有效二氧化碳地质封存。Mohamed 等（2011）研究了二氧化碳地质封存过程中硫酸盐沉淀问题，通过对温度、注入速度等的对比性研究，提出温度是影响硫酸盐沉淀的主要参数，注入速率没有明显影响，即使硫酸浓度较低，高盐度条件下硫酸盐也可发生沉淀。Liu 等（2011）研究了美国中西部 Simon 砂岩地层二氧化碳地质封存过程，考虑区域流体流动，发现该过程中有大量的长石溶蚀与黏土矿物沉淀。Yu 等（2012）研究了我国松辽盆地南部饱和二氧化碳地层水驱替过程中的水岩作用，指出不同矿物演化特征的差异：方解石溶解程度最高，片钠铝石次之，铁白云石最弱，自生钠长石和微晶石英未发生明显的溶蚀。Elkhoury 等（2013）、张超等（2017）分别研究了裂缝性碳酸盐岩储层中的矿物溶蚀与变形作用，超临界二氧化碳对方解石、长石等矿物的溶蚀作用及黏土矿物的再迁移。Dávila 等（2017）研究了西班牙 Hontomin 地区高浓度氯化钠和富硫酸盐地层水中二氧化碳地质封存的相关问题，系统分析了 Ca^{2+}、S^{2-}、Fe^{2+} 和 Si^{4+} 等反应前后的变化，指出方解石溶蚀、石膏沉淀和少量硅酸盐溶蚀是主要矿物变化。

超临界二氧化碳进入储层后，形成的酸性流体对储层孔隙和孔隙结构进行改造，进而改变储层中二氧化碳的特征。可以根据不同时间段的物性分析、离子分析、X衍射矿物分析、扫描电镜、高分辨率CT扫描分析等，分析储层中流体化学组成及其变化、矿物组成及其变化、不同部位的矿物演化，揭示储层中二氧化碳水—岩反应与封存模式。

2.3.2.3 二氧化碳驱油封存过程机制及影响因素

油气藏是高温高压、原油/天然气—高矿化度地层水—岩石共存的多孔介质。二氧化碳注入后的温度和压力都会逐渐趋于油气藏，二氧化碳与原油/天然气、地层水和储层之间的相态，热动力学和地球化学作用也将调整，重新平衡。二氧化碳驱油气过程中的封存机制主要包括油气藏储层中游离态二氧化碳构造封存、油藏二氧化碳中超临界增容封存、在地层水中溶解及化学封存、二氧化碳的矿化封存。

通过机理实验、模拟分析以及示范区地质体特征及效果分析，发现枯竭油气藏中影响二氧化碳地质封存的机理主要包括流体置换、圈闭、溶解滞留和矿化固化。

2.3.2.4 二氧化碳驱油封存实例

1. 加拿大 Weyburn—Midale 项目

加拿大 Weyburn-Midale 项目是加拿大在 2000 年 10 月开始的一个碳酸盐岩层二氧化碳驱油兼封存项目。该项目选址在 Weyburn 和 Midale 两个油田地下 1450 m深的 Midale 岩层（图 2-28），其厚度约为 30 m，分为两个单元，下部是石灰岩“溶洞”（厚度为 8～22 m），上部是白云岩“泥灰岩”（厚度为 2～12 m）。泥灰岩层 M0、M1、M3 为高孔隙度（平均 26%）、高渗透率（平均 10 mD）的主力储层。溶洞层 V1 的特征是低孔隙度（平均 10%）和低渗透率（平均 1 mD）；V2—V6 的孔隙度较低（平均 15%），但渗透率较高（平均 50 mD）。Midale 储层之上的盖层共分为三套，其中 Midale Evaporite 层为主力盖层，由厚度为2～11 m的低渗透硬石膏组成，孔隙度为 0.3%～8%，渗透率

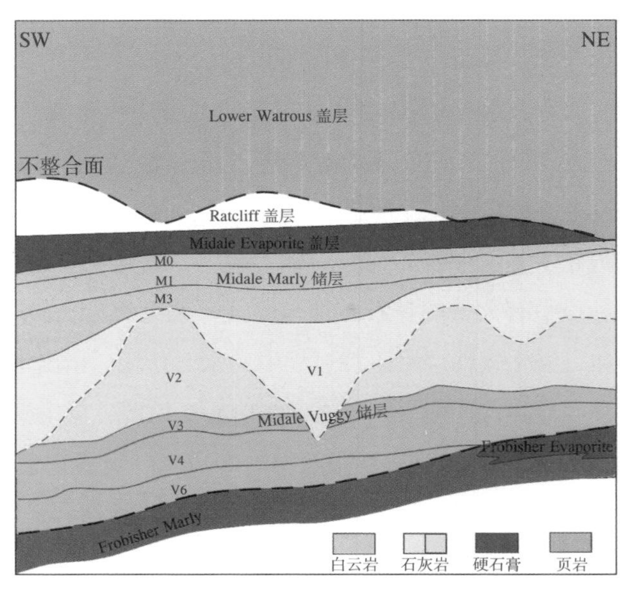

图 2-28 加拿大 Weyburn—Midale 项目二氧化碳封存场地地质模式（Jensen G K S，2016）

为 $10^{-4} \sim 10^{-6}$ mD；Ratcliff 层直接与 Midale Evaporite 层接触，由白云岩和蒸发岩组成，厚度为 2～20 m；Lower Watrous 层最厚，可达到 65 m，是不透水含水页岩层，平均孔隙度为 4%，平均渗透率为 0.8 mD（Verdon J P，et al.，2010；Risk D，et al.，2015；Jensen G K S，2016；Brown K，et al.，2017）。

2. 鄂尔多斯盆地靖边 CCS 示范项目

鄂尔多斯盆地靖边CCS示范项目的中生界延长组低渗特低渗油层驱油兼地质封存项目区中，油藏类型为岩性油藏，盖层主要由致密的厚层泥质岩石组成，岩石塑性强，整体上断层不发育。乔家洼示范区盖层封闭性微观性评价，主要是通过岩心实验，计算盖层的排驱压力，进而建立岩电关系，利用盖层的埋深、孔隙度与排驱压力的拟合关系确定钻井及其附近盖层的微观封闭特征。乔家洼示范区盖层封闭性宏观性评价，主要通过岩心观察分析、室内试验分析、岩电匹配等，确定盖层的宏观展布。乔家洼示范区盖层封闭性综合评价，则选取盖层的排驱压力、泥岩厚度、泥/地比、油藏埋深、含油饱和度等参数，综合评价盖层的封闭能力。

另外，地下富含有机质的页岩油/气二氧化碳地质封存，主要通过页岩对二氧化碳的吸附特性进行封存。例如，通过二氧化碳驱替页岩油/气，实现油气增产的同时，封存二氧化碳。该封存机理主要是差异吸附作用和流体置换作用。

2.3.3 玄武岩层二氧化碳地质封存机理

20 世纪 90 年代，Seifritz（1990）、Lackner 等（1995）提出利用矿物转化方式来封存二氧化碳。含有大量钙、镁硅酸盐矿物的岩石可以跟二氧化碳发生反应，形成稳定的碳酸盐矿物，并且中和溶液的酸性（Gunter and Perkins，1993）。McGrail 等（2003）最早提出利用玄武岩封存二氧化碳，随后估算了全球溢流型玄武岩的二氧化碳封存潜力（McGrail et al.，2006）。此后，人们对这种封存方式进行了大量的实验室研究和现场试验，并取得了大量成果。

玄武岩石中含有硅灰石、镁橄榄石、蛇纹石、钙长石和玄武质玻璃等有利于二氧化碳地质封存的矿物，且富含 Ca^{2+}、Mg^{2+}、Fe^{2+}等金属阳离子。玄武岩熔岩流在固化成岩时由于冷却速率的变化、脱气、热收缩及与水反应等原因而形成了内部流动特征，这对二氧化碳地质封存很有意义。尤其是玄武岩流动单元的顶底部为玻璃质和角砾化玄武岩，这也是其适合二氧化碳地质封存的最主要方面。溢流型玄武岩内部区域含水层的侧向连通性也很好，充足的孔隙和侧向连通性能为其接受大量注入的二氧化碳提供了可能。

自然界就存在玄武岩与大气中二氧化碳结合的天然碳汇过程。因为大气中的二氧化碳可溶解于水，形成HCO_3^-和CO_3^{2-}阴离子；而当玄武岩风化释放出金属阳离子到水溶液中时，就会与碳阴离子发生反应，生成稳定的碳酸盐矿物，如方解石、菱镁矿、丝钠铝石、菱铁矿和铁白云石等。除陆上玄武岩风化土壤固碳（都凯等，2012）以外，洋底玄武岩通过水热蚀变也可发生碳酸盐化反应（Kelley et al.，2001），深海钻探在玄武岩层中发现的方解石脉就是例证（Goldberg et al.，2008）。

二氧化碳与玄武岩石发生化学反应生成碳酸盐的过程，实际上包括二氧化碳溶解于水溶液（反应式 2-7）、岩石溶解于水溶液并分离出二价金属阳离子（反应式 2-8 和 2-9）以及碳酸氢根离子与二价阳离子反应生成沉淀物（反应式 2-10）。具体化学式表示如下（Matter et al.，2011）：

$$CO_2(aq)+H_2O=H_2CO_3=HCO_3^-+H^+ \tag{2-7}$$

$$Mg_2SiO_4+4H^+=2Mg^{2+}+2H_2O+SiO_2 \tag{2-8}$$

$$CaAl_2Si_2O_8+2H^++H_2O=Ca^{2+}+Al_2Si_2O_5(OH)_4 \tag{2-9}$$

$$(Ca, Mg, Fe)^{2+}+HCO_3^-+H^+=(Ca, Mg, Fe)CO_3+2H^+ \tag{2-10}$$

影响上述反应速率的因素包括盐度、温度、压力、pH值、流体流动速率和矿物接触表面积等。为了保证该反应依次发生，需要通过岩石溶解过程消耗掉 H^+，因此碳酸盐矿化的速率主要取决于岩石矿物的溶解速率（反应式 2-8 和 2-9）。矿物在反应过程中释放热量可以使碳酸盐化体系进入自我加热的良性循环，同时控制流体的流动速率以保持最佳温度并使反应速率最大化。pH 值也是一个重要的反应参数，因为低 pH 值有利于硅酸盐矿物溶解，而高 pH 值则有利于碳酸盐矿物生成和沉淀。假如可以控制，更应当分两个步骤来完成上述过程。

此外，不同金属阳离子的反应机理也存在一定差异。例如，当溶液超饱和时，已溶解的钙与二氧化碳在温度低于约 300℃时发生反应生成碳酸钙或文石并沉淀（Ellis，1959；Ellis，1963）；当温度高于约 65℃，已溶解的镁与二氧化碳反应生成碳酸镁或白云石并沉淀（Johnson et al.，2014；Gadikota G et al.，2014）；而当温度更低时，则可能抑制这些反应。不过，已溶解的铁与二氧化碳的反应机理更复杂，因为二价铁很可能在反应前就已经被氧化（Rogers et al.，2006）。

总之，玄武岩石中因为含有大量可以与二氧化碳进行反应生成碳酸盐矿物的重金属，可以通过矿化反应生成新的碳酸盐等矿物质而使二氧化碳被固化封存。

2.3.4 碳酸盐岩、硅酸盐矿场二氧化碳地质封存机理

此种封存主要利用二氧化碳与含钙、镁、铁的碳酸盐岩，含钙、镁的硅酸盐矿物，在催化剂的作用下进行反应，使二氧化碳以稳定的碳酸盐形式被永久地封存。二氧化碳矿化形成稳定的碳酸盐避免了后期的二氧化碳泄漏监控，同时矿化产物具有一定附加值。地表的一些基性/超基性尾矿等，均有封存二氧化碳的潜力。

本章思考题

（1）试对比分析几种二氧化碳地质封存场所封存机理的异同点，以及各种二氧化碳地质封存场所封存二氧化碳的特点。

（2）二氧化碳地质封存场所中，哪些适合于其他温室气体的地质封存？

本章参考文献

[1] 崔国栋，张亮，任韶然，等. 油藏 CO_2 驱及封存过程中地化反应特征及埋存效率[J]. 中国石油大学学报（自然科学版），2017，41（6）：123-131.

[2] 丁仲礼，张涛. 碳中和［M］. 北京：科学出版社，2022.

[3] 都凯，陈旸，季峻峰，等. 中国东部玄武岩风化土壤的黏土矿物及碳汇地球化学研究[J]. 高校地质学报，2012，18（2）：256-272.

[4] 冯乔，张小莉. 孔隙流体压力与流体排驱的关系[J]. 地质论评，1997，43（3）：297-302.

[5] 付广，庞雄奇，姜振学. 利用声波时差资料研究泥岩盖层封闭能力的方法[J]. 石油地球物理勘探，1996，（4）：521-528+604.

[6] 黄晶，陈其针，仲平，等. 中国碳捕集利用与封存技术评估报告[M]. 北京：科学出版社，2022.

[7] 焦念志. 海洋固碳与储碳——并论微型生物在其中的重要作用［J］. 中国科学：地球科学，2012，42（10）：1473-1486.

[8] 李阳. 碳中和与碳捕集利用封存技术进展[M]. 北京：中国石化出版社，2021.

[9] 林广宇，万玉玉. CO_2 地质储存中构造地层圈闭/水动力储存的研究[J]. 中国农村水利水电，2013，（8）：31-35+38.

[10] 陆诗建. 碳捕集[M]. 北京：中国石化出版社，2020.

[11] 马志宏，郭勇义，吴世跃. 注入二氧化碳及氮气驱替煤层气机理的实验研究[J]. 太原理工大学学报，2001,32（4）：335-338.

[12] 秦积舜，韩海水，刘晓蕾. 美国 CO_2 驱油技术应用及启示[J]. 石油勘探与开发，2015，42（2）：209-216.

[13] 许志刚，陈代钊，曾荣树，等. CO_2 地下地质埋存原理和条件[J]. 西南石油大学学报（自然科学版），2009，31（1）：91-97+192-193.

[14] 王献红. 二氧化碳捕集和利用[M]. 北京：化学工业出版社，2016.

[15] 王万福. 典型场地二氧化碳咸水层封存的适宜性与可行性研究[R]. 北京：中国石油安全环保技术研究院，2013.

[16] 魏一鸣. 气候工程管理：碳捕集与封存技术管理[M]. 北京：科学出版社，2020.

[17] 肖钢，马丽，肖文涛. 还碳于地球——碳捕集与封存[M]. 北京：高等教育出版社，2011.

[18] 杨勇. 胜利油田特低渗透油藏 CO_2 驱技术研究与实践[J]. 油气地质与采收率，2020，27（1）：11-19.

[19] 曾溅辉，彭继林，邱楠生，等. 砂—泥岩界面碳酸盐溶解—沉淀反应及其石油地质意义[J]. 天然气地球科学，2006，17（6）：760-764.

[20] 张小莉，冯乔，李文厚. 压实盆地自然水力破裂及其动力学[J]. 石油与天然气地质，1998，19（2）：30-37.

[21] 邹才能. 碳中和学[M]. 北京：地质出版社，2022.

[22] 中国 21 世纪议程管理中心. 碳捕集、利用与封存技术进展与展望[M]. 北京：科学出版社，2012.

[23] 中国 21 世纪议程管理中心. 全球 CCUS 及其重要技术知识产权分析[M]. 北京：科学出版社，2016.

[24] Bachu S, Bonijoly D, Bradshaw J, et al. CO_2 Storage Capacity Estimation: Methodology and Gaps[J]. International Journal of Greenhouse and Gas Control, 2007, 1(1): 430-443.

[25] Bensinger J, Beckingham L E. CO_2 Storage in the Paluxy Formation at the Kemper County CO_2 Storage Complex: Pore Network Properties and Simulated Reactive Permeability Evolution[J]. International Journal of Greenhouse Gas Control, 2020, 93: 102887.

[26] Brown D W. A Hot Dry Rock Geothermal Energy Concept Utilizing Supercritical CO_2 Instead of Water[C]//Proceedings of the Twenty-Fifth Workshop on Geothermal Reservoir Eengineering. Stadford University, 2000.

[27] Brown K, Whittaker S, Wilson M, et al. The History and Development of the IEA GHG Weyburn—Midale CO_2 Monitoring and Storage Project in Saskatchewan, Canada (the World Largest CO_2 for EOR and CCS Program)[J]. Petroleum, 2017, 3(1): 3-9.

[28] Brydie J, Jones D, Jones J P, et al. Assessment of Baseline Groundwater Physical and Geochemical Properties for the Quest Carbon Capture and Storage Project, Alberta, Canada[J]. Energy Procedia, 2014, 63: 4010-4018.

[29] Dávila G, Cama J, Luquot L, et al. Experimental and Modeling Study of the Interaction Between a Crushed Marl Caprock and CO_2-rich Solutions Under Different Pressure and Temperature Conditions [J]. Chemicial Geology, 2017, 448:26-42.

[30] Elkhoury J E, Ameli P, Detwiler L R. Dissolution and Deformation Infractured Carbonates Caused by Flow of CO_2-rich Brine Under Reservoir Conditions [J]. Int. J. Greenh. Gas Control 16S, 2013, S203-S215.

[31] Flett M, Brantjes J, Gurton R, et al. Subsurface Development of CO_2 Disposal for the Gorgon Project [J]. Energy Procedia, 2009, 1 (1): 3031-3038.

[32] Gadikota G, Matter J, Kelemen P, et al. Chemical and Morphological Changes During Olivine Carbonation for CO_2 Storage in the Presence of NaCl and $NaHCO_3$ [J]. Physical Chemistry Chemical Physics Pccp, 2014, 16 (10): 4679-4693.

[33] Ganesh P R, Mishra S, Mawalkar S, et al. Assessment of CO_2 Injectivity and Storage Capacity in a Depleted Pinnacle Reef Oil Field in Northern Michigan [J]. Energy Procedia, 2014, 63: 2969-2976.

[34] GCCSI. Large-scale CCS Facilities [EB/OL]. (2018-10-28). https://www.globeccsinstitute.com/projects/large-scale-ccs-projects.

[35] Goldberg D S, Takahashi T, Slagle A L. Carbon Dioxide Sequestration in Deep-sea Basalt [J]. Proceedings of the National Academy of Sciences, USA, 2008, 105 (29): 9920-9925.

[36] Gorecki C D, Liu G, Bailey T P, et al. The Role of Static and Dynamic Modeling in the Fort Nelson CCS Project [J]. Energy Procedia, 2013, 37: 3733-3741.

[37] Gunter W D, Perkins E H. Aquifer Disposal of CO_2-rich Gases: Reaction Design for Added Capacity [J]. Energy Conversion & Management, 1993, 34 (9-11): 941-948.

[38] IEA. CO_2 Capture and Storage: A Key Carbon Abatement Option [R]. Paris: IEA, 2008.

[39] Jensen G K S. Weyburn Oilfield Core Assessment Investigating Cores from Pre and Post CO_2 Injection: Determining the Impact of CO_2 on the Reservoir [J]. International Journal of Greenhouse Gas Control, 2016, 54: 490-498.

[40] Johnson N C, Thomas B, Maher K, et al. Olivine Dissolution and Carbonation Under Conditions Relevant for In-situ Carbon Storage [J]. Chemical Geology, 2014, 373 (1): 93-105.

[41] Kelley D S, Karson J A, Blackman D K, et al. An Off-axis Hydrothermal Vent Field Near the Mid-Atlantic Ridge at 30°N [J]. Nature, 2001, 412 (6843): 145-149.

[42] Ketzer J M, Iglesias R S, Dullius J. Watre-rock-CO_2 Interactions in Saline Aquifers Aimed for Carbon Dioxide Storage: Experimental and Numerical Modeling Studies of the Rio Bonito Formation (Permian) Southern Brazil [J]. Applied Geochemistry, 2009, 24:760-767.

[43] Khatib A K, Earlougher R C, Kantar K. CO_2 Injection as an Immiscible for Enchanced

Recovery in Heavy Oil Reservoir [C]//Society of Petrolem Engineers SPE Californmia Regional Meeting, Bakers Field, 1981.

[44] Lackner K S, Wendt C H, Butt D P, et al. Carbon Dioxide Disposal in Carbonate Minerals [J]. Energy, 1995, 20(11): 1153-1170.

[45] Liu F, Lu P, Xu X, et al. Coupled Reactive Flow and Transport Modeling of CO_2 Sequestration in the Mt. Simon Sandstone Formation [J]. Midwest U.S.A., 2011, 5: 294-307.

[46] Matter J M, Broecker W S, Gislason S R, et al. The CarbFix Pilot Project Storing Carbon Dioxide in Basalt [J]. Energy Procedia, 2011, 4: 5579-5585.

[47] McGrail B P, Ho A M, Reidel S P, et al. Use and Features of Basalt Formations for Geologic Sequestration, in: Gale J. and Kaya Y. eds. Proceedings of the Sixth International Conference on Greenhouse Gas Control Technologies [J]. Elsevier, 2003, vol. II: 1637-1640.

[48] McGrail B P, Schaef H T, Ho A M, et al. Potential for Carbon Dioxide Sequestration in Flood Basalts [J]. J. Geophys. Res., 2006, 111(B12): B12201.

[49] Metz B, Davidson O, Connick H D, et al. IPCC Special Report on Carbon Dioxide Capture and Storage [R]. Cambridge: Cambridge University Press, 2005.

[50] Mohamed I M, He J, Nasr-el-din H A, et al. Sulfate Precipitation During CO_2 Sequestration in Carbonate Rock [J]. SPE-139828, 2011.

[51] Prinet C, Thibeau S, Lescanne M, et al. Lacq-Rousse CO_2 Capture and Storage Demonstration Pilot: Lessons Learnt from Two and a Half Years Monitoring [J]. Energy Procedia, 2013, 37: 3610-3620.

[52] Pruess K. Enhanced Geothermal Systems (ESG) Using CO_2 as Working Fluid: A Novel Approach for Generating Renewable Energy with Simultaneous Sequestration of Carbon [J]. Geothermics, 2006, 35(4): 351-367.

[53] Reeves S R, Davis D W, Oudinot A Y. A Technical and Economic Sensitivity Study of Enhanced Coalbed Methane Recovery and Carbon Sequestration in Coal [R]. Washington: U.S. Department of Energy, 2004.

[54] Risk D, Lavoie M, Nickerson N. Using the Kerr Investigations at Weyburn to Screen Geochemical Tracers for Near-surface Detection and Attribution of Leakage at CCS/EOR Sites [J]. International Journal of Greenhouse Gas Control, 2015, 35: 13-17.

[55] Rogers K L, Neuhoff P S, Pedersen A K, et al. CO_2 Metasomatism in a Basalt-hosted Petroleum Reservoir, Nuussuaq, West Greenland [J]. Lithos, 2006, 92(1-2): 55-82.

[56] Roggero F, Lerat O, Ding D, et al. History Matching of Production and 4D Seismic Data: Application to the Girassol Field, Offshore Angola [J]. Oil & Gas Science and Technology-revue d IFP Energies Nouvelles, 2012, 67(2): 237-262.

[57] Seifritz W. CO_2 Disposal by Means of Silicates [J]. Nature, 1990, 345 (6275): 486-490.

[58] Tenthorey E, Boreham C J, Hortle A L, et al. Importance of Mineral Sequestration During CO_2 Gas Migration: A Case Study from the Greater Gorgon Area [J]. Energy Procedia, 2011, 4: 5074-5078.

[59] Thibeau S, Chiquet P, Prinet C, et al. Lacq-Rousse CO_2 Capture and Storage Demonstration Pilot: Lessons Learnt from Reservoir Modeling Studies [J]. Energy Procedia, 2013, 37: 6306-6316.

[60] Trupp M, Frontczak J, Torkington J. The Gorgon CO_2 Injection Project 2012 Update [J]. Energy Procedia, 2013, 37: 6237-6247.

[61] Verdon J P, Kendall J M, White D J, et al. Passive Seismic Monitoring of Carbon Dioxide Storage at Weyburn [J]. Leading Edge, 2010, 29 (2): 200-206.

[62] Wallac E M. The U.S. CO_2 Enhanced Oil Recovery Survey (EOY, 2020) [R]. Arlington: Advanced Resources International, Inc, 2021.

[63] Wu S, Zou C, Ma D, et al. Reservoir Property Changes During CO_2-brine Flow Through Experiments in Tight Sandstone: Implications for CO_2 Enhanced Oil Recovery in the Triassic Chang 7 Member Right Sandstine, Ordos Basin, China [J]. Journal of Asian Earth Science, 2019, 179: 202-210.

[64] Yu Z, Liu L, Yang S, et al. An Experimental Study of CO_2-brine-rock Interaction at In-situ Pressure—Temperature Reservoir Conditions [J]. Chemicial Geology, 2012, 326-327: 80-101.

第3章 二氧化碳地质封存适宜性评价

3.1 二氧化碳地质封存圈闭与断层封闭性评价

圈闭是一种能阻止流体继续运移并能在其中聚集的场所，主要由三部分组成：容纳流体的储集层、阻止流体向上逸散的盖层、侧向上阻止流体继续运移造成油气聚集的遮挡物，它可以是盖层本身的弯曲变形，如背斜或断层，也可以岩性变化等。断层是岩石破裂后沿破裂面两侧形成明显位移的地质现象。二氧化碳地质封存区圈闭和断层的评价是指利用地震、钻井资料结合区域地质，对圈闭的类型、面积、幅度、目的层深度、容量及断层的性质、规模、活动特征等进行系统评价，为封存选址提供依据。

3.1.1 二氧化碳地质封存圈闭类型与评价

理论上所有油气储层都可以成为二氧化碳地质封存潜在的选址对象，根据石油与天然气地质学的圈闭类型划分方案的指导，二氧化碳地质封存空间可划分为背斜型圈闭、断层型圈闭、岩性型圈闭、地层型圈闭以及复合型圈闭五类。

对不同地区、不同层系、不同类型的圈闭，需要根据具体情况，针对关键因素参数进行详细的评价。圈闭条件评价参数包括圈闭类型、圈闭面积、圈闭最大有容积、圈闭完整程度等。

3.1.1.1 背斜圈闭特征与评价

1. 背斜圈闭特征

背斜圈闭指在构造运动作用下，地层发生弯曲变形，形成向周围倾伏的背斜圈闭。

背斜圈闭的特点是储集层顶面拱起，上方与四周被非渗透性盖层封闭。二氧化碳注入后与地层水在圈闭空间内按重力分异，二氧化碳与地层水界面和储集层顶面的交线同构造等高线平行，且呈闭合的圆形或椭圆形，具体形态取决于背斜的形态。一方面背斜圈闭构造较为简单，能够稳定且长期封存二氧化碳；另一方面背斜圈闭是油气探勘的重点区域，该类型圈闭井位多、数据全，被认为是二氧化碳地质封存中最理想的储集空间。根据背斜成因，背斜圈闭可进一步分为挤压背斜、披覆背斜、底辟拱升背斜、逆牵引背斜等圈闭（图 3-1）。

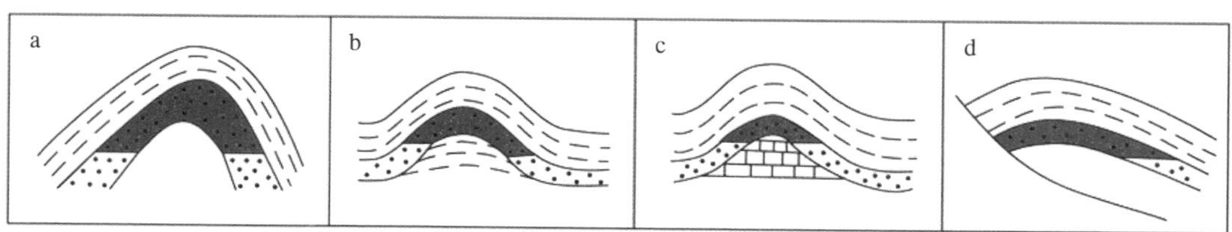

a. 挤压背斜圈闭；b. 披覆背斜圈闭；c. 底辟拱升背斜圈闭；d. 逆牵引背斜圈闭

图 3-1 背斜成因分类

2. 背斜圈闭评价

背斜圈闭的大小和规模往往决定着其封存量的大小，圈闭大小取决于溢出点、闭合面积、闭合高度三个参数。溢出点指二氧化碳充满圈闭后开始溢出的点；闭合面积指通过溢出点的构造等高线所圈出的面积；闭合高度指从圈闭的最高点到溢出点之间的海拔高差。其中，溢出点为评价的关键，和闭合高度都是通过构造剖面获得；圈闭面积通过储层顶面构造图获得（图 3-2）。

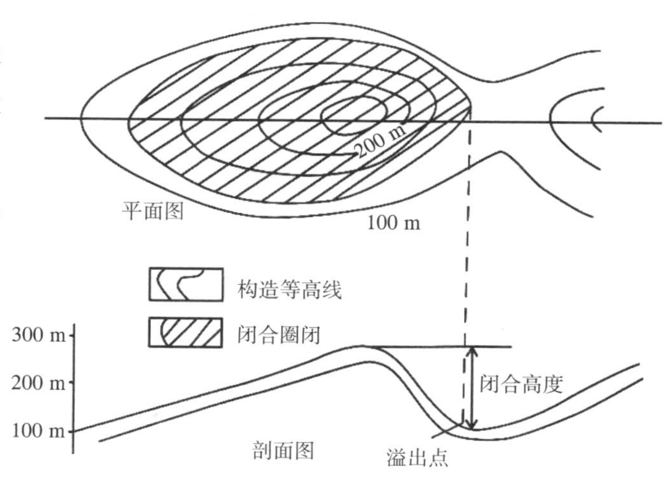

图 3-2 背斜圈闭评价参数

圈闭最大有效容积取决于圈闭的闭合面积、储集层的有效厚度及有效孔隙度等有关参数，可用下列公式计算：

$$V=F \cdot H \cdot \Phi \tag{3-1}$$

式中，V——圈闭最大有效容积，m^3；

F——圈闭的闭合面积，m^2；

H——储集层的有效厚度，m；

Φ——储集层的有效孔隙度，%。

3.1.1.2 断层圈闭特征与评价

1. 断层圈闭特征

断层圈闭指沿储集层上倾方向受断层遮挡所形成的圈闭。断层圈闭形成的关键是断层具有封闭性，可以阻挡流体穿过断面或者沿着断层面继续运移。如果储集层具有鼻状构造形态，则上倾方向有一条封闭性断层遮挡，形成断鼻圈闭（图 3–3a）；如果储集层在构造上为单斜形态，由一条平直的封闭性断层在上倾方向还不能形成圈闭，这时需要多条断层交割或上倾方向为弯曲断层封闭才能形圈闭条件，此时的断层为断块圈闭（图 3–3b）。

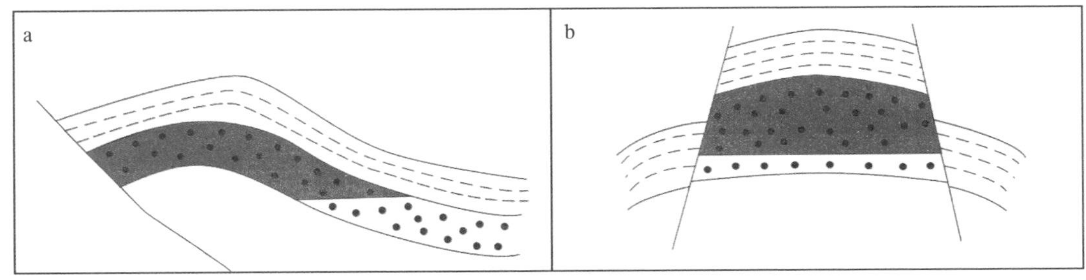

a. 断鼻圈闭；b. 断块圈闭

图 3–3 断层圈闭分类

2. 断层圈闭评价

断层圈闭评价的核心为断层的封闭性。断层的封闭性通常由断层带内矿物的沉淀将破碎带胶结起来，形成断层墙而起封闭作用；在塑性较强的岩性（如泥岩）发育地层层系中，在断层形成时，沿断层面常会形成致密的断层泥，这种泥岩的涂抹作用经常会使断裂带两盘砂泥岩层系中的砂岩受到涂抹而封闭起来，从而起到封闭作用；或者是由油气沿开启的断裂带运移的过程中，由于原油的氧化作用，形成固体沥青等物质，堵塞了运移通道，也可起封闭作用。

通常受压扭力形成的断层封闭性要强于张性断层；断层的产状也影响其封闭性能。断面陡，断层带所受上覆地层的正压力就小，封闭性就差；断面缓，断裂带所受上覆地层的正压力就大，封闭性就好。断层在横向上封闭与否，主要取决于断面两侧渗透性地层是否能够直接接触。如果断层两侧的渗透性岩层不直接接触，俗称“砂岩不见面”，就可起封闭作用；反之，如果断层两侧的渗透性岩层直接接触，则不能起封闭作用。

断层圈闭的闭合高度及闭合面积取决于断距的大小及其与盖层、储集层厚度的关系。若断距使盖层将储集层全部遮挡（图 3-4a），则所形成圈闭的闭合高度大，闭合面积也大，圈闭面积等于溢出点（断层线与储集层顶面构造等高线的最低切点）等高线和断层线所圈闭的面积；若盖层只封闭住储集层的上部（图 3-4b），则储集层上部的封闭部分也可形成圈闭，但其闭合高度小于储集层的厚度，其圈闭面积也小。

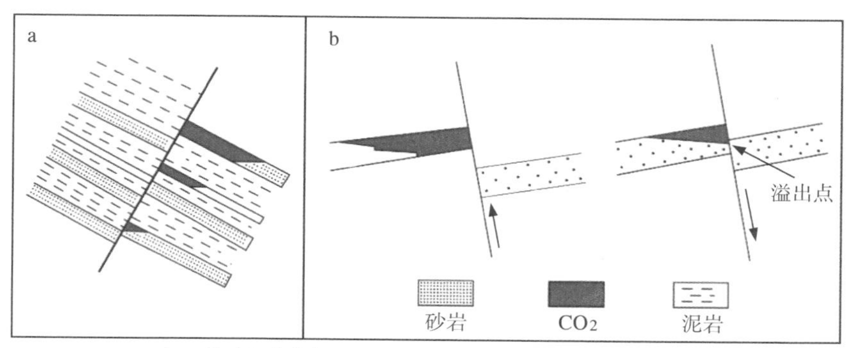

a. 断距使盖层将储集层全部遮挡；b. 盖层封闭住储集层的上部

图 3-4　断层两侧岩性接触对圈闭的影响

3.1.1.3 岩性圈闭特征与评价

1. 岩性圈闭特征

岩性圈闭是指储集层岩性变化所形成的圈闭。储集层岩性的纵向变化可以在沉积作用过程中形成，也可以在成岩作用过程中形成。大多数岩性圈闭是沉积环境的直接产物。由于沉积环境不同，导致沉积物岩性发生变化，形成岩性圈闭。在岩性变化大的砂泥岩沉积剖面中，常见许多薄层砂岩参差交错。有的层状砂岩体顶、底均为不渗透泥岩所限，在横向上也渐变为不渗透泥岩，砂岩体呈楔状尖灭于泥岩，这就是砂岩上倾尖灭圈闭（图 3-5a）；在某些情况下，一些渗透性很差的致密砂岩由于渗透性不均，也可见到低渗透砂岩中出现局部高渗透带，形成局部的岩性透镜体圈闭（图 3-5b）；常见渗透性砂岩体呈透镜状，周围均被不渗透层所包围，形成砂岩透镜体圈闭（图 3-5c）。在碳酸盐岩地区，由于易发生溶蚀和次生作用，故容易在成岩阶段形成岩性圈闭。其中，生物礁圈闭是碳酸盐岩地层的一种特殊的岩性圈闭，它是礁组合中具有良好孔隙性和渗透性的储集岩体被周围非渗透性岩层和下伏水体联合封闭而形成的圈闭。生物礁圈闭中的储集体（礁核与礁前相）与不渗性的遮挡层（礁后相与盆地相）主要是由于岩性和岩相变化形成的，应归入岩性圈闭。综上，岩性圈闭可以划分为三种基本类型，即砂岩上倾尖灭圈闭、砂岩透镜体圈闭和生物礁圈闭。

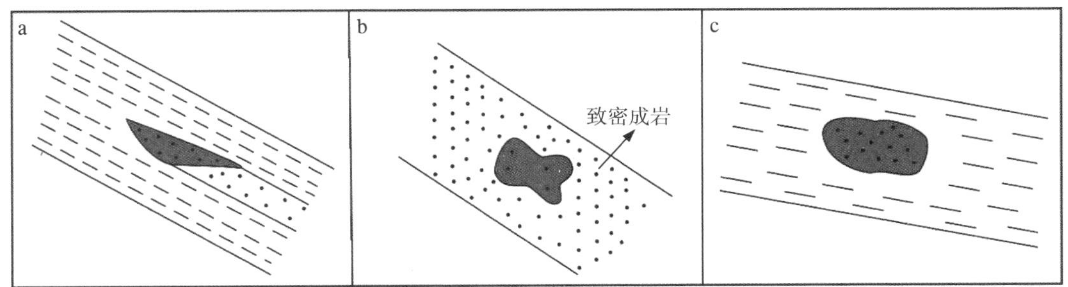

a. 砂岩上倾尖灭圈闭；b. 岩性透镜体圈闭；c. 砂岩透镜体圈闭

图 3-5　岩性圈闭类型

2. 岩性圈闭评价

岩性圈闭的关键为渗透性储层的识别与规模预测，其主要与沉积砂体、有利成岩相带规模有关，圈闭的形态即为这些渗透性储层的形态。

（1）砂岩上倾尖灭圈闭评价。

砂岩上倾尖灭圈闭的形成主要有以下两种情况：一种是在盆地的斜坡区和边缘地带，由于沉积条件的改变，相带变化快，频繁形成砂泥韵律层。在横向上，沿地层上倾方向很容易出现砂岩含量减小、泥岩含量增加的现象，形成砂岩向盆地边缘或古隆起方向的尖灭，即为上倾尖灭。这类砂岩上倾尖灭圈闭往往沿盆地边缘的地层尖灭线或砂岩尖灭线分布。另一种是在盆地的斜坡区沉积一些砂岩体，如水下扇、扇三角洲等，其中的砂岩层很快向泥岩中尖灭，在沉积时往往是下倾尖灭，后来由于构造的反转作用变为上倾尖灭，形成圈闭。这类圈闭的分布和规模大小取决于砂岩体的不同部位与不同级别构造的相互配置关系。

（2）砂岩透镜体圈闭评价。

砂岩透镜体一般是沉积环境的产物。透镜状砂岩体分布广泛，如积扇砂岩体，河流环境的边滩、心滩砂岩体，三角洲前缘的河口坝砂岩体，滨浅海（湖）的滩坝砂岩体，深水环境的浊积砂岩体等。除沉积环境外，盆地的古地形和海（湖）水平面变化的也控制着砂岩体的沉积。例如，海岸线附近是砂岩集中发育地带，断陷盆地的控盆边界断层附近发育近岸浊流砂砾岩体，这些部位也是岩性圈闭分布最集中的部位。通过刻画上述砂体的分布即可确定透镜体圈闭的面积及容积。

（3）生物礁圈闭评价。

生物礁圈闭中生物礁块主体和礁前相是储集性最为有利的相带，生物礁本身原生孔隙和次生溶洞都很发育，礁前相也同样具备这个条件。只要造礁生物发育，无论在海进还是海退的条件下，都能形成生物礁。海退时，随着海水退却，合适的造礁条件向海方向转移，生物礁向海方向发育；海进时，随着海水加深，合适的造礁条件向海岸方向转移，生物礁块向着海岸方向发展。有些地区，在一个厚的岩系之内的不同高度及不同层位上，常同时发现古生物礁，由于海进与海退交替形成一个复合生物礁体。

3.1.1.4 地层圈闭特征与评价

1. 地层圈闭特征

地层圈闭是指由于不整合作用导致的储集层纵向沉积连续性中断而形成的圈闭，又称不整合圈闭，也就是与地层不整合有关的圈闭。

地层圈闭与前述的构造圈闭不同，构造圈闭是由于地层变形或变位而形成，而地层圈闭则主要是由于储集层上、下与不整合面接触的结果。储集层遭风化剥蚀后，又被不渗透地层所覆盖或超覆，可形成地层圈闭。地层圈闭既是一种地层现象，又是一种构造现象。不整合对地层圈闭的形成起主导作用，但通常必须与其他构造因素或岩性因素结合在一起，由不整合面和储集层顶面的构造等高线构成封闭区。

根据储集层与不整合面的关系，地层圈闭大致可以分为两大类，即位于不整合面之下的地层不整合遮挡圈闭、位于不整合面之上的地层超覆圈闭和被上覆不渗透地层所覆盖形成的潜山型圈闭（图 3–6）。那些储集层在不整合面之上和之下，且未与不整合面直接接触而由其他因素形成的圈闭不属于地层圈闭。

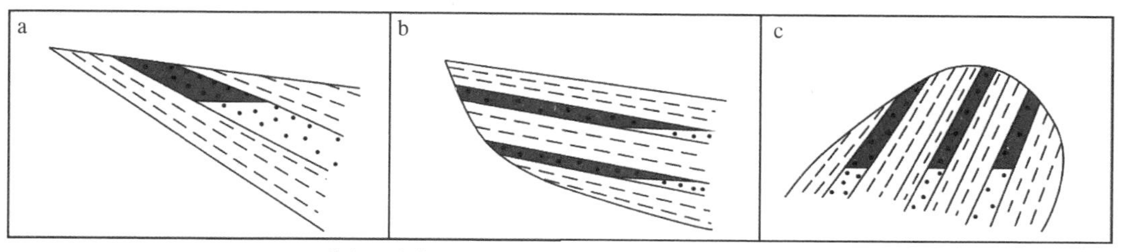

a. 不整合面遮挡圈闭；b. 超覆不整合圈闭；c. 潜山型圈闭

图 3–6 地层圈闭类型

2. 地层圈闭评价

地层圈闭评价，首先要评价不整合面的渗透性，只有不整合面是非渗透性，才能形成地层圈闭。其次是评价下伏地层（地层不整合遮挡圈闭）或超覆地层（地层超覆圈闭）是否为有效储集层。地层圈闭的规模取决于地层超覆点构成的不整合面及储层规模。

3.1.1.5 复合型圈闭特征与评价

复合型圈闭指受构造、岩性—地层等两种或两种以上因素共同控制而形成的圈闭，如构造—岩性、构造—地层、沥青封堵型等圈闭。其评价需结合具体圈闭类型进行评价。

3.1.2 断层封闭性特征与评价

3.1.2.1 断层封闭性特征

断层封闭性是指断层上下盘岩石或断裂带与断层上下盘岩石由于排替压力的差异，而阻止流体继续流动的性质。本质为断层与地层物性的各向异性相配合，能够阻止充注的二氧化碳继续运移，使其聚集起来形成新的物性和压力系统。

1. 断层的性质与规模特征

断层是地壳受力发生断裂，沿断裂面两侧岩块发生的显著相对位移的构造。断层规模大小不等，大者可沿走向延伸数百千米，常由许多断层组成，可称为断裂带；小者只有几十厘米。断层在地壳中广泛发育，是地壳的最重要构造之一。当断层规模较大时，流体易发生泄漏；当断层规模较小时，流体不易发生泄漏。

断层从其受应力性质可以分为挤压型断层、拉张型断层和扭型断层。挤压型断层由压应力作用形成，其走向垂直于主压应力方向，多呈逆断层形式，断面为舒缓波状，断裂带宽大，常有断层角砾岩。拉张型断层在张应力作用下形成，其走向垂直于张应力方向，常为正断层，断层面粗糙，多呈锯齿状。扭型断层在剪应力作用下形成，与主压应力方向交角小于45°，常成对出现，断层面平直光滑，常有擦痕出现。一般来说，挤压型断层由于受挤压应力作用，从而流体沿断面泄漏风险极小，而拉张型断层由于受拉张应力作用，断面粗糙，流体易沿其断面发生逸散。

2. 断层活动速率特征

断层活动速率指单位时间内断层发生位移的距离，可分为垂向活动速率和侧向活动速率。断层活动速率用于衡量断层的活动性，取值越高，说明断层活动性越强，泄漏风险也越高。

3. 断层泥比率特征

断层泥指未固结或弱固结的泥状岩石，发育在地壳浅层脆性断层带中，呈各种彩色条带平行断层面展布，带宽几毫米至数十米。断层泥的主要成分是黏土矿物，其次为原岩的碎粉和碎砾，是断层剪切滑动、碎裂、碾磨和黏土矿化作用的产物。断层泥中的黏土矿物是层状硅酸盐（高岭石、伊利石、绿泥石、蒙脱石等）和层链状硅酸盐类（海泡石等）。

断层泥岩比率（Shale Gouge Ratio，SGR），也称断层泥岩质量分数，是 Yeiling 在

1997 年提出的（图 3-7），其中 V 表示每个岩层泥质含量，Z 表示每个岩层的厚度，D 表示断距。通过对断层泥比率的计算，可以用于衡量断层的侧向封闭性，取值越高，说明断层封闭性越好。

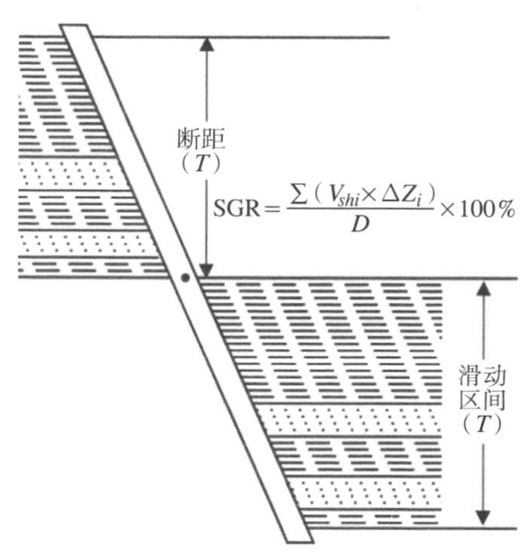

图 3-7　断层泥岩比率示意图

4. 断层位置特征

断层的发育位置与开展二氧化碳地质封存项目的选址息息相关。依据《工程场地地质安全性评价》（GB 17741—2005）的规定，对 Ⅰ 级场地地震安全性评价工作近场区范围应外延至半径 25 km 范围。因此，若注入井半径 25 km 范围内存在活动性强、封闭性差的断层，即认为二氧化碳地质封存工程场地泄漏风险高。

3.1.2.2 断层封闭性评价

对断层封闭性的评价，主要从断层的规模、性质、活动速率、泥比率及发育位置这几个方面进行（表 3-1）。

表 3-1　断层封闭性评价标准

评价参数	评价标准		
	好	中	差
断层规模	较小	中等	较大
断层性质	挤压型断层	扭型断层	拉张型断层
断层活动速率（m/Ma）	＜500	500～1000	＞1000
断层泥比率（%）	＞75	50～75	＜50
断层发育位置（距注入井）（km）	＞50	25～50	＜25

3.2 二氧化碳地质封存盖层评价

3.2.1 盖层封闭机理

毛管压力封闭、超压封闭、浓度封闭为三种盖层封闭机理（柳广弟，2009）。但由于浓度封闭不能保证二氧化碳长时间安全封存，且实际中也不存在盖层二氧化碳浓度大于封存层的情况,因此二氧化碳地质封存的盖层封闭机理主要还是毛管压力封闭和超压封闭。

1. 毛管压力封闭

由于盖层或储层地层通常是亲水的，且盖层孔隙半径小于储集层孔隙半径，这一毛细管力差的方向是指向储集层方向的，正是这一毛细管力差阻止了二氧化碳质点进入盖层的孔隙空间，使油气被封在盖层之下而不能向上运动。因此，盖层之所以能够封住储集层中的二氧化碳，其本质在于盖层具有比储集层更小的孔隙，形成了指向储集层的毛细管力差，阻止了二氧化碳进入盖层的孔隙空间。这种主要由储集层和盖层物性差异造成的盖层封闭作用称为毛管压力封闭或物性封闭。

2. 超压封闭

这种气体封闭机制通常是靠盖层中岩体孔隙的超高流体压力来阻止储层二氧化碳气体的泄漏，主要是因为泥岩盖层在压密实过程由于流体排出不彻底造成盖层处于欠压实状态，从而在地层中形成了超高的孔隙流体压力，形成了阻止储层中二氧化碳向上迁移的屏障。

盖层的这种压力封闭作用常见于沉积盆地中，其形成原因主要有：①压实排液速率与沉积速率不相等；②盖层生油气作用；③水热增压的作用和；④蒙脱石在向伊利石转化过程中脱水。总之，只要盖层中因某种原因形成了超高孔压时，就会对下伏储层中的二氧化碳起到压力封闭作用，且盖层的这种压力越大时，封闭作用的效果也就越明显。

3.2.2 盖层特征

由于二氧化碳的密度小于水的密度，在浮力作用下，二氧化碳会有由储集层向上运移的趋势，因此要将二氧化碳安全地封存于地下空间，必须具有不渗透的地层将二氧化碳储集层盖住，这样的地层即为盖层。

3.2.2.1 盖层岩性特征

盖层的岩性主要包括膏盐岩类、泥质岩类以及碳酸盐岩类。

膏盐岩类盖层主要包括石膏、硬石膏和盐岩三种。其中，石膏埋藏较浅，一般在 1000 m 以内；硬石膏埋藏一般在 1000 m 以下，是由石膏在成岩作用的转化下形成。

泥质岩类盖层主要包括泥岩、页岩、含粉砂泥岩以及粉砂质泥岩，是最常见的一类盖层，其分布最广，数量最多，几乎在各种沉积环境下都有产出。就泥岩来说，泥质或黏土矿物含量对盖层的封闭性有着很大的影响。泥质的含量增加，会降低岩层的渗透率以及优势孔隙半径大小的分布，从而增加岩石的排替压力，进而增强盖层的封堵能力（马鑫等，2021）。

碳酸盐岩类盖层主要包括含泥灰岩、泥质灰岩以及石灰岩等。该类岩性是否可以作为盖层与其形成条件关联不大，主要取决于其后期的改造条件，若裂缝不发育，则可以作为盖层，反之则不可作为盖层。

3.2.2.2 盖层分布特征

1. 上覆盖层厚度

上覆盖层厚度指直接覆盖在储层之上的盖层厚度。盖层厚度越大，注入的二氧化碳突破盖层发生泄漏的可能性越低。从毛细管封闭机理讲，盖层厚度与其封闭能力无直接的函数关系（Watts N L，1987；Zieglar D L，1992）。但一些研究者认为盖层厚度与其可封闭的流体柱高度之间存在某些联系（蒋有录，1998），即盖层厚度影响其空间分布（吕延防等，1996），厚度越大，沉积环境越稳定，均质性越好，横向分布的面积越广，欠压实并导致超压形成的可能性越大，断裂越不容易导致盖层渗漏。从厚度影响分布的角度来看，盖层厚度越大，越有利于流体的保存。

2. 累计盖层厚度

累计盖层厚度指从储集层至地表盖层累计厚度。当盖层存在砂泥互层的情况，而非一整套厚层的均质岩层时，评价其封闭能力时应以其至地表的累积盖层厚度进行评价。

3. 盖层分布范围

盖层按分布范围可分为区域性盖层和局部性盖层（吕延防等，1996）。区域性盖层遍布在含油气盆地或凹陷的大部分地区，厚度大、面积广且分布稳定；局部性盖层指分布在局部构造上的盖层。

深湖—半深湖相、潟湖相通常发育质纯、厚度较大、分布面积广的区域性盖层；河流相、三角洲相、滨浅湖相等通常形成砂—泥薄互层、厚度较小、分布面积小的局部性盖层。因此，可以说沉积环境是决定盖层宏观发育程度的关键因素。

4. 盖层非均质性

盖层非均质性是盖层岩石（沉积类）在沉积过程中形成的重要特征（Gelhar L W，1986），宏观上表现为盖层的厚度和岩性在横向和垂向上的不同，微观上主要表现为岩石的属性（如孔隙度、渗透率、毛管压力等参数）在水平和垂直两个方向上具有不同的空间相关性。通过对盖层非均质性的研究，有助于更准确地掌握二氧化碳在盖层中的迁移—泄漏规律，将为盖层安全评价提供更可靠的评价结果。

5. 盖层连续性

盖层只有在空间分布上具有连续性才能覆盖一定的范围，盖层的连续性实质上是指盖层岩石的稳定性和均匀性，稳定性可指不易产生裂缝，均匀性可指物性相对稳定。盖层的连续性主要通过沉积环境和沉积相分析进行宏观定性评价，一般认为海相沉积比陆相沉积盖层要稳定且分布广。在实际地质条件下，常常以一个层系的岩层作为盖层，其中包括多个单一的泥质岩盖层。

6. 盖层和储层位置关系

从盖层和储层位置关系来看，盖层可分为三级：好的盖层分布范围大于储层的范围，中等的盖层分布范围与储层的面积相当，差的盖层分布范围远小于储层面积。若盖层能够覆盖储层内二氧化碳羽状物的范围，且分布基本连续，则二氧化碳发生泄漏的风险会显著降低。

3.2.2.3 盖层岩石物理学特征

1. 塑性特征

岩石塑性是影响盖层封闭能力的一个重要因素，不同的岩性具有不同的塑性，塑性由好到坏的盖层岩性依次为膏盐岩、泥页岩、泥灰岩及硅质岩（石波等，1999）。岩性的微观划分也会影响盖层的塑性，泥岩盖层中有机质、蒙脱石等黏土矿物的含量会影响盖层的物性及塑性，进而影响盖层的封闭能力。一般来说有机质、蒙脱石等黏土矿物含量越高，盖层的物性和塑性越好，反之则越差。

2. 应力特征

在不同的应力状态下，相同岩性的盖层具有不同的封闭性能，盖层所能承受的最大超压的大小也不相同，而盖层所能承受的最大超压的大小直接反映了盖层封闭性能的好坏（Richard，2003）。

盖层的应力与盖层的封盖性（最大超压）通常有如下关系：①相同岩性的盖层在挤

压应力状态下比拉张应力状态下能承受更大的超压；②拉张应力状态下更有利于超压的快速释放，因为与挤压应力状态下的接近水平的裂缝和低倾角逆断层相比，拉张应力状态下产生的近于垂直的拉张裂缝和陡倾正断层具有高的渗透性；③在完整盖层岩石中，相同应力条件下，岩石的抗张强度越大，所能承受的最大超压越大；④如由应力导致盖层中产生裂缝或断裂，盖层的封闭性能将大大降低（Barton et al.，1995）；⑤在挤压和拉张应力环境中，顶部盖层所能承受的最大超压都随着最大和最小有效主应力之差的增加而减小，但在拉张应力状态下下降得更快，因此最大和最小有效主应力之差较大的区域则成为盖层的相对薄弱带，封闭性能较差。

3. 突破压力特征

突破压力是评价盖层封闭性能最直接、最关键、最有效的参数，只有当泥岩突破压力大于储层的剩余压力和二氧化碳柱高度所产生的浮力垂向合力时，才能有效防止二氧化碳逸散（高哲荣，1996）。林潼等（2019）指出均质岩样的突破压力大小只和岩样本身性质有关，如样品内的孔隙度和吼道的分布、大小以及弯曲度等，与岩样长度无关，即均质盖层对气体的封盖能力不直接受盖层厚度的影响，而是取决于其最大毛细管压力。泥岩突破压力与孔隙度关系密切，孔隙度越大，突破压力越小（邓祖佑等，2000）。

3.2.2.4 盖层孔隙度与渗透率特征

尽管盖层致密，但也具有一定的孔隙性，通常盖层孔隙度与储层孔隙度要相差 3～4 个数量级；相应的盖层渗透率可忽略不计。对于二氧化碳地质封存而言，盖层孔隙度应小于 4%，渗透率应小于 0.001 mD，才可作为有效盖层。

3.2.3 盖层封闭能力综合评价

对盖层封闭能力的评价，主要从岩性、厚度、分布连续性、突破压力、塑性、渗透率、主力盖层之上的缓冲盖层、断裂发育几个方面进行（表 3-2）。

1. 岩性

岩性主要包括膏盐岩类、泥质岩类和碳酸盐岩类，其中膏盐岩类盖层封闭性最好，但泥质岩类盖层数量最多，分布最广。在我国二氧化碳地质封存项目中，盖层一般以泥质岩为主。

2. 厚度

储层上部紧邻的直接盖层厚度一般应大于 20 m，且盖层的厚度越大越有利。厚度大，不易被小型断层错断，不易形成连通的微裂缝；厚度大的泥岩，其中的流体不易排出，从而形成异常压力，使得封闭能力增强。

3. 分布连续性

盖层尽可能保持一定的连续性，且不被断层断穿或与地层贯通，尤其应在二氧化碳羽流的分布范围内保持完整。

4. 突破压力

突破压力越高，盖层所能封闭的二氧化碳液柱越高。

5. 塑性

要求盖层塑性越高越好，一般来说有机质、蒙脱石等黏土矿物含量越高，盖层的物性和塑性越好，反之则越差。

6. 渗透率

对盖层而言，渗透率越小越有利。

7. 主力盖层之上的缓冲盖层

对于二氧化碳地质封存而言，在储层之上的直接主力盖层之外，通常要求多套优质盖层的联合封闭作用。缓冲盖层套数越多，质量就越好，越有利于提高封存安全性。

8. 断裂发育

断裂可导致二氧化碳的泄漏，尤其是张性贯穿性断裂会导致二氧化碳突破盖层向上持续运移。

表 3-2　盖层封闭能力评价标准

评价参数		评价标准		
		好	中	差
岩性		膏盐岩类	泥岩、页岩	近似储层岩性
厚度	单层厚度（m）	≥20	10～20	≤10
	累计厚度（m）	＞300	150～300	＜150
分布连续性		区域性分布连续	分布基本连续	分布不连续
突破压力（MPa）		＞15	5～15	＜5
塑性		塑性较好	塑性中等	塑性差
渗透率（mD）		＜0.0001	0.0001～0.001	＞0.001
主力盖层之上的缓冲盖层		多套，质量好	多套，质量一般	一套
断裂发育		无断裂发育	发育断裂较少且无贯穿性断裂	发育断裂较多且以张性贯穿断裂为主

3.3 二氧化碳地质封存储层评价

3.3.1 储层岩石学特征

3.3.1.1 储层岩石类型

理论上，主要地下多孔岩石均可作为二氧化碳地质封存的储集岩石类型，包括碎屑岩、碳酸盐岩、煤及火山岩等特殊岩层。但现今绝大多数二氧化碳地质封存项目在砂岩和碳酸盐岩储层中开展，煤层、页岩储层、玄武岩储层等开展二氧化碳地质封存的项目较少或处于研究阶段。不同储层岩石根据其成分特征，又可进一步划分成多种类型（表 3–3）。

表 3–3　二氧化碳地质封存储层岩石类型

<table>
<tr><th>岩类名称</th><th colspan="2">成分分类</th><th>成分及孔隙特征</th></tr>
<tr><td rowspan="3">砂岩</td><td colspan="2">石英砂岩</td><td>石英含量大于 50%；通常为颗粒支撑，发育粒间孔</td></tr>
<tr><td colspan="2">长石砂岩</td><td>长石含量大于 25%且高于岩屑含量；易形成溶蚀孔隙</td></tr>
<tr><td colspan="2">岩屑砂岩</td><td>岩屑含量大于 25%且高于长石含量；易形成溶蚀孔隙</td></tr>
<tr><td rowspan="3">碳酸盐岩</td><td rowspan="2">石灰岩</td><td>颗粒灰岩</td><td>方解石含量大于 50%，以灰泥为主；发育粒间孔，易形成溶蚀孔、洞、缝</td></tr>
<tr><td>泥晶灰岩</td><td>方解石含量大于 50%，以颗粒为主；粒间孔不发育，易形成溶蚀孔、洞、隙</td></tr>
<tr><td colspan="2">白云岩</td><td>白云石含量大于 50%；发育粒间孔，易形成溶蚀孔、洞、隙</td></tr>
<tr><td>煤</td><td colspan="2">/</td><td>以表层吸附为主；煤阶越高，封存潜力越大</td></tr>
<tr><td>火山岩</td><td colspan="2">玄武岩</td><td>发育气孔、杏仁构造</td></tr>
</table>

储层岩石类型不同，导致孔隙成因及发育特征存在差异，砂岩储层封存空间主要为原生粒间孔，而碳酸盐岩储层主要为溶蚀孔；同时，不同岩石类型的封存机理存在差异，如煤层以吸附作用占主导，其余岩性则以构造封存为主，并且由于不同岩石矿物成分存在差异，导致二氧化碳永久矿化封存潜力也不同，长石砂岩、岩屑砂岩、杂砂岩等成分成熟度较低的砂岩具有更高的二氧化碳永久矿化封存潜力。

3.3.1.2 储层岩石结构组分特征

储层岩石的结构组分特征是分析岩石成因及恢复沉积环境的重要依据，对于储层二氧化碳注入能力、注入后与储层的二氧化碳—水—岩作用有着重要影响。

碎屑岩包括三种基本组成部分，即碎屑颗粒、填隙物（胶结物和杂基）和孔隙。其中，碎屑颗粒占岩石体积的50%以上；填隙物中的胶结物为成岩阶段化学沉淀形成，而杂基为与粗碎屑岩一起沉积下来的细粒填隙组分；砂岩填隙物中的绿泥石极易发生溶蚀并为铁白云石提供物质基础，可显著影响二氧化碳矿物封存量。碳酸盐岩的结构组分包括颗粒、泥、胶结物、晶粒、生物格架、孔隙等；但由于碳酸盐岩本身为碳酸盐矿物构成，因此二氧化碳矿物封存潜力较小（表3-4）。

表3-4 二氧化碳地质封存储层岩石结构组分特征

岩石类型	结构组分		主要类型
碎屑岩	碎屑颗粒		石英、长石、岩屑
	填隙物	杂基	泥级、黏土级的物理成因组分
		胶结物	高岭石、绿泥石、伊利石、蒙脱石、方解石、白云石、自生石英、赤铁矿、褐铁矿、硬石膏、石膏、黄铁矿、沸石、海绿石等
	孔隙		
碳酸盐岩	颗粒		内碎屑、生物碎屑、鲕粒、球粒和藻粒
	泥		灰泥、云泥、黏土泥
	胶结物		亮晶方解石、白云石、石膏
	晶粒		方解石、白云石
	生物格架		珊瑚、苔藓、海绵、层孔虫等的坚硬钙质骨骼格架
	孔隙		

3.3.2 储层物性特征

3.3.2.1 储层孔隙度

孔隙度用来衡量储层岩石中孔隙的发育程度，准确的孔隙度数据通常用实验方法获得，在无岩心数据时，可利用测井等地球物理方法求取。通常依据孔隙的大小、联通程度以及对流体的有效性，将孔隙度分为绝对孔隙度和有效孔隙度。绝对孔隙度指所有孔隙空间体积之和与该岩样总体积的比值，有效孔隙度指岩石中有效孔隙空间体积之和与该岩石外表体积之比。在实际二氧化碳地质封存评价中，只有有效孔隙度才有真正的意义，因此习惯把有效孔隙度称为孔隙度。

根据孔隙度大小，砂岩储层可以分为特高孔、高孔、中孔、低孔、特低孔、超低孔；

碳酸盐岩储层可以分为高孔、中孔、低孔、特低孔，通常认为储层孔隙度不小于 5%，才具有二氧化碳地质封存价值（表 3-5）。

表 3-5　二氧化碳地质封存储层孔隙度分类

砂岩储层	孔隙度φ（%）	碳酸盐岩储层	孔隙度φ（%）
特高孔	$\varphi \geq 30$	高孔	$\varphi \geq 20$
高孔	$25 \leq \varphi < 30$	中孔	$12 \leq \varphi < 20$
中孔	$15 \leq \varphi < 25$	低孔	$4 \leq \varphi < 12$
低孔	$10 \leq \varphi < 15$	特低孔	$\varphi < 4$
特低孔	$5 \leq \varphi < 10$		
超低孔	$\varphi < 5$		

3.3.2.2 储层渗透率特征

渗透率可以用来衡量储层岩石的渗透性，渗透率是一个具有方向的向量，从不同方向测得的渗透率不同。渗透率可分为绝对渗透率、有效渗透率和相对渗透率。其中，绝对渗透率指不可压缩的单相稳定流（流体性质稳定）不与岩石表面发生任何物理、化学反应所测得的渗透率；有效渗透率指储集层中多相流体共存时，岩石对其中每一单相流体的渗透率；相对渗透率是指岩石中对某一相流体的有效渗透率与岩石绝对渗透率的比值。

绝对渗透率的大小反映了岩石允许流体通过能力的强弱，受孔隙通道面积的大小和孔隙弯曲程度的控制。根据绝对渗透率的大小，将砂岩储层划分为特高渗、高渗、中渗、低渗、特低渗、超低渗，将碳酸盐岩储层划分为高渗、中渗、低渗、特低渗（表 3-6）。渗透率对二氧化碳注入能力的影响最为显著，通常要求注入储层平均渗透率不小于 1 mD。

表 3-6　二氧化碳地质封存储层渗透率分类

砂岩储层	渗透率 K（mD）	碳酸盐岩储层	渗透率 K（mD）
特高渗	$K \geq 2000$	高渗	$K \geq 100$
高渗	$500 \leq K < 2000$	中渗	$10 \leq K < 100$
中渗	$50 \leq K < 500$	低渗	$1 \leq K < 10$
低渗	$10 \leq K < 50$	特低渗	$K < 1$
特低渗	$1 \leq K < 10$		
超低渗	$K < 1$		

3.3.3 储层宏观展布与非均质性特征

适用于二氧化碳地质封存的储层在地下并非均匀介质，在沉积作用、成岩作用等多种因素控制下，具有一定非均质性，通过已知的钻井、地震、岩心资料预测其宏观展布及储层非均质性为二氧化碳地质封存评价的重要内容。

3.3.3.1 储层宏观展布

储层宏观展布指可封存二氧化碳的储层在地下的垂向和平面分布特征，包括储层的单层厚度、累计厚度等厚度特征，储层的几何特征、平面分布及结构特征等（表 3-7），其主要受沉积相控制，形成储层的沉积相类型包括冲积扇、河流、三角洲、滩坝、水下冲积扇、重力流、碳酸盐潮坪、碳酸盐颗粒滩、生物礁等。

表 3-7　储层宏观展布特征分类

砂体剖面几何形态分类	砂体平面几何形态分类		砂体垂向叠置方式	储层空间结构形体类型
顶平底凹型透镜体	席状		孤立式	拼块状结构
顶平底凸型透镜体	扇形	扇状	多层式	迷宫状结构
	扇形	朵状		
顶凸底凹型透镜体	扇形	朵叶状	多边式	千层饼状结构
楔形	长形状	条带状		
板状	长形状	树枝状	多层多边式	馅饼状或夹心状结构
条带状	长形状	带状		
	透镜状			

在储层孔隙相差不大的情况下，储层体积是控制二氧化碳封存量的首要因素，其主要受储层宏观展布控制，即储层厚度与面积。在二氧化碳地质封存项目中，准确预测地下储层的分布是实现目标封存量的基础，在岩性圈闭中，储层宏观展布基本控制了二氧化碳注入后的平面分布。

3.3.3.2 储层非均质性

储层非均质性是指储层在形成过程中受沉积作用、成岩作用和构造作用的影响，其基本性质在三维空间上的分布具不均一性。储层非均质性表示储层性质的差异，裘怿楠等（2001）将碎屑岩储层的非均质性按规模大小分为层内、层间、平面和微观四类，不同非均质性研究对象不同，可通过不同定量参数来表征（表 3-8）。

表 3-8　储层非均质性分类及其研究内容

储层非均质性	分类	含义	研究内容及表征
宏观非均质性	层间非均质性	纵向上多注入层的差异性	层间差异：沉积旋回性、分层系数、垂向砂岩密度、砂层间渗透率的非均质程度、有效厚度系数、主力注入层与非注入层差异、隔层和裂缝
	平面非均质性	一个储集砂体平面上的差异	砂体几何形态、砂体规模及各向联系性、砂体联通性、砂体内孔、渗平面变化及方向性、井间渗透率非均质程度
	层内非均质性	单砂层垂向上的差异	粒度韵律、沉积构造、渗透率韵律、垂直渗透率与水平渗透率的比值（K_V/K_h）、渗透率变异系数（V_k）、渗透率突进系数（T_k）、渗透率极差（J_k）、渗透率均质系数（K_p）、储层质量系数（PQI）、夹层分布频率（P_k）和分布密度（D_k）
微观非均质性		孔隙、颗粒及填隙物非均质性	孔隙与吼道的相互关系、岩石颗粒差异、填隙物的差异

资料来源：裘怿楠等，2001；于兴河，2015，有修改。

超临界二氧化碳注入后在封存层运移、聚集及最终封存量同样也受储层非均质性的影响，尤其在陆相湖盆中，沉积体系规模较小，相变快，可导致多种成因砂体形成一套储层，其非均质性比较突出。层间非均质性为封存层系划分、注入工艺的设计、层间注入性差异分析、不同注入层层间干扰控制因素判断的主要依据；平面非均质性为封存井及监测井的地下井位选址的重要依据，同时控制着二氧化碳注入后羽流的分布，通常注入后表现为二氧化碳注入后沿高渗流通道迅速推进；层内非均质性影响着二氧化碳注入方式与具体射孔部位（高渗段）、二氧化碳注入后与油、气、水等地下流体的界面分布。

3.3.4 储层孔隙结构特征与渗流特征

3.3.4.1 储层孔隙结构特征

在一些孔隙度较低的储层中，无法利用孔隙度和渗透率等常规物性参数概括储层性质，必须通过岩石的孔隙结构来理解储层性质。储层孔隙结构指岩石所具有的孔隙和吼道的几何形状、大小、分布、互相联通情况，以及孔隙与吼道间的配置关系等，其反映的储层中各类孔隙与孔隙之间联通吼道的组合是孔隙与吼道发育的总貌。孔隙结构是决定储层储集性能的绝对因素。

1. 孔隙特征

储层的孔隙指岩石中未被固体物质充填的空间部分，也称储集空间或空隙，包括粒间孔、粒内孔、裂缝、溶洞等。根据不同角度，针对碎屑岩和碳酸盐岩孔隙有多种分类方法（表 3-9）。超临界二氧化碳流体在超毛细管孔隙中主要受重力控制，遵循静水力学的一般性规律；在毛细管孔隙中由于毛管压力，超临界二氧化碳流体不能自由流动，只有在外力作用下才能流动；超临界二氧化碳流体在微毛细管孔隙中难以流动。

表 3-9　二氧化碳地质封存储层孔隙分类

岩性	分类标准	孔隙类型	特征
碎屑岩	成因	原生孔隙	碎屑岩中现今保存下来的、由沉积作用造成的支撑孔隙，主要是由颗粒支撑的原生粒间孔隙
	孔隙产状及溶蚀作用	次生孔隙	成岩后生阶段，受物理、化学等作用使岩石某些组分溶解淋滤、收缩或使裂隙和孔洞重新开启而产生的孔隙
		混合孔隙	由几种成因混合构成的孔隙
		粒间孔隙	碎屑颗粒之间的孔隙，分为完整粒间孔隙、剩余粒间孔隙、缝状粒间孔隙
		粒内孔隙	碎屑颗粒内部不具溶蚀痕迹的孔隙
		填隙物内孔隙	杂基和胶结物内存在的孔隙
		裂缝孔隙	切穿岩石甚至切穿碎屑颗粒本身的缝隙，一般缝壁平直
		溶蚀粒间孔隙	粒间孔隙遭受溶蚀后所形成的孔隙
		溶蚀粒内孔隙	碎屑颗粒内部所含可溶矿物被溶，或沿颗粒解理等易溶部位发生溶解形成
		溶蚀填隙物内孔隙	填隙物受溶蚀作用所形成的孔隙
		溶蚀裂缝孔隙	流体沿裂缝渗流，使得缝面两侧岩石发生溶蚀所形成的孔隙
	成因及几何形态	粒间孔隙	碎屑颗粒、基质及胶结物之间的孔隙空间
		微孔隙	孔径小于 0.5 μm 的孔隙
		溶蚀孔隙	由碎屑颗粒、基质、自生矿物胶结物或交代矿物被溶解形成的孔隙
		裂缝	碎屑岩成岩过程中因岩石组分的收缩作用或构造应力作用而形成的裂缝
	孔隙直径大小	超毛细管孔隙	孔隙直径大于 0.5 mm、裂缝宽度大于 0.25 mm
		毛细管孔隙	孔隙直径为 0.0002～0.5 mm、裂缝宽度为 0.0001～0.25 mm
		微毛细管孔隙	孔隙直径小于 0.0002 mm、裂缝宽度小于 0.0001 mm
	渗流作用	有效孔隙	相互连通的超毛细管孔隙和毛细管孔隙，流体在地层压差下可流动
		无效孔隙	孤立、互不连通的死孔隙及微毛细管孔隙，流体在地层压差下不能流动

续表

岩性	分类标准	孔隙类型	特征
碳酸盐岩	形态	孔	粒间—晶间孔隙，包括原生孔隙，包括粒间、晶间、粒内生物骨架等孔隙，其空间分布较规则
		洞	溶洞—溶解孔隙，主要为次生孔隙，包括溶洞或晶洞，无充填者为溶洞，有结晶质充填者叫晶洞
		缝	裂缝—基质孔隙，是岩石受应力作而产生的裂缝，应力主要是构造力，也包括静压力、岩石成岩过程中的收缩力
	主控因素	受组构控制的原生孔隙	孔隙的发育受岩石的结构和沉积构造控制，包括粒间孔隙、遮蔽孔隙、粒内孔隙、生物骨架孔隙、生物钻孔孔隙及生物潜穴孔隙、鸟眼孔隙、收缩孔隙、晶间孔隙等
		溶解作用形成的次生孔隙	溶解孔隙又称溶孔，是碳酸盐矿物或伴生的其他易溶矿物被地下水、地表水溶解形成的孔隙，包括粒内溶孔、溶模孔隙和粒间溶孔，不受原岩石构造控制，由溶解作用形成的孔隙、角砾孔隙
		裂缝	包括构造缝、成岩缝、沉积—构造缝、压溶缝、溶蚀缝
	形成时间	原生孔隙	指在沉积和成岩过程中所形成的孔隙，包括各种粒间孔隙
		次生孔隙	碳酸盐岩形成之后，经历各种次生变化，如溶解作用、重结晶、白云岩化及构造应力作用等，所产生的孔隙或裂缝，包括溶蚀孔缝、多数的晶间孔隙构造缝、层间缝、压溶缝以及角砾孔隙等
	孔径大小	溶洞	孔径大于 2 mm
		溶孔	孔径大小为 1.0～2.0 mm
		粗孔	孔径大小为 0.5～1.0 mm
		中孔	孔径大小为 0.25～0.5 mm
		细孔	孔径大小为 0.1～0.25 mm
		很细孔	孔径大小为 0.01～0.1 mm
		极细孔	孔径小于 0.01 mm
	连通情况	分散孔洞	孔洞与孔洞经基质相连
		连通孔洞	孔洞间联通

2. 吼道特征

吼道指两联通孔隙之间最窄的部位，它仅仅指某一点处的通道大小，没有长度和体积概念，只有面积概念。当对一个联通孔隙空间沿流动方向截面无数次时，所获得的截面积最小的位置就称为吼道，吼道根据其形态可进一步进行分类（表 3-10）。

表 3-10 二氧化碳地质封存储层吼道类型

岩性	吼道类型	特征
碎屑岩	孔隙缩小型吼道	孔隙、吼道难分，孔大吼粗，吼道是孔隙的缩小部分，几乎全为有效孔隙
	缩颈型吼道	压实作用使颗粒紧密排列，仍留下较大孔隙，但吼道变窄，具有孔隙较大、吼道细的特点
	片状吼道	由较强烈压实作用使颗粒呈紧密线接触，甚至由压溶作用使晶体再生长，造成孔隙变小，晶间隙成为晶间孔的吼道
	弯片状吼道	强烈压实作用使颗粒呈镶嵌式接触，不但孔隙很小、吼道极细，且呈弯片状
	管束状吼道	当杂基及胶结物含量较高时，其内众多微孔隙既是孔隙又是吼道，呈微毛细管束交叉分布
碳酸盐岩	构造裂缝型	吼道宏观呈片状，相对较长、较宽、较平直
	晶间隙型	为白云石或方解石晶体间的缝隙，与裂缝型吼道相比，具有窄、平的特点
	孔隙缩小型	孔隙与吼道无明显界限，扩大部分为孔隙，缩小的狭窄部分即为吼道
	管状	孔隙与孔隙之间由细长的管子相连，其断面接近圆形
	解理缝型	吼道为沿粗大白云石或方解石晶体解理面裂开或经溶蚀扩大而形成

吼道主要控制了渗透率的大小，其和孔隙直径的特征，基本控制了储层的孔隙度和渗透率（表 3-11）。储层孔隙结构可用孔隙结构的直观写实图像（如铸体薄片、扫描电镜图片）、数字模型（如数字岩心孔隙结构三维模型）、实体模型（如铸体模型）、孔结构测试图件（如毛细压力曲线）以及孔隙结构参数等来表征。

表 3-11 孔吼配置关系与储层性质

孔隙直径	吼道直径	孔渗性
较大	较粗	一般表现为孔隙度大，渗透率高
偏小	较粗	孔隙度低—中等，渗透率中等
粗大	较上两类细小	一般表现为孔隙度中等，渗透率低
细小	细小	一般表现为孔隙度及渗透率均低

3.3.4.2 储层渗流特征

储层中多数孔隙是联通的，流体在多孔介质中的流动称为渗流。超临界二氧化碳注入储层过程为超临界二氧化碳驱替其他孔隙流体的过程，该过程表现为多相（油—气—

水/气—水）共存于岩石孔隙中，渗流过程受储层中的物理特性（岩石中的润湿性、毛管力）、微观渗流机理（相对渗透率、各种毛管阻力）等影响。

在两相流动中，根据接触角不同，分为润湿相和非润湿相。对地层中二氧化碳和水两相流动的过程来说，一般水为润湿相，二氧化碳为非润湿相。非润湿相驱替润湿相，使润湿相饱和度逐渐减小的过程称为排驱过程；润湿相驱替非润湿相，使润湿相饱和度逐渐增加的过程称为吸湿过程。毛细压力曲线和相对渗透率曲线是描述多孔介质中的两相驱替过程的重要特征参数（图 3-8）。

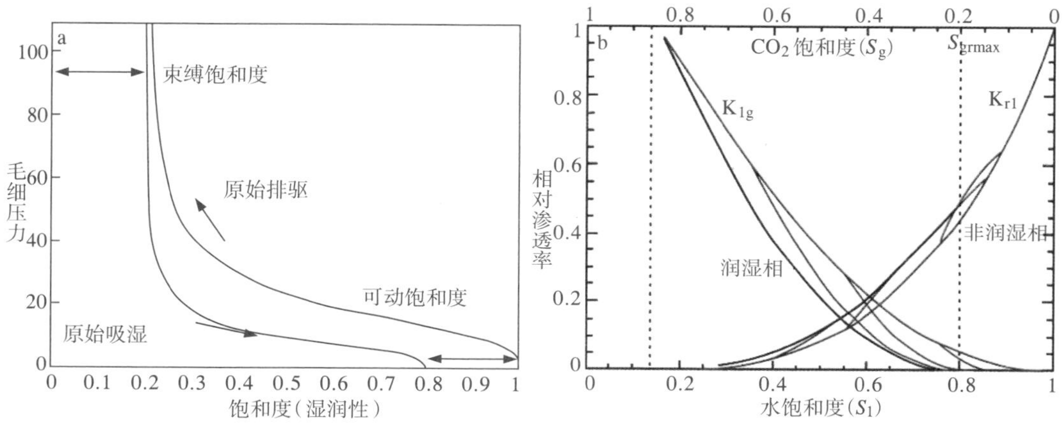

a. 排驱和吸湿过程中的毛细压力曲线；b. 排驱和吸湿过程中的相对渗透率随润湿相饱和度变化规律

图 3-8　排驱和吸湿过程中的毛细压力曲线以及相对渗透率随润湿相饱和度变化规律（Karsten Pruess，et al.，2012）

毛细压力表征非润湿相进入毛细通道驱替润湿相难易程度，且对两相与岩石表面的接触角十分敏感。毛细压力越小的意味着非润湿越容易进行驱替，如果储层对二氧化碳的毛细压力非常小，或者甚至在储层中二氧化碳为润湿相，则二氧化碳可注入性会大大提高（图 3-8a）。

相对渗透率表征两相流动中润湿相和非润湿相的互相竞争关系，不同的润湿相饱和度下两相的流动能力各不相同。图 3-8b 为一般情况下地层中二氧化碳和水相对渗透率随润湿相饱和度的变化规律，图中包含了排驱过程和吸湿过程两组曲线。一般来说，由于饱和历史会影响流体分布，故相同饱和度下，润湿相（水）在吸水过程中的相对渗透率会略高于驱水过程，而非润湿相（二氧化碳）在吸水过程中的相对渗透率总是会低于驱水过程，这个现象称为滞后现象。

3.3.5 储层压力、温度及流体特征

3.3.5.1 储层压力、温度

通常储层的压力和温度取决于地温梯度、压力系数及储层的深度。较低的初始储层压力系数有利于二氧化碳的注入，并减少压力显著积累的可能性，从而减小泄漏风险；但高储层压力有利于增加二氧化碳密度，提高封存效率。较低的储层温度可增加二氧化碳密度，同时可以降低二氧化碳浮力，从而减少二氧化碳发生泄漏的风险。

3.3.5.2 储层流体

常见储层流体类型包括石油、天然气及地层水，除此之外，储层流体还包括一些稀有气体、二氧化碳气体等不常见流体。其中对于二氧化碳地质封存具有重要意义的地层水又可根据形成环境及离子类型划分为 Na_2SO_4 型、$NaHCO_3$ 型、$MgCl_2$ 型、$CaCl_2$ 型（表 3-12）。矿化度代表水中矿物盐的总浓度，表示水中正、负离子含量的总和，常用 g/L 或 ppm 来表示，通常地层埋深越深，矿化度越高。储层矿化度越低，溶解封存的二氧化碳量越大，对应较低的泄漏风险；适宜二氧化碳注入的咸水层矿化度大小一般介于淡水与卤水之间，即盐度在 3.0～50.0 g/L。矿化度低于淡水说明水质可为居民饮用水，矿化度高于卤水说明为矿化层。

表 3-12　地层水分类

地层水流体类型		成因系数（浓度比）		
		Na^+/Cl^-	$(Na^+—Cl^-)/SO_4^{2-}$	$(Cl^-—Na^+)/Mg^{2+}$
大陆水	硫酸钠型	＞1	＜1	＜0
	碳酸氢钠型	＞1	＞1	＜0
海水	氯化镁型	＜1	＜0	＜1
深层水	氯化钙型	＜1	＜0	＞1

资料来源：苏林，1946。

3.3.6 储层岩石物理特征

储层岩石物理特征是储层的研究内容之一，其中储层的应力及脆性评价为储层评价的重要内容，其对于二氧化碳地质封存工程具有重要影响，如钻井施工中的井壁稳定性，

水力裂缝的起裂、延伸及压裂后缝网的有效沟通。此外，应力及脆性特征一定程度控制了裂缝型储层的裂缝发育方向和程度。

3.3.6.1 应力

在沉积盆地中垂直应力通常是储层主应力之一，其大小等于上覆静岩压力，其他两个主应力轴的方向是水平的。若不考虑构造应力的作用，对于平面上无限延伸的地质体，储层岩石在水平方向上的应变为 0，水平应力可由下式获得：

$$\sigma_H=\sigma_h=\nu\sigma_v \tag{3-2}$$

$$\nu=\frac{\mu}{1-\mu} \tag{3-3}$$

式中，ν表示应力比系数；σ_H表示最大水平应力，单位为 N/m²；σ_h 表示最小水平应力，单位为 N/m²；σ_v 表示垂直应力，单位为 N/m²；μ表示泊松比，无量纲。

一般情况下，储层岩石的塑性越强，μ值越大；若储层岩石为完全塑性的，$\mu=0.5$，则 $\nu=1$。实际上，沉积地层既非完全塑性的，也非完全弹性的，而是弹黏塑性的孔隙介质，其力学性质取决于岩性及其在埋藏过程中所经历的成岩作用。一般泥质成分含量越高的储层塑性越强；而成岩程度越高，其弹性越强；地层内超压的存在将使得地层的塑性增强；在地下深处，随温度压力的增加储层塑性也不断增加（罗晓容，2004）。

构造应力沉积盆地内构造应力基本作用在水平方向上，岩石中的应力场可以被看作是重力场所引起的地下应力场与构造应力场之和。取重力派生的应力场中一个水平主应力轴方向与构造应力平行，则各向应力公式为

$$\begin{cases}\sigma_v=\rho gz\\ \sigma_H=\nu\sigma_v+\sigma_T\\ \sigma_h=\nu\sigma_v\end{cases} \tag{3-4}$$

式中，ρ表示岩石的平均密度，单位为 kg/m³；σ_T表示构造应力，单位为 N/m²；z 表示地层埋藏深度，单位为 m。

对于各种应力状态，沉积地层内流体压力的增加都会使得有效应力降低，但既不改变各应力之间的差值，也不改变其方向。

3.3.6.2 脆性

脆性是岩石在很小的塑性变形下就发生破坏的性质，同时在破坏过程中伴随着弹性能的急剧释放。高脆性的储层岩石能够在压裂后形成有效的缝网，提高二氧化碳注入效率。常见的脆性评价方法包括采用物理试验对岩石的力学参数进行测定，然后运用相关公式对脆性指数进行计算或通过岩石脆性矿物的含量直接进行计算（表 3-13）。

表 3-13　常见储层脆性评价公式

<table>
<tr><th colspan="2">公式</th><th>变量说明</th></tr>
<tr><td rowspan="7">基于矿物成分含量</td><td>$BI_1=\frac{W_{Qtz}}{W_{Tot}}$</td><td rowspan="7">$W_{Qtz}$：石英矿物含量，%；
W_{Car}：碳酸盐岩矿物含量，%；
W_{Cla}：黏土矿物含量，%；
W_{Tot}：矿物总含量，%；
W_{Dol}：白云石含量，%；
W_{Feld}：长石矿物含量，%；
W_{QFM}：硅酸盐矿物含量，%；
S_{20}：粒径小于 11.2 mm 碎屑百分比，%</td></tr>
<tr><td>$BI_2=\frac{W_{Qtz}+W_{Dol}}{W_{Tot}}$</td></tr>
<tr><td>$BI_3=\frac{W_{Qtz}}{W_{Qtz}+W_{Car}+W_{Cla}}$</td></tr>
<tr><td>$BI_4=\frac{W_{Qtz}+W_{Car}}{W_{Qtz}+W_{Car}+W_{Cla}}$</td></tr>
<tr><td>$BI_5=\frac{W_{Qtz}+W_{Car}+W_{Feld}}{W_{Qtz}+W_{Car}+W_{Feld}+W_{Cla}}$</td></tr>
<tr><td>$BI_6=\frac{W_{QFM}+W_{Car}}{W_{Tot}}=\frac{W_{QFM}+W_{Car}+W_{Dol}}{W_{Tot}}$</td></tr>
<tr><td>$BI_7=S_{20}$</td></tr>
<tr><td rowspan="6">基于硬度或坚固性</td><td>$BI_8=\rho\sigma_c$</td><td rowspan="6">ρ：粒度比例，%；
σ_c：抗压强度，MPa；
$F_{\max}$：最大载荷，kN/m^2；
P：贯入深度，mm；
H：硬度，kgf；H_m：微观硬度，kgf；
K_{IC}：断裂韧性，MPa · m$^{1/2}$；
K：体积模量，MPa；
E：弹性模量，MPa；
A_F：岩石破碎前耗费总功，N · m；
A_E：岩石破碎前弹性变形功，N · m</td></tr>
<tr><td>$BI_9=\frac{H_m-H}{K}$</td></tr>
<tr><td>$BI_{10}=\frac{H}{K_{IC}}$</td></tr>
<tr><td>$BI_{11}=\frac{HE}{K_{IC}^2}$</td></tr>
<tr><td>$BI_{12}=\frac{A_F}{A_E}$</td></tr>
<tr><td>$BI_{13}=\frac{F_{\max}}{P}$</td></tr>
<tr><td rowspan="11">基于岩石力学参数</td><td>$BI_{14}=\frac{\sigma_c}{\sigma_t}$</td><td rowspan="11">$\sigma_c$：抗压强度，MPa；
σ_t：抗拉强度，MPa；
E_n：归一化的杨氏模量，MPa；
V_n：归一化的泊松比，无量纲；
α：拉梅系数，MPa；
μ：剪切模量，MPa；
E：杨氏模量，MPa；
C：抗剪强度，MPa；
ρ：岩石密度，kg/cm^3；
K：体积模量，MPa；
λ：拉梅常数，MPa</td></tr>
<tr><td>$BI_{15}=\frac{\sigma_c-\sigma_t}{\sigma_c+\sigma_t}$</td></tr>
<tr><td>$BI_{16}=\frac{\sigma_c\sigma_t}{2}$</td></tr>
<tr><td>$BI_{17}=\frac{\sqrt{\sigma_c\sigma_t}}{2}$</td></tr>
<tr><td>$BI_{18}=\frac{E_n+V_n}{2}$</td></tr>
<tr><td>$BI_{19}=\frac{\alpha}{(\alpha+2\mu)}$</td></tr>
<tr><td>$BI_{20}=\frac{E}{C}$</td></tr>
<tr><td>$BI_{21}=\frac{E}{V_n}$</td></tr>
<tr><td>$BI_{22}=\frac{E\cdot\rho}{V_n}$</td></tr>
<tr><td>$BI_{23}=\frac{E_n}{V_n}$</td></tr>
<tr><td>$BI_{24}=\frac{3K-5\lambda}{\lambda}=\frac{2\mu-2}{\lambda}=\frac{1}{\lambda}-4$</td></tr>
</table>

续表

公式		变量说明
基于应力应变曲线	$BI_{25}=\frac{\pi}{4}+\frac{\varphi}{2}$	φ：内摩擦角，(°)； T_p：峰值强度，MPa； T_r：残余强度，MPa； ε_r：残余应变，%； ε_t：峰值应变，%； W_r：可恢复应变能，N · m； W_t：总应变能，N · m； ε_{ux}：不可恢复轴向应变，%； σ_c：抗压强度，MPa； σ_t：抗拉强度，MPa； ε_m：峰前应变，%； ε_h：峰后应变，%； P_{inc}：平均载荷增量，N； P_{tec}：平均载荷减量，N； ε_{fp}：摩擦强度达到稳定值的塑性极限，MPa； ε_{cp}：黏聚力达到残余值的塑性极限，MPa； M：峰后模量，MPa； α：调整系数，无量纲； σ_p：峰值强度，MPa； K_{ac}：峰值点到残余点的斜率，无量纲
	$BI_{26}=\sin\varphi$	
	$BI_{27}=\frac{T_p-T_r}{T_p}$	
	$BI_{28}=\frac{\varepsilon_r}{\varepsilon_t}$	
	$BI_{29}=W_rW_t$	
	$BI_{30}=\varepsilon_{ux}\cdot 100\%$	
	$BI_{31}=\frac{\alpha\sigma_c\varepsilon_m}{\sigma_t\varepsilon_h}$	
	$BI_{32}=\frac{P_{inc}}{P_{tec}}$	
	$BI_{33}=\frac{\varepsilon_t-\varepsilon_r}{\varepsilon_t}$	
	$BI_{34}=\frac{\varepsilon_{fp}-\varepsilon_{cp}}{\varepsilon_{fp}}$	
	$BI_{35}=1-e\frac{M}{E}$	
	$BI_{36}=\frac{\varepsilon_t-\varepsilon_r}{\varepsilon_r-\varepsilon_m}$	
	$BI_{37}=\frac{M-E}{M}$	
	$BI_{38}=\alpha\frac{\sigma_p}{\varepsilon_p}$	
	$BI_{39}=\frac{T_p-T_r}{T_p}\times\frac{\log K_{ac}}{10}$	
基于能量法	$BI_{40}=\frac{R_0}{R_\mu^W}$	R_0：本征内聚力，N； R_μ^W：前端区稳态阻力，N； E：弹性模量，MPa； D：屈服模量，MPa； M：弱化模量，MPa
	$BI_{41-1}=\frac{E}{D}\ \frac{M-E}{M}$	
	$BI_{41-2}=\frac{E-D}{D}\times\frac{E}{M}$	

资料来源：高雨，2022。

3.4　二氧化碳地质封存建模与模拟

二氧化碳地质封存是一个影响因素众多、相互作用复杂的过程，采用简单的解析公式和模型对封存过程的研究可能得出与实际不相符的结论。利用成熟的商业化软件，对拟进行的二氧化碳地质封存项目进行数值模拟可为选址工作、封存潜力评价、确定合理的灌注方案等提供依据。

3.4.1 三维地质建模

三维地质建模就是对拟封存的地层或盖层进行三维定量化，同时建立盖层及储层的相关数字化模型，对注入井或监测井周边地质体或井间地质体进行三维定量化及综合一体化的预测。

3.4.1.1 三维地质建模模型

三维地质建模模型包括构造模型、沉积相模型、储层物性模型等。

1. 构造模型

构造模型主要反映的是各地层的空间格架特征，为后续沉积相模型和储层物性模型提供三维骨架。构造模型首先通过地震及钻井解释的断层数据建立断层模型，再在断层模型控制下建立各个地层顶底的层面模型，最后以断层及层面模型为基础建立一定网格分辨率的等时三维地层网格体模型。

2. 沉积相模型

沉积相建模是三维地质建模的一项重要内容，目前沉积相建模方法众多，不同的方法具有各自的适应性和优缺点。随机性沉积相建模就是以单井沉积微相的划分为基础，选取地质统计学算法随机生成三维沉积相模型，但由于受地质体本身复杂性及建模算法局限性的限制，在不熟悉基本地质背景及建模算法的情况下很难做出理想模型。确定性沉积相建模就是在已有沉积相研究的基础上，对平面相边界进行数字化，将数字化的沉积相边界作为约束，建立三维相模型。这种方法能够避免随机建模中的不确定性，并与前期地质研究成果具有较高的一致性。

3. 储层物性模型

储层物性建模就是在构造模型的基础上，对其进行三维网格化，然后利用插值算法对每个网格赋以各自的参数值，建立相应的三维数据体。作为三维地质建模中最重要的环节，储层物性模型的准确性直接关系到后面数值模拟运行结果的精确程度和可靠性。储层物性建模主要包括确定性物性建模和随机性物性建模两种。其中确定性物性建模就是在数据资料点间借助相关算法进行插值计算，对模型不确定区域给出确定且唯一的物性预先结果。随机性物性建模承认地质参数的空间分布具有一定的不确定性，通过对数据进行变差函数分析，然后利用序贯指示法及序贯高斯法等随机模拟算法建立与大量地质特征相符的三维地质实现。

3.4.1.2 三维地质建模方法

三维地质建模方法主要包括确定性建模和随机性建模。其中确定性建模就是应用确定性资料试图对数据点间未知区域借助相关算法给出确定且唯一的预测结果。当封存区所需资料不足及储层空间结构变化较为复杂时，就很难利用确定性建模方法对任一尺度下的储层特征给出确切真实的预测结果。此时，在确定性模型中就存在不确定性。人们广泛采用随机性建模方法对非均质储层进行不确定性分析。随机性建模就是在随机函数理论方法的指导下，利用多种随机性建模方法对已有资料信息点之间的未知区域给出多种可能的预测结果，建立等概率储层地质模型（吴胜和，2010）。

实际应用中，在有油气地质工作基础的封存层位，如 CO_2-EOR、废弃油气藏封存，通常进行了详细的地质研究，并且在石油、天然气勘探开发过程中，积累了大量的测井、地震、试井资料，可应用确定性建模或随机性建模与确定性建模相结合的建模方法（图 3–9）；而在部分咸水层封存项目，资料掌握程度较低，只能应用随机性建模或概念性模型，其准确度较低。

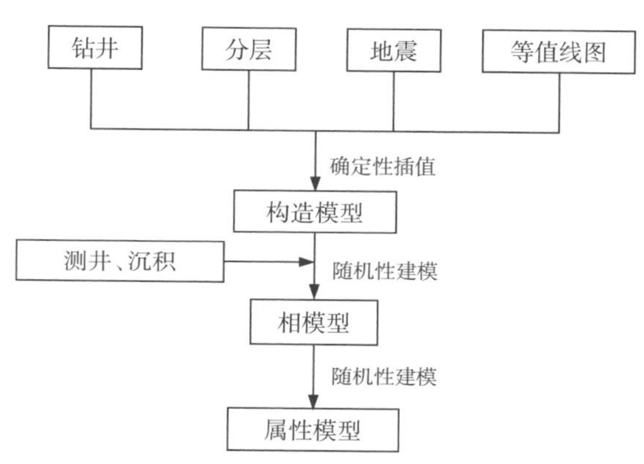

图 3–9 二氧化碳封存地质体三维建模方法（曹默雷，陈建平，2022）

3.4.1.3 三维地质建模流程

1. 数据准备

三维地质建模数据一般包括钻井数据、测井数据、地震数据、生产动态数据及地质研究成果资料。本文三维地质建模所用数据主要包括两类：一类为钻井数据，主要为井名、井口坐标、补心海拔、地层分层数据；另一类为图形数据，主要为前期地质研究所得到的孔隙度、渗透率、含水饱和度、砂体厚度等值线图及沉积相平面图。按照软件的数据格式要求，对井数据进行统一编辑整理，将收集到的平面图形资料数字化，为后续三维地质建模做好数据准备工作。

2. 网格数据及数据离散化

网格设计作为三维地质建模的首要工作，所设计的网格大小是否合理直接关系到后续所建模型的精确程度。通常网格越小，模型精度更高，但后续的模拟计算用时越长，因此在确定网格大小时，应综合考虑研究目的、工区大小、井网密度，兼顾模型精度与模拟运行时间。

在确定网格大小后，在建立的层面模型基础上进行三维网格化，建立封存区三维网格化地层模型。在建立封存区三维网格化地层模型后，利用软件自带的算法对岩性、孔隙度、渗透率、饱和度等数据进行数据离散化，将属性采样到对应的地质网格内。

3. 数据分析

数据分析为三维地质建模的核心，主要对网格化后的地质参数分析其空间相关性。分析数据时应分层分析并遵循“相控”原则，如岩性、孔隙度、渗透率数据应根据选择对应的沉积微相，逐个分析。若不满足正态分布，应通过数据转换或者变差函数进行处理，常见的算法包括正态变换、对数变换和偏移处理等。

3.4.2 二氧化碳地质封存模拟

建立三维地质模型之后,利用商业化数值软件中的相关二氧化碳地质封存模拟模块，可以实现不同尺度的二氧化碳地质封存场址筛选及封存潜力评价、二氧化碳注入后不同封存机理作用下的存储状态和埋存总量、储层内的二氧化碳在不同时间尺度上的迁移及转化特征、二氧化碳地质封存过程的影响因素分析等。

3.4.2.1 数据准备

基础数据通常由实验测试或查阅相关资料获得，如束缚水饱和度、残余油/气饱和度、地层水类型、超临界二氧化碳—水渗流实验、地层水矿化度、岩石压缩系数、基准面深度、基准面压力、平均地层压力、岩石破裂压力、地层温度（通常根据地温梯度求取）等。

3.4.2.2 边界与初始条件设定

1. 边界条件

通常默认模型顶、底为封闭边界，代表封存体被低渗透层盖层封盖。四个侧向边界可根据研究目的及资料掌握情况设定为开放边界和封闭边界。通常在一些概念模型或者资料掌握程度较低的二氧化碳地质封存模型中，将边界概化为开放边界，该边界条件在数值模型中赋予边界网格巨大的体积（可近似认为边界网格体积无限大），这样相对于网格巨大的体积，来自模拟区域内的任何渗流影响均可以近似忽略，所以边界网格单元中的水相和气相组成、热力学条件（温度、压力等）在模拟过程中将始终维持在初始值。在一些资料掌握程度较高的二氧化碳地质封存项目，如 CO_2-EOR、枯竭油气藏封存等，通常根据实际将边界设定为封闭边界，且注气压力不能超过储层破裂压力的 75%。

2. 初始条件

在咸水层封存模型中的孔隙初始全部充满咸水，初始流体满足重力平衡条件。初始水化学条件通过咸水样品实际测试结果，在无实测数据情况下，可参考前人数据，但要注意，原始二氧化碳背景气体的设定要与实测或参考的 pH 值相匹配。例如，进行二氧化碳—水—岩模拟，要求输入矿物与反应动力学数据库中的矿物匹配，因此对于实验方法不能精确定义的初始矿物需进行处理，如将碱性长石以纯的钾长石替代、斜长石概化为奥长石、伊蒙混层和绿蒙混层概化为各占 50%、蒙脱石简化为 50%的钠蒙脱石和 50%的钙蒙脱石。油气藏的初始条件需要根据实际生产数据或测试数据设定。

3.4.2.3 数学模型

二氧化碳地质封存过程中涉及复杂的物理和化学过程，包括但不局限于以下内容：①多相态、多组分的质量、热量传递；②多相态、多组分流体在多孔介质或裂缝的渗流；③矿物的溶解与沉淀。这些过程可以用不同数学计算模型来定量计算，这些数学计算模型及大量相关的热力学、动力学数据内嵌至二氧化碳地质封存模拟模块内，并在模拟过程中被选取进行计算。以下为常用于二氧化碳地质封存模拟模块中的数学模型。

1. 超临界二氧化碳物性

（1）超临界二氧化碳密度。

实际计算过程中，超临界二氧化碳密度通常先求取其体积，再计算其密度，体积由真实气体状态方程求取，应用最多的为 PR 方程：

$$p=\frac{RT}{V-b}-\frac{a(T)}{V(V+b)+b(V-b)} \tag{3-5}$$

$$a(T)=\frac{0.45724R^2T^2}{p_c}\alpha(T) \tag{3-6}$$

$$b=0.0778\left(\frac{RT_c}{p_c}\right) \tag{3-7}$$

$$a(T)=\left[1+(1-\sqrt{\frac{T}{T_c}})(0.3746+1.5423w-0.2699w^2)\right]^2 \tag{3-8}$$

$$\rho=\frac{M_{CO_2}}{V} \tag{3-9}$$

式中，p 表示压力，单位为 Pa；T 表示温度，单位为 K；V 表示体积，单位为 m^{-3}；w 表示偏心因子，取 2.25；R 表示气体摩尔常数，取 8.314 J/（mol · K）；ρ表示密度，单位为 kg · m^{-3}。

（2）超临界二氧化碳黏度。

黏度是衡量超临界二氧化碳渗流过程模拟的重要参数，超临界二氧化碳的黏度十分低，计算超临界二氧化碳的黏度，通常为精度更高的 Fenghour 模型，其公式如下：

$$\eta_0(T)=\frac{1.00697T^{1/2}}{G_\eta^*(T^*)} \tag{3-10}$$

$$\ln G_\eta^*(T^*)=\sum_{i=0}^{4}(a_i\ln T^*) \tag{3-11}$$

$$T^*=kT/\varepsilon \tag{3-12}$$

$$\varepsilon/k=251.196\text{K} \tag{3-13}$$

$$\Delta\mu(\rho,T)=d_{11}\rho+d_{21}\rho^2+\frac{d_{64}\rho^6}{T^{*3}}+d_{81}\rho^8+\frac{d_{82}\rho^8}{T^*} \tag{3-14}$$

式中，μ表示黏度，单位为 Pa · s；T 表示温度，单位为 K；ρ表示密度，单位为 kg · m^{-3}。

（3）超临界二氧化碳溶解度。

在平衡状态下，二氧化碳在水相活度和气相中的逃逸度必须相同，根据质量作用定律：

$$K\Gamma p=\gamma C \tag{3-15}$$

式中，K 表示平衡常数；Γ表示逃逸系数；p 表示气体的偏分压，单位为 bar；γ表示水相二氧化碳的活度系数；C 表示水相二氧化碳的浓度，单位为 mol/kg。

平衡常数在不同温度时取值不同，可通过以下公式求取：

$$\log K=b_1\ln T+b_2+b_3T+\frac{b_4}{T}+\frac{b_5}{T_2} \tag{3-16}$$

式中，T 表示温度，单位为 K。

2. 渗流

超临界二氧化碳在储层的渗流过程应满足质量守恒方程、能量守恒方程和动量守恒方程。

（1）质量守恒方程。

质量守恒方程表达式为

$$\frac{\partial p}{\mathrm{d}t}+\mathrm{div}(\rho v)=0 \tag{3-17}$$

式中，ρ表示密度，单位为 kg · m^{-3}；t 表示流动时间，单位为 s；v 表示流体运动速度矢量，单位为 m/s。

（2）能量守恒方程式。

能量守恒包含流体的动能、内能和势能。为便于数值计算，建立流体动能和温度之间的关系式，这样可以将复杂的能量守恒方程简化为只以温度 T 为变量的内能守恒方程。表达式如下：

$$e=C_pT \tag{3-18}$$

$$\frac{\partial(\rho T)}{\mathrm{d}t}+\mathrm{div}(\rho vT)=\mathrm{div}\left(\frac{k}{C_p}\mathrm{grad}T\right)+S_r \tag{3-19}$$

式中，T 表示温度，单位为 K；k 表示导热系数，单位为 W/（m · K）；C_p 表示定压比热容，单位为 J/（kg · K）；S_r 表示内热源、对外做功以及外界传热能量的代数和。

（3）动量守恒方程。

动量守恒方程表达式为

$$\frac{\partial(\rho u)}{\mathrm{d}t}+\mathrm{div}(\rho u\upsilon)=\mathrm{div}(\mu\mathrm{grad}u)-\frac{\partial p}{\partial x}+S_u \tag{3-20}$$

$$\frac{\partial(\rho v)}{\mathrm{d}t}+\mathrm{div}(\rho v\upsilon)=\mathrm{div}(\mu\mathrm{grad}v)-\frac{\partial p}{\partial y}+S_v \tag{3-21}$$

$$\frac{\partial(\rho w)}{\mathrm{d}t}+\mathrm{div}(\rho w\upsilon)=\mathrm{div}(\mu\mathrm{grad}w)-\frac{\partial p}{\partial z}+S_w \tag{3-22}$$

式中，μ表示黏度，单位为 Pa · s；S_u、S_v、S_w 表示各个方向上的广义源项。

3. 二氧化碳—水—岩反应

超临界二氧化碳注入后，溶解于地层水中，增加了地层水的酸性，溶解储层矿物并与 Ca^{2+}、Mg^{2+}、Fe^{2+}结合形成碳酸盐矿物。尽管这一过程缓慢，在注入阶段几乎可以忽略不计，但在二氧化碳注入结束后，对于提高封存安全性具有重要作用。根据经典的过渡态理论，推导出动力学反应速率表示为

$$rate=A_m \cdot K_m \cdot \left(1-(\frac{Q}{k_m})^{\mu}\right)^{\eta} \tag{3-23}$$

式中，*rate* 表示反应速率；A_m 表示矿物 m 的反应比表面积，单位为 cm^2/g；k_m 表示速率常数，单位为 mol/（L · s）；Q 表示离子活度积，无量纲；K_m 表示矿物 m 在指定温度、压力条件下的平衡常数，无量纲；μ 、η表示实验回归常数，通常情况下设置为 1。

反应速率和水相离子的浓度有关，和温度相关的反应速率常数可以利用 Arrhenius 模型来计算：

$$K_m=K_{25} \cdot \exp\left[\frac{-E_a}{R}\cdot(\frac{1}{T}-\frac{1}{298.5})\right] \tag{3-24}$$

式中，E_a 表示活化能，单位为 kJ/mol；K_{25} 表示矿物在 25℃条件下的反应常数，单位为 mol/（L · s）；R 表示气体常数，单位为 J/（kg · K）；K_m 表示矿物 m 在指定温度、压力条件下的平衡常数，无量纲；T 表示温度，单位为 K。

利用 Arrhenius 模型计算的反应速率常数通常是在仅考虑纯水（中性）情况下，而矿物的溶解和沉淀经常受到酸性机制和碱性机制控制。对于很多矿物，动力速率常数通常包括中性、酸性和碱性机制，表达式如下，式中下标 nu、H、OH 分别代表中性、酸性和碱性机制。

$$K_m = K_{25}^{nu} \cdot \exp\left[\frac{-E_a^{nu}}{R} \cdot \left(\frac{1}{T} - \frac{1}{298.5}\right)\right] + K_{25}^{H} \cdot \exp\left[\frac{-E_a^{H}}{R} \cdot \left(\frac{1}{T} - \frac{1}{298.15}\right)\right] a_H^{n_H} + K_{25}^{OH} \cdot \exp\left[\frac{-E_a^{OH}}{R} \cdot \left(\frac{1}{T} - \frac{1}{298.5}\right)\right] a_{OH}^{n_{OH}} \tag{3-25}$$

3.4.2.4 二氧化碳地质封存模拟

1. 二氧化碳羽流模拟

二氧化碳羽流模拟指通过数值模拟方法，模拟二氧化碳注入后在地层中的分布，通常用于预测二氧化碳注入后分布规律，更好地理解流动驱替过程，掌握二氧化碳注入后在地层中的分布以及预测小尺度（场地级）地层中二氧化碳的最大储量。二氧化碳在咸水层中的流动和分布是一个非常复杂的过程，受到孔隙率、渗透率等基本地层参数及注入温度、压力条件等诸多因素的影响，通过设置虚拟井模拟上述参数的变化来进行二氧化碳羽流模拟。

2. 二氧化碳—水—岩反应

由于二氧化碳—水—岩室内实验的时间尺度较短，无法客观反映二氧化碳—水—岩这一漫长地质反应造成的储层矿物组成变化，CMG、TOUGH 等商业化软件已经添加了相应的二氧化碳—水—岩反应模块。例如 CMG-GEM、TOUGHREACT，可用来模拟不同状态下（初始矿物组成、时间、储层温度、不同注入速率等）储层矿物组成变化，进而分析矿物封存潜力及矿物沉淀与溶解对储层渗流能力的影响。准确的二氧化碳—水—岩反应模拟，需提供储集层原生矿物组成及其体积分数、水文地质参数（储层物性、储集层初始水化学组分浓度）。

3. 二氧化碳注入模拟

二氧化碳注入模拟主要用于确定合理的注入方案，包括不同井型（直井、水平井）、井间距、注入速度、注入压力、超临界二氧化碳纯度等条件对于注入后二氧化碳羽流及最终注入量的影响。

4. 二氧化碳地质封存机理研究

二氧化碳地质封存机理指以数值模拟手段，研究二氧化碳在不同多孔介质（孔隙、裂缝）中的渗流运移规律、溶质迁移规律、传热过程、矿物封存特征及潜力。

3.5　二氧化碳地质封存潜力评价

3.5.1 潜力级别划分

由于在不同勘查和注入阶段，潜力评价的对象及需要考虑的工程、技术、经济等因素存在差异，需要明确不同阶段的二氧化碳封存潜力级别，可划分为地质潜力、技术容量、技术经济容量和工程封存量四种类别（刁玉杰等，2022）。

3.5.1.1 地质潜力

地质潜力是不考虑技术、经济等因素影响的储层静态理论封存能力，包括预测地质潜力、控制地质潜力和探明地质潜力三类。

1. 预测地质潜力

通过咸水层二氧化碳地质封存普查，或已有勘查程度和地质资料满足普查阶段的基础上，针对沉积盆地有利封存远景区或其内部地质单元，假定储层中的孔隙空间能够最大限度地被二氧化碳充填，估算得到的理论封存量。

2. 控制地质潜力

通过咸水层二氧化碳地质封存预探，或已有勘查程度和地质资料满足预探阶段的基础上，针对有利靶区或其内部地质单元，假定储层中的孔隙空间能够最大限度地被二氧化碳充填，估算得到的理论封存量。

3. 探明地质潜力

通过咸水层二氧化碳地质封存详探，或已有勘查程度和地质资料满足详探阶段的基础上，针对有利场地或其内部地质单元，假定储层中的孔隙空间能够最大限度地被二氧化碳充填，估算得到的理论封存量。

3.5.1.2 技术容量

技术容量是考虑注入方案、技术水平等因素控制的有效封存能力，包括预测技术容量、控制技术容量和探明技术容量三类。

1. 预测技术容量

基于预测地质潜力，在设定的技术条件下，通过进一步计算得到的封存容量。

2. 控制技术容量

基于控制地质潜力，在设定的技术条件下，通过进一步计算得到的封存容量。

3. 探明技术容量

基于探明地质潜力，在设定的技术条件下，通过进一步计算得到的封存容量。

3.5.1.3 技术经济容量

技术经济容量是源汇匹配情形下，考虑二氧化碳输送和封存成本及政策驱动条件等因素，企业可以接受的成本范围内的封存能力，包括控制技术经济容量和探明技术经济容量两类。

1. 控制技术经济容量

考虑源汇匹配，基于控制技术容量，结合当前的经济（如捕集、运输、钻井、注入等）、政策驱动条件（如碳税、碳交易或碳收益等）计算得到的成本可接受的封存容量。

2. 探明技术经济容量

考虑源汇匹配，基于探明技术容量，结合当前的经济（如钻井、管材等）、政策驱动条件（如碳税、碳交易或碳收益等）计算得到的成本可接受的封存容量。

3.5.1.4 工程封存量

工程封存量是针对实际封存工程，包括设计封存量和实际封存量。

1. 设计封存量

在综合考虑探明地质潜力、探明技术容量、探明技术经济容量的基础上，结合工程实际，确定的成水层二氧化碳地质封存示范或商业工程规划设计的二氧化碳注入量。

2. 实际封存量

封存工程实际注入并封存于咸水储层中的二氧化碳量。

3.5.2 封存量计算公式

3.5.2.1 物质平衡封存量计算法

物质平衡封存量计算法主要应用于油气藏和不可采煤层的二氧化碳封存量计算。其理论建立在“油气或煤层气开采所让出的空间被等量二氧化碳占据”的理想假设之上，只关注理论存储体积，不考虑二氧化碳溶解等捕获机制。该方法主要通过将可采油气资源量换算为储层原位条件下的空间体积，利用储层条件下的二氧化碳密度进一步换算为潜力封存量（刘廷等，2021）。

1. 油气藏二氧化碳封存量计算

油气藏二氧化碳封存量计算的第一基本理想假设为先前采出的油气所占有的空间，可最大限度地被用于二氧化碳封存。这种基本假设通常在以下油藏条件下成立：未与其他水体存在强水动力接触，避免采出石油后，在水动力作用下，地层水侵入孔隙空间；在二次采油或三次采油过程中未被水淹。第二基本理想假设为二氧化碳可以被注入压力恢复至原始状态。基于物质平衡计算理论，碳封存领导人论坛提出的油藏的潜力封存量计算公式为

$$M_{co_2t}=\rho_{co_2r}\times[R_f\times \mathrm{OOIP}/B_f-V_{iw}+V_{pw}] \tag{3-26}$$

根据储层几何形状参数（面积和厚度）改进的油藏中二氧化碳潜力封存量计算公式为

$$M_{co_2t}=\rho_{co_2r}\times[R_f\times A\times h\times\phi\times(1-S_w)-V_{iw}+V_{pw}] \tag{3-27}$$

基于物质平衡计算理论，碳封存领导人论坛提出的气藏的潜力封存量计算公式为

$$M_{co_2t}=\rho_{co_2r}\times R_f\times(1-F_{IG})\times \mathrm{OGIP}\times\left[\frac{p_s\times Z_r\times T_r}{p_r\times Z_s\times T_s}\right] \tag{3-28}$$

上述式中，M_{co_2t} 表示二氧化碳潜力封存量，单位为 kg；ρ_{co_2r} 表示地层条件下二氧化碳的密度，单位为 $kg\cdot m^{-3}$；R_f 表示采收率，无量纲；OGIP 表示原始天然气地质储量，单位为 m^3；OOIP 表示原始石油地质储量，单位为 m^3；B_f 表示地层体积因子（单位质量原油标准条件下体积与地层原位条件下体积之比）；V_{iw} 表示注入水的量，单位为 m^3；V_{pw} 表示产出水的量，单位为 m^3；A 表示油藏面积，单位为 m^2；h 表示油气藏平均厚度，单位为 m；ϕ表示平均孔隙度，单位为%；S_w 表示储层平均含水饱和度，单位为%；$1-S_w$ 表示含油气饱和度，单位为%；F_{IG} 表示井口采收二氧化碳的气体占比，单位为%；p 表示压力，单位为 MPa；T 表示温度，单位为 K；Z 表示气体压缩因子；r 表示油藏条件；s 表示地表条件。

2. 不可采煤层二氧化碳封存量计算

物质平衡法计算不可采煤层封存量的首要假定是煤层中的煤层气可以完全被二氧化碳解吸置换，其计算公式为

$$M_{co_2t}=\rho_{co_2s}\times A\times h\times\tilde{n}_c\times G_c\times(1-f_a-f_m) \tag{3-29}$$

式中，M_{co_2t} 表示二氧化碳潜力封存量，单位为 kg；ρ_{co_2s} 表示标准状况下二氧化碳的密度，通常为 1.873 $kg\cdot m^{-3}$；A 表示煤层面积，单位为 m^2；h 表示煤层厚度，单位为 m；$\tilde{n}_c$ 表示煤层密度，单位为 $kg\cdot m^{-3}$；f_a 表示煤中灰分的质量分数，单位为%；f_m 表示煤中水分的质量分数，单位为%。

其中，G_c 为每单位质量煤炭所含煤层气的体积，可根据朗格缪尔吸附等温式来计算：

$$G_c = V_L \times \frac{p}{p+p_L} \tag{3-30}$$

式中，V_L 表示朗格缪尔体积，单位为 m^3/t；p_L 表示朗格缪尔压力，单位为 MPa；p 表示地层压力。

3.5.2.2 有效容积封存量计算法

有效容积封存量计算法基于地质体有效储集空间的概念，其方法原理为计算有效储集空间，包括构造储集空间和束缚储集空间，利用有效储集空间与储层条件下的二氧化碳密度计算得到二氧化碳有效封存量。该方法可应用于油气藏、不可采煤层和咸水层的二氧化碳潜力封存量计算。

1. 油气藏二氧化碳潜力封存量计算

美国能源部提出了于油气藏孔隙体积结合存储效率因子的计算方法，公式为

$$M_{co_2t} = \rho_{co_2r} \times A \times h \times \phi \times (1-S_W) \times B \times E \tag{3-31}$$

式中，M_{co_2t} 表示二氧化碳潜力封存量，单位为 kg；ρ_{co_2r} 表示地层条件下二氧化碳的密度，单位为 $kg \cdot m^{-3}$；A 表示油气藏面积，单位为 m^2；h 表示油气藏有效厚度，单位为 m；ϕ表示平均孔隙度，单位为%；S_W 表示含水饱和度，单位为%；B 表示体积系数（单位质量的油气在油气藏压力下的体积与其在标准大气压下的体积之比）；E 表示存储效率因子，无量纲。

2. 不可采煤层二氧化碳潜力封存量计算

对于不可采煤层，有效容积与煤层特有的吸附机制密切相关。美国能源部方法是利用极限吸附空间作为有效容积，提出了不可开采煤层二氧化碳潜力封存量的计算方法，公式为

$$M_{co_2t} = \rho_{co_2r} \times A \times h \times E \tag{3-32}$$

式中，M_{co_2t} 表示二氧化碳潜力封存量，单位为 kg；ρ_{co_2r} 表示地层条件下二氧化碳的密度，单位为 $kg \cdot m^{-3}$；A 表示煤层面积，单位为 m^2；h 表示单位体积原煤最大吸附的二氧化碳在标准条件下的体积，单位为 m^3；E 表示存储效率因子，无量纲。

3. 咸水层二氧化碳潜力封存量计算

（1）美国能源部方法。

美国能源部基于容积法理论提出了咸水层二氧化碳地质封存计算方法，对咸水层的边界条件进行了界定，假定储层为开放边界系统，在二氧化碳注入后，会将评价单元中的地下水驱替到周边水文地质单元，并且不会导致边界地层流体压力大幅升高，从而实现二氧化碳地质封存。计算公式为

$$M_{co_2t}=A\times h\times \phi\times \rho_{co_2r}\times E \quad (3-33)$$

式中，M_{co_2t} 表示二氧化碳潜力封存量，单位为 kg；A 表示咸水层面积，单位为 m^2；h 表示咸水层储层平均有效厚度，单位为 m；ϕ表示平均孔隙度，单位为%；ρ_{co_2r} 表示地层条件下二氧化碳的密度，单位为 $kg\cdot m^{-3}$；E 表示存储效率因子，无量纲。

（2）碳封存领导人论坛法。

碳封存领导人论坛也提出基于在构造地层圈闭及水动力圈闭下，二氧化碳被捕获封存在咸水层中的潜力，同样用于开放的水文地质边界，其理论封存体积计算公式为

$$V_{co_2t}=V_{trap}\times \phi\times (1-S_{wirr})\equiv A\times h\times \phi\times (1-S_{wirr}) \quad (3-34)$$

式中，V_{co_2t} 表示二氧化碳理论封存体积，单位为 m^3；V_{trap} 表示圈闭体积，单位为 m^3；ϕ 表示平均孔隙度，单位为%；S_{wirr} 表示束缚水饱和度，单位为%；A 表示圈闭面积，单位为 m^2；h 表示圈闭平均厚度，单位为 m。

其有效封存体积计算公式为

$$V_{co_2e}=C_c\times V_{co_2t} \quad (3-35)$$

式中，V_{co_2e} 表示二氧化碳有效封存体积，单位为 m^3；C_c 表示封存效率系数，无量纲；V_{co_2t} 表示二氧化碳理论封存体积，单位为 m^3。

封存效率系数主要与圈闭非均质性、二氧化碳浮力及波及系数有关。

由于二氧化碳密度随着压力变化而变化，计算有效封存量相对于有效封存体积更为困难，但最大压力通常低于储层破裂压力或毛管突破压力，最小压力为初始注入时的咸水层压力，因此有效封存量位于这两种压力状态下封存量之间，可用如下公式表示：

$$\min M_{co_2e}=\rho_{co_2}(p_i,\ T)\times V_{co_2e}\leqslant M_{co_2e}\leqslant \max M_{co_2e}=\rho_{co_2}(p\max,\ T)\times V_{co_2e} \quad (3-36)$$

式中，T 表示圈闭平均温度，单位为 K；V_{co_2e} 表示二氧化碳有效封存体积，单位为 m^3。

3.5.2.3 束缚气机制封存量计算法

束缚气机制是由于毛细管力滞留产生的封存，与储层的孔隙结构及贾敏效应有关，其封存量计算公式如下：

$$M_{co_2t}=\Delta V_{trap}\times \phi\times S_{co_2}\times \rho_{co_2} \quad (3-37)$$

式中，M_{co_2t} 表示二氧化碳咸水层中束缚气捕获的潜力封存量，单位为 kg；ΔV_{trap} 表示原来被水饱和而后被二氧化碳侵入的体积，单位为 m^3；ϕ表示孔隙度，单位为%；S_{co_2} 表示二氧化碳占地层水中的质量分数，单位为%；ρ_{co_2} 表示地层水的密度，单位为 $kg\cdot m^{-3}$。

3.5.2.4 溶解机制封存量计算法

溶解封存是一个连续并与时间相关的过程，被认为是在数百年内最有效的二氧化碳

封存方式，因此评估溶解封存量必须限定于某一特定时间段或者多个时间段，公式如下：

$$M_{CO_2t}=\iiint\phi(\rho_S X_S^{CO_2}-\rho_O X_O^{CO_2})\mathrm{d}x\mathrm{d}y\mathrm{d}z \tag{3-38}$$

式中，M_{CO_2t} 表示二氧化碳咸水层中溶解捕获的潜力封存量，单位为 kg；ϕ表示孔隙度，单位为%；ρ表示地层水的密度，单位为 kg · m^{-3}；o 和 s 分别代表初始和二氧化碳饱和地层水；$X_S^{CO_2}$表示二氧化碳占地层水中的质量分数，单位为%。

在采用平均面积、厚度及孔隙度的情况下，该公式可以简化为

$$M_{CO_2t}=A\times h\times\phi(\rho_S X_S^{CO_2}-\rho_i X_O^{CO_2}) \tag{3-39}$$

式中，M_{CO_2t} 表示二氧化碳咸水层中溶解捕获的潜力封存量，单位为 kg；A 表示咸水层面积，单位为 m^2；h 表示咸水层平均厚度，单位为 m；ϕ表示平均孔隙度，单位为%；ρ_S 表示地层水被二氧化碳饱和时的平均密度，单位为 kg · m^{-3}；$X_S^{CO_2}$表示地层水溶解二氧化碳并达到饱和时，二氧化碳占地层水中的平均质量分数，单位为%；$X_O^{CO_2}$表示原始二氧化碳在地层水中的平均质量分数，无量纲。

咸水层溶解有效封存量，可以通过乘以有效系数来确定，有效系数代表了影响二氧化碳扩散和溶解的所有因素对封存量的影响。由于二氧化碳溶解具有强的时间相关性，因为可以通过数值模拟来评估有效系数的函数表达式或具体值。溶解有效封存量的计算公式如下：

$$M_{CO_2e}=A\times M_{CO_2t} \tag{3-40}$$

式中，M_{CO_2e} 表示二氧化碳有效封存量，单位为 kg；A 表示有效封存系数；M_{CO_2t} 表示二氧化碳理论封存量，单位为 kg。

3.5.2.5 潜力计算方法

根据咸水层二氧化碳地质封存过程中，物理捕获机理占主要作用，控制着溶解捕获和矿化捕获的作用范围（刁玉杰等，2021），束缚空间封存、溶解封存以及矿化封存的特点为封存过程缓慢，尺度通常为数百年到数千年，在二氧化碳封存项目运行过程中，对二氧化碳封存量的贡献几乎可以忽略不计，但上述三种封存机制随时间推移可将游离态二氧化碳转化为非游离态，对于提高二氧化碳地质封存的安全性起着至关重要的作用。

理论上，二氧化碳总的埋存潜力应该是四种埋存量之和，即

$$M_{\text{游离气}}+M_{\text{束缚气}}+M_{\text{溶解气}}+M_{\text{矿物封存}}=M_{\text{总}} \tag{3-41}$$

在实际埋存过程中，由于水动力作用，游离气在长时间内可认为完全溶解在盐水中，游离气埋存转化为溶解埋存。矿物埋存的发生需要较长时间，矿物反应速度小于二氧化碳溶解速度，而且矿物埋存是在溶解埋存的基础上发生的，长时间内可认为溶解圈闭包

含了矿物埋存。这样，在实际计算时，盐水层埋存潜力可认为只由残余气圈闭和溶解圈闭两部分构成，即：

$$M_{游离气}+M_{束缚气}=M_{总} \tag{3-42}$$

针对一个目标区，收集面积、厚度、孔隙度等基础数据以及二氧化碳密度、残余气饱和度、溶解度、上覆盖层突破压力等实验数据，就能对目标区最大的理论埋存潜力进行评估（刁玉杰等，2017）。

3.5.3 全球及中国二氧化碳地质封存潜力

3.5.3.1 全球二氧化碳地质封存潜力

澳大利亚全球碳捕集与封存研究院（Global CCS Institute，GCCSI）根据美国石油工程师协会的二氧化碳封存资源管理系统（CO_2 Storage Resources Management System，CO_2-SRMS）的数据及公开发表文献，统计了全球 27 个国家的二氧化碳地质封存潜力（仅包括废弃油藏和咸水层封存，不包括 CO_2-EOR 及不可采煤层），统计结果表明全球二氧化碳年封存量为 0.43×10^8 t；正在封存或将要封存的具有商业潜力的二氧化碳封存量为 2.11×10^8 t；因为政策、法规或经济因素尚未开展封存工程，但具有潜在商业价值的二氧化碳封存量为 5770×10^8 t；潜在封存量，即不考虑政策、法规或经济因素的二氧化碳封存量为 13370×10^8 t。不同国家封存潜力情况如图 3-10 所示，其中，已经运行的封存项目及已经评估的二氧化碳封存资源中，以咸水层封存为主。

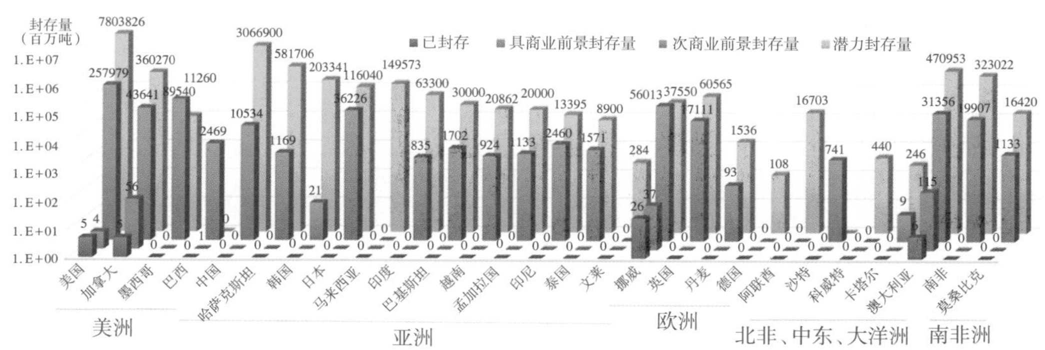

图 3-10　全球 27 个国家的二氧化碳地质封存潜力（Global CCS Institute，2022）

3.5.3.2 中国二氧化碳地质封存潜力

李琦等（2013）将我国 25 个主要沉积盆地划分为三种类型含水系统，采用二氧化碳地质封存联合深部咸水开采技术，分别建立模型后计算得到二氧化碳地质封存量为

119.20×10^9 t；李小春等（2006）计算了我国 24 个主要沉积盆地的深部咸水层理论二氧化碳地质封存量，结果显示可封存量为 143.5×10^9 t（表 3-14）。刘延峰等（2005）综合二氧化碳 ECBM 技术和我国各煤阶的煤层气开采系数以及 CO_2/CH_4 体积置换比得到了我国主要含煤盆地二氧化碳地质封存潜力，认为我国煤层二氧化碳地质封存量约为 120.78×10^8 t。Li et al（2009）从宏观尺度对中国 45 个含煤盆地深部不可采煤层二氧化碳 ECBM 的二氧化碳地质封存量进行了评价，认为我国 45 个主要含煤盆地的二氧化碳地质封存量约为 120×10^8 t。

表 3-14 中国主要沉积盆地咸水层二氧化碳地质封存潜力评价

盆地	CO_2 地质封存量（10^9 t）	盆地	CO_2 地质封存量（10^9 t）
塔里木盆地	446.88	塔里木盆地	248.45
东海盆地	126.00	珠江口盆地	237.12
柴达木盆地	104.83	东海盆地	185.04
四川盆地	90.72	渤海湾盆地	161.47
珠江口盆地	71.00	柴达木盆地	109.36
渤海湾盆地	65.52	鄂尔多斯盆地	73.17
南黄海盆地	49.25	四川盆地	64.07
准噶尔盆地	44.36	台湾西侧盆地	59.45
鄂尔多斯盆地	43.31	准噶尔盆地	46.88
台西南盆地	21.42	松辽盆地	44.43
松辽盆地	20.75	南黄海盆地	36.63
苏北盆地	16.91	北部湾盆地	29.81
吐哈盆地	15.42	河淮盆地	28.15
台西盆地	15.12	莺歌海盆地	22.06
二连盆地	11.47	吐哈盆地	13.42
北部湾盆地	11.25	江汉盆地	8.00
江汉盆地	9.53	苏北盆地	7.30
海拉尔盆地	6.70	洞庭盆地	4.39
酒泉、民乐诸盆地	5.59	涠州岛盆地	3.85
南襄盆地	5.36	琼东盆地	3.70
洞庭盆地	5.04	台湾西部盆地	3.54

续表

盆地	CO_2 地质封存量（10^9 t）	盆地	CO_2 地质封存量（10^9 t）
洞庭盆地	5.04	台湾西部盆地	3.54
北黄海盆地	4.41	南襄盆地	3.54
沁水、临汾诸盆地	1.13	北黄海盆地	3.46
		海拉尔盆地	1.50
李琦等，2013		李小春等，2006	

3.6　二氧化碳地质封存选址

二氧化碳地质封存选址的目的为评估最大可能性的封存区域，并排除不可取的封存区域。选址应遵循适宜性、安全性和经济性原则。二氧化碳封存选址应包含地下地质选址、地面选址、社会与经济评价三个内容，因此可能存在地下适宜封存，而地面不适宜封存，或同一地点，地下发育多个适宜封存的地质体。通常根据不同勘查阶段，可分为以盆地或二级构造为对象的封存远景区选址和围绕固定碳排放源的具体封存项目场址选址。

3.6.1 封存远景区选址

通常只有沉积盆地才存在适用于二氧化碳封存的地质体，包括油气藏、咸水层、盐构造等；此外，也仅有上述介质具有二氧化碳封存空间（孔隙度）和注入能力（渗透率）；而造山带区或火山发育区断裂发育、多为结晶岩，没有孔隙性和渗透性。与此同时，由于化石能源形成、开发于沉积盆地，基于运输的经济性，火电产业、煤化工产业、炼油产业等重要二氧化碳源也通常位于沉积盆地内，然而不同沉积盆地或二级构造带的特征不同，其二氧化碳封存前景也不同。

3.6.1.1 远景区封存选址依据

1. 构造背景

位于稳定板块内部的前陆盆地、陆内裂谷盆地、陆内坳陷盆地不易遭受火山、断裂和地震活动的影响，有利于二氧化碳地质封存安全性。通常离散型盆地二氧化碳地质封存安全性要高于聚敛型盆地，前者如前渊盆地、被动陆缘盆地，其稳定且不发生大型的自然灾害；后者如弧前盆地、弧后盆地，这些盆地通常是由板块碰撞或俯冲形成，容易遭受火山、断裂和地震活动的影响。

2. 储盖组合

由于二氧化碳注入后，在浮力作用下向上运移，因此沉积盆地内不仅要存在封存空间即储层，也要在储层之上存在能遮挡二氧化碳继续向上运移的盖层。要求储盖组合分布连续，并不被断层切割；如存在多套储盖组合，则有利于优化封存工程。通常在沉积盆地内赋存油气藏，则表明存在良好的储盖组合。

3. 盆地规模

通常盆地规模越大，储层及盖层的规模也就越大，也就越有利于二氧化碳地质封存；同时盆地规模越大，选址时可远离现有的地下资源开发区或潜在的资源区，避免注入后二氧化碳对油气藏、煤层的污染。

4. 封存深度

封存深度主要与二氧化碳的相态、密度及工程、经济因素相关。二氧化碳地质封存要求以超临界态封存，超临界态要求拟封存温度超过 31.1℃、压力超过 7.37 MPa，只有在一定埋深才能达到该条件，通常为 800 m 或 1000 m 以下。由于不同盆地地表温度、地温梯度、压力梯度存在差异，具体深度需具体分析。封存深度越深，地层压力越高，二氧化碳密度也越大，相同孔隙空间可封存的二氧化碳量也越多。但深度越大，地层压力也越高，要求注入压力也越高；同时深度越大，工程成本也越高。

5. 断层、断裂和地震

通常封存要求有限的断层和裂缝，断层、裂缝对盖层密闭性无影响；先前存在的封闭性断层或断裂，不会因二氧化碳注入而导致断层和断裂的活化或开启。地震带及塌陷地震区通常被认为不适用于封存，同时要求不会因二氧化碳注入而导致新的地震产生。

6. 水文地质特征

以咸水层为封存目标时，要求咸水层盐度适中。低盐度的咸水层将来可能会用于工农业生产或人类使用；高盐度的咸水层将来可能会用于矿产开发。同时，大规模的封存要求足量的咸水资源，地层水动力整体起到封堵作用。

7. 地温梯度/压力系数

地温梯度及压力系数类似于封存深度，主要对二氧化碳相态及密度产生影响。二氧化碳密度随温度升高而减小，随压力升高而增大；高密度的封存有利于提高封存效率，同时减小二氧化碳注入后的浮力，提高封存安全性。因此，低地温梯度、高压力梯度的盆地适宜二氧化碳地质封存。同时应关注因烃源岩生烃增压、泥岩欠压实及构造挤压等造成的异常压力对二氧化碳密度和相态的影响。

8. 油气潜力及勘探成熟度

高油气潜力及高勘探成熟度盆地相对于低油气潜力及勘探成熟度较低的盆地而言，盆地内潜在封存空间较大，且利用 CO_2-EOR 技术的潜力更大。高油气潜力也意味着对地下地质情况及矿产资源情况更为了解，同时积累了大量的钻井、岩心资料，可以为二氧化碳地质封存提供大量基础数据，同时高勘探成熟度盆地的枯竭油气藏封存潜力也远大于勘探成熟度较低的盆地。另外，高勘探成熟度盆地，出于油气开发的需要，管网和道路等基础设施更为成熟。

9. 陆上盆地/海上盆地

通常海上盆地无论油气勘探开发程度如何，其基础设施建设成本要远远高于陆上盆地，且由于海底地表温度较低，为达到超临界状态所需的温度的深度较大，钻探成本较高。

10. 气候

气候主要与基础设施建设难度及地表温度有关。极地、亚极地、沙漠环境人口稀少，基础设施建设不及热带或温带，而热带环境地表温度较高，同等条件下，热带环境超临界二氧化碳密度更低。

11. 基础设施

基础设施（道路、管道等）主要与该盆地所在地区国家的发展程度、人口聚集程度和油气勘探程度有关，好的基础设施建设有利于降低二氧化碳地质封存成本。

12. 二氧化碳排放源

二氧化碳排放源丰富有利于科学地规划二氧化碳捕集、运输和地质封存设施，同时丰富的二氧化碳排放源也代表该盆地内工业化程度高，碳减排需求与封存意愿更高。

3.6.1.2 远景区封存选址评价体系

上述封存选址依据可以分为决定性指标、必要指标和理想指标三类。前两类属于排除性指标，不满足这两类指标的盆地和区域将被视为不适合进行封存；第三类指标则是非排除性指标，不满足这类指标只在一定程度上削弱区域的封存适宜性（表 3-15）。

1. 决定性指标

决定性指标包括盆地深度、储盖组合和地层层序与压力状态三个指标，是为了保证封存安全性必须满足的指标，而且缺一不可。此外，合法性作为一项政策指标也是排除性的，但不同的是该指标不取决于盆地自身的条件，而是可能随时间而改变的。

2. 必要指标

必要指标包括地震活动（地质背景）、断裂密度、水文条件和盆地表面积四个指标，某些盆地或区域可能无法满足这些指标中的一个，需要针对具体条件具体分析，当两个以上指标无法满足时认为该盆地或区域不适合进行封存。

3. 理想指标

理想指标包括褶皱带、强变质作用、地热状态和蒸发岩四个指标，属于盆地的一般封存条件指标；油气资源潜力、勘探成熟度、煤层、煤级、煤层开发经济性等五个指标反映盆地内是否存在除咸水层外的其他封存介质；海陆分布、气候、可及性和基础条件四个指标反映了开展封存的经济性，适宜距离内的二氧化碳源同样可以反映封存是否存在经济性，但可能随着经济和技术的发展而变化，而且当强调地区或国家的封存资源时，该指标可以不考虑。以上指标均非排除性指标，可用来评价一个盆地适合封存的程度。但当过多的指标无法满足时，则需要慎重考虑是否有必要在这些区域开展封存。

表 3-15　盆地级二氧化碳地质封存适宜性评价指标体系

类型	序号	指标	不利情况	有利情况
决定性指标	1	深度	＜1000 m	＞1000 m，封存体＞800 m
	2	储盖组合	差、不连续、被切割	中等到良好、多套组合
	3	压力状态	超压	静压或次静压
	4	合法性	禁止	可行
必要指标	5	地震活动性/盆地类型	强/俯冲带、同裂谷或走滑	中到弱/前陆、被动陆缘或克拉通盆地
	6	断裂密度	密集	中等到稀疏
	7	水文条件	短流系	中等至区域性流系
	8	表面积	＜2500 m^2	＞2500 m^2
理想指标	9	位于褶皱带	是	否
	10	强变质带	存在	稀少
	11	地热条件	热，梯度≥40℃/km	温或冷，梯度＜40℃/km
	12	蒸发岩	缺少	岩丘或岩层
	13	油气潜力	少量	丰富
	14	成熟度	不成熟	成熟
	15	煤层发育	缺少、埋藏很浅或很深	中等深度
	16	煤层品位	无烟煤或褐煤	次烟煤或烟煤
	17	煤层价值	经济	不经济
	18	海陆位置	深海	浅海或陆地

续表

类型	序号	指标	不利情况	有利情况
理想指标	19	气候条件	恶劣	良好
	20	可及性	困难	容易
	21	基础设施	缺少	丰富
	22	二氧化碳排放源	缺少	存在

资料来源：IEAGHG, 2009 年有修改。

3.6.2 固定碳排放源选址

3.6.2.1 固定碳排放源选址流程

固定碳排放源选址流程要求能快速地对固定碳排放源一定范围内的备选区域进行筛选。按照美国能源部提出的场地筛选流程图，可主要分为地质、场地和社会经济三个方面，将满足条件的潜在封存区进行排序并进行进一步评价，将不满足条件的予以排除，再进行下一个潜在封存区域的分析（图 3-11）。

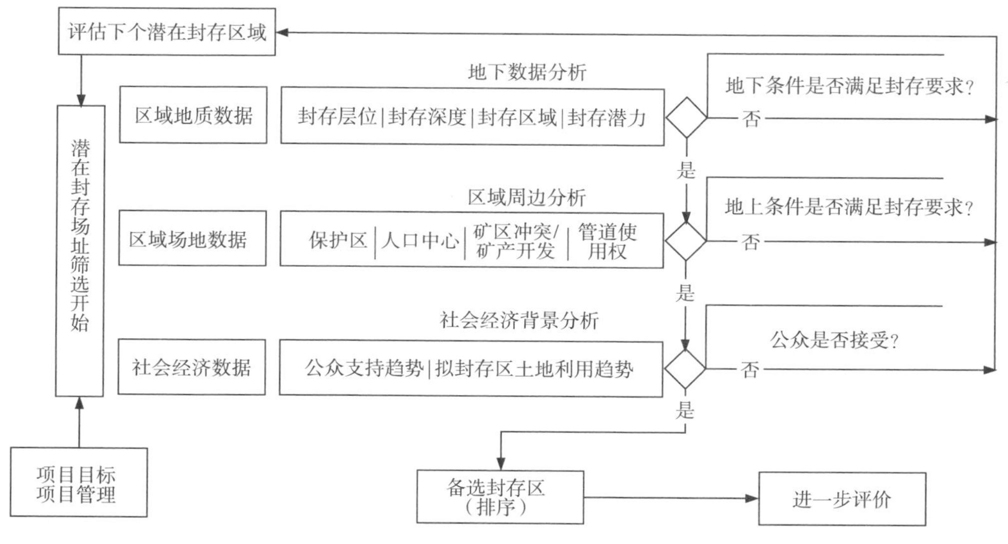

图 3-11 场地筛选流程图

3.6.2.2 固定碳排放源选址参数

固定碳排放源选址通常为拟注入的选址，由于考虑到二氧化碳运输成本或管道建设成本，通常距固定碳排放源较近。因此，备选区域从地质上而言，通常位于同一盆地或二级构造带、同一套储盖组合，不同备选区域宏观地质特征差别较小；同时经济发展水平、公众接受程度也相同。但由于固定碳排放源选址以注入为目的，因此必须考虑注入量应大于或接近捕获量，项目也应具有经济性（表 3-16）。因此，除考虑盆地级的选址因素之外，还需考虑以下因素。

1. 封存深度

封存深度必须根据钻探测量实际地层压力和温度后确定，要求储层温度超过 31.1℃、压力超过 7.37 MPa，能够满足二氧化碳注入后达到超临界态。同时避免二氧化碳注入后，因浮力向上运移导致温度和压力降低，导致二氧化碳转化为非超临界态，密度变小，浮力更大。通常要求封存深度大于 800 m 或 1000 m。

2. 储层特征

封存储层一般要求具有实测岩性、孔隙度、渗透率数据作为参考，岩性必须要求为碎屑岩或碳酸盐等岩性，具有孔隙性和可注入性，通常认为储层平均孔隙度一般不小于 5%，平均渗透率一般不小于 1 mD。

3. 盖层特征

盖层岩石类型应为膏岩、泥岩、粉砂岩等非渗透性岩性，为分布连续、稳定的区域性地层，能够全面覆盖二氧化碳羽流的范围。储层上部紧邻直接盖层厚度一般不小于 20 m，累计厚度不小于 200 m，上覆地层累计厚度不小于 800 m。

4. 安全性特征

应全面评估断裂、断层及天然地震的风险及注入后二氧化碳诱发断裂、断层的风险。参考《工程场地地质安全性评价》（GB 17741—2005）对 I 级场地地震安全性评价工作近场区范围应外延至半径 25 m 范围的规定，建议注入井应大于活动断裂 25 km。参考《中国地震动参数区划图》（GB 18306—2015），建议储层区域地震动峰值加速度不大于 0.15 g。

5. 资源开发冲突

应充分搜集评价区煤炭、石油、天然气等深部矿产资源勘探开发资料，避免二氧化碳地质封存对油气藏、煤层、卤水层的污染。

6. 封存量

封存量应满足项目设计要求，同时要求项目运行期间，日注入量在合理的注入压力区间内达到或超过捕集量，并且在该注入速度下，注入压力应合理地升高。

7. 经济性评价

结合综合项目投资、二氧化碳输送和封存成本、技术水平及政策驱动等因素，综合评价选址的经济性。

8. 注入后风险评估

应通过数值模拟、实地调查等方法，确定注入后是否会对备选地区造成地表形态变化，同时评估如发生泄漏、不同泄漏速度（量）对地表生态、气候、大气的影响。

表 3-16　固定碳排放源二氧化碳地质封存选址评价指标体系

评价参数			好	中	差	非
封存深度（m）			＞1500	1500～800	800～1000	＜800
地温梯度			低	中	高	/
压力系数			高	中	低	
储层	砂岩	孔隙度（%）	＞25	15～25	5～15	＜5
		渗透率（mD）	＞500	50～500	1～50	＜1
		岩石类型	成分成熟度相对高的砂岩矿物捕获潜力，低于成分成熟度相对低的砂岩			
	碳酸盐岩	孔隙度（%）	＞20	12～20	5～12	＜5
		渗透率（mD）	＞100	10～100	1～10	＜1
	煤层	煤阶	无烟煤	瘦煤	长焰煤	/
	储层厚度（m）		＞100	10～100	1～10	＜1
	储层非均质性		储层非均质性越强，储层预测难度越大，可注入性越差			
盖层	岩性		膏盐岩类	泥岩、页岩	粉砂岩	近似储层岩性
	厚度（m）		＞300	150～300	＜150	无
	直接上覆盖层厚度（m）		＞50	20～50	＜20	无
	连续性		分布连续	分布基本连续	分布不连续	无法覆盖羽流区
	主力盖层之上的缓冲盖层		多套，质量好	多套，质量一般	一套	/
	塑性		塑性较好	塑性中等	塑性差	/
	突破压力（MPa）		＞15	5～15	＜5	/
	断裂发育		无断裂发育	发育断裂较少且无贯穿性断裂	发育断裂较多且以张性贯穿断裂为主	断层贯穿断层
水文地质条件			盐度在 3.0～50.0 g/L，盐度越高，越有利于二氧化碳溶解；地层水动力整体起到封堵作用			
封存量			高	中	低	低于拟封存量

续表

海陆位置	陆地	浅海	深海	/
是否位于地震带	否	否	否	是
注入后是否诱发断层开启、地震活动	否	否	否	是
活动断裂位置	远	中	近	小于 25 km
二氧化碳源量/距离	丰富/近	中等/中	少量/远	无/极远
是否存在矿权冲突	否	否	否	是
基础设施	优	中	差	无
地面（地质灾害、采矿塌陷区、生态保护区）	否	否	否	是

本章思考题

（1）适宜二氧化碳地质封存的圈闭类型有哪些？不同圈闭类型之间的区别有哪些？

（2）影响盖层封闭能力的因素有哪些？

（3）论述储层物性参数对于二氧化碳地质封存的影响。

（4）介绍一下二氧化碳地质封存建模与模拟的流程及应用范围。

（5）封存潜力评价过程中潜力级别划分的意义是什么？

本章参考文献

［1］全国地震标准化技术委员会. 工程场地地震安全性评价：GB 17741—2005［S］.

［2］曹默雷，陈建平. CO_2 深部咸水层封存选址的地质评价［J］. 地质学报，2022，96（5）：1868-1882.

［3］邓祖佑，王少昌，姜正龙，等. 天然气封盖层的突破压力［J］. 石油与天然气地质，2000，21（2）：136-138.

［4］刁玉杰，刘廷，魏宁，等. 咸水层二氧化碳地质封存潜力分级及评价思路［J］. 中国地质，2022，1-12.http：//kns.cnki.net/kcms/detail/11.1167. P. 20221206.1418.003.html.

［5］刁玉杰，马鑫，李旭峰，等. 咸水层 CO_2 地质封存地下利用空间评估方法研究［J］. 中国地质调查，2021，8（4）：87-91.

［6］高哲荣. 泥质岩盖层质量的测井评价方法［J］. 石油勘探与开发，1996，23（3）：40-43.

［7］蒋有录. 油气藏盖层厚度与所封盖烃柱高度关系问题探讨［J］. 天然气工业，1998，18

（2）：20-23.

［8］李琦，魏亚妮，刘桂臻. 中国沉积盆地深部 CO_2 地质封存联合咸水开采容量评估［J］. 南水北调与水利科技，2013，11（4）：93-96.

［9］李小春，刘延锋，白冰，等. 中国深部咸水含水层 CO_2 储存优先区域选择［J］. 岩石力学与工程学报，2006，25（5）：963-963.

［10］李晓媛，常春，于青春. CO_2 矿化封存条件下玄武岩溶解反应速率模型［J］. 现代地质，2013，27（6）：1477-1483.

［11］林潼，王孝明，张璐，等. 盖层厚度对天然气封闭能力的实验分析［J］. 天然气地球科学，2019，30（3）：322-330.

［12］柳广弟. 石油地质学［M］. 北京：石油工业出版社，2009.

［13］刘延锋，李小春，白冰. 中国 CO_2 煤层储存容量初步评价［J］. 岩石力学与工程学报，2005，24（16）：2947-2952.

［14］罗晓容. 构造应力超压机制的定量分析［J］. 地球物理学报，2004，47（6）：1086-1093.

［15］吕延防，付广，高大岭，等. 油气藏封盖研究［M］. 北京：石油工业出版社，1996.

［16］裘怿楠，薛叔浩. 油气储层评价技术［M］. 北京：石油工业出版社，2001.

［17］王紫剑，唐玄，荆铁亚. 中国年封存量百万吨级 CO_2 地质封存选址策略［J］. 现代地质，2022，36（5）：1414-1431.

［18］桑树勋，刘世奇，王文峰，等. 深部煤层 CO_2 地质储存与煤层气强化开发有效性理论及评价［M］. 北京：科学出版社，2020.

［19］石波，付广，徐明霞. 我国主要含油气盆地盖层封闭特征［J］. 天然气地球科学，1999，10（3）：49-53.

［20］魏宁，刘胜男，李小春，等. CO_2 地质利用与封存的关键技术清单［J］. 洁净煤技术，2022，28（06）：14-25.

［21］吴胜和. 储层表征与建模［M］. 北京：石油工业出版社，2010.

［22］叶航，刘琦，彭勃. 基于二氧化碳驱油技术的碳封存潜力评估研究进展［J］. 洁净煤技术，2021，27（2）：107-116.

［23］于兴河. 油气储层地质学基础［M］. 北京：石油工业出版社，2015.

［24］邹才能，熊波，张国生，等. 碳中和学［M］. 北京：地质出版社，2022.

［25］Bachu S. Comparison Between Methodologies Recommended for Estimation of CO_2 Storage Capacity in Geological Media，Phase III Report［R］. Carbon Sequestration Leadership Forum，2008：1-21.

［26］Barton C，Zoback M，Moos D. Fluid Flow Along Potentially Active Faults in Crystalline Rock［J］. Geology，1995，23：683-686.

［27］CSLF. Estimation of CO_2 Storage Capacity in Geological Media［R］. 2007：1-43.

[28] Gelhar W. Stochastic Subsurface Hydrology from Theory to Applications [J]. Water Resources Research, 1986, 22 (9): 135-145.

[29] Global CCS Institute. CO_2 Storage Resource Catalogue-Cycle 3 Report [R]. 2022: 1-27.

[30] Karsten P, Curt O, George M. TOUGH2 User's Guide, Version 2.0 [Z]. 2012.

[31] Li X, Wei N, Liu Y, et al. CO_2 Point Emission and Geological Storage Capacity in China [J]. Energy Procedia, 2009, 1 (1): 2793-2800.

[32] Richard S. Brittle-failure Controls on Maximum Sustainable Overpressure in Different Tectonic Regimes [J]. AAPG Bulletin, 2003, 87 (6): 901-908.

[33] USDOE. Carbon Sequestration Atlas of United States and Canada [R]. 2007.

[34] Watts L. Theoretical Aspects of Cap-rock and Fault Seals for Single and Two-phase Hydrocarbon Columns [J]. Marine and Petroleum Geology, 1987, 4 (4): 274-307.

[35] Zieglar D L. Hydrocarbon Columns, Buoyancy Pressures, and Seal Efficiency: Comparisons of Oil and Gas Accumulations in California and the Rocky Mountain Area [J]. AAPG Bulletin, 1992, 76 (4): 501-508.

[36] 文冬光，郭建强，张森琦，等. 中国二氧化碳地质储存研究进展 [J]. 中国地质，2014, 41 (5): 1716-1723.

[37] Jiao Z, Ronald C, Surdam, et al. A Feasibility Study of Geological CO_2 Sequestration in the Ordos Basin, China [J]. Energy Procedia. 2011, 4 (3): 5982-5989.

第 4 章　二氧化碳地质封存地球物理监测

二氧化碳地质封存过程中，地球物理监测技术是监测二氧化碳分布范围、二氧化碳注入量与封存量是否一致的关键技术。地球物理监测技术包括四维地震技术、四维 VSP 技术、重力、磁法、电法等技术。本章介绍应用最为广泛的四维地震监测技术。

地震波在传播过程中，会受到传播介质的物理性质和环境条件（如温度、压力等）的影响。此外，波的传播也会受到孔隙中流体的影响。因此，在二氧化碳地质封存过程中，四维地震是观测、监测与证实二氧化碳地质封存安全性以及封存量的一项关键技术。

4.1　二氧化碳地质封存地球物理监测技术简介

4.1.1 重力监测

重力监测是通过重力加速度的变化监测地下岩石和孔隙流体密度的变化。在二氧化碳地质封存的深度范围内，二氧化碳的密度通常低于石油或水的密度。因此，将二氧化碳注入咸水层或含油的储层中会降低总体积密度,这样反过来会导致储层引力发生变化。根据重力变化的大小，可以推断出地下质量的变化，从而可以量化二氧化碳的含量。空间重力变化可以反映二氧化碳的横向运移和分布。

重力仪具有容易进行地面部署且价钱便宜的优点。然而，由于重力异常随着与震源距离的平方反比而衰减。因此，从储层重力变化中测量到的响应将产生微弱的响应，很可能处于背景噪声水平（Gasperikova 等，2008 年；Hare 等，1999 年）。重力仪也可以放置在现有井孔内，从而可以监测到更大幅度的变化。在 Sleipner 油田的近海二氧化碳地质封存项目中，分别于 2002 年和 2005 年对海底进行了重力测量。从时间推移测量中观察到显著的重力量变化，并被用于约束原位二氧化碳密度预测（Nooner 等）。

4.1.2 电磁监测

电磁技术是靠地下介质对电磁波的响应来获取地下信息。由于储层的电阻率受其孔隙度、流体饱和度和孔隙流体电阻率的影响，所以可以基于电磁方法监测咸水层中二氧化碳。在咸水层中，二氧化碳具有相对于周围咸水的高电阻性质。而在石油储层中，碳氢化合物和二氧化碳都是电阻性的。那么在含烃储层中二氧化碳的监测将不如在咸水层中灵敏，因此可以选择电磁方法进行咸水层二氧化碳地质封存安全性监测。二氧化碳地质封存中一种常用的电磁方法是跨井测量，该方法由两个相邻的井组成，一个包含发射器，另一个包含接收器。可以绘制发射井和接收井之间导电结构的层析成像图，然后监测二氧化碳与原始孔隙流体的替换（流体替换）。井间 EM 成像已成功测量了得克萨斯州南部 Frio 盐水地层中二氧化碳的地下分布（Hovorka 等，2005）和加利福尼亚州南部 Lost Hills 油田 EOR 期间二氧化碳的运移（Hoversten 等，2003）。

4.1.3 大地测量监测

在二氧化碳地质封存中，二氧化碳被高压注入地下，可能会引起地层压力变化，导致地表变形。地球表面的这种位移可用于推断二氧化碳的运移，并可使用全球定位系统（GPS）及卫星/机载干涉合成孔径雷达（InSAR）进行监测。GPS 是一种基于卫星的定位系统，提供当可访问四个或更多卫星时的可靠位置坐标。为了实现比传统 GPS 更高的精度，差分 GPS（DGPS）可以用于二氧化碳地质封存监测。在 DGPS 中，使用多个 GPS 接收器，一个接收器被放置在具有最小位移的区域中，而另一个接收器则被放置在预期位移的地方。InSAR 可以生成高空间分辨率的地表变形图，并能够探测到地球上毫米级的变化。一束微波能量被投射到地球表面，当这些能量被反射回来时，可以产生表面的图像。由体积变化引起的表面倾斜可以通过在两个不同时间记录的反射脉冲之间的相移来测量。InSAR 被用于 In Salah 二氧化碳地质封存项目的监测，并在二氧化碳注入三年后监测到以注入井为中心高达 21 mm 的隆起（Falorni 等，2010）。

4.1.4 地震监测

4.1.4.1 地面地震

四维（时移）地面地震也就是通常所说的四维（时移）地震，是二氧化碳地质封存或二氧化碳强化采油项目中最常用的监测技术。Sleipner，Weyburn，In Salah 和 Snøhvit 这四个商业规模的二氧化碳地质封存项目的监测计划中都有四维地质监测。

4.1.4.2 垂直地震剖面（VSP）

VSP 通常提供比地面地震方法更高频率的数据。相比之下，VSP 波传播的距离更短，检波器被放置在近地表下方，因此信号衰减较小。VSP 的可重复性也高于地面地震，因为检波器在钻孔中的准确位置是已知的，并且可以在每次测量中准确重复。利用 VSP 的这些优势，可以探测到较小规模的二氧化碳羽状流。

4.2 二氧化碳地质封存体岩石物理参数及其动态变化监测

4.2.1 流体性质计算

孔隙介质中的流体是影响地震波速度的一个重要因素。在二氧化碳地质封存中，随着二氧化碳的注入，储层中的流体饱和度、矿化度等的变化会影响流体的体变模量以及密度。因此，在预测二氧化碳注入不同阶段的弹性参数过程中，流体性质计算是不可缺少的。在传统的石油开发过程中，储层流体性质计算方法成熟，如采用 Archie（1942）公式来计算油水饱和度，利用 Wood（1955）方程来计算混合流体性质。但是在二氧化碳地质封存过程中，储层中混入了二氧化碳，需要进行二氧化碳流体性质以及混合流体（油/气、水、二氧化碳）性质的计算。

目前计算二氧化碳流体性质的方法有两种，分别是 Batzle−Wang（1992）和 Xu（2006）的公式。不论是 Batzle−Wang 公式还是 Xu 的公式，都是基于气体状态方程。从理论上讲，气体（碳氢化合物气体、二氧化碳、氮气等）的声学特性可以根据它们各自的状态方程来计算。气体状态方程是描述气体的压力（p）体积（V）温度（T）三者之间关系的公式（McCain，1990）。与地震勘探相比，对于状态方程的研究有着悠久的历史，并且已经提出了大量的状态方程，每个状态方程都有一组针对特定气体类型的独特参数。一些著名的公式包括 Vander Waals 方程、Beattie Bridgeman 方程、Benedict-Webb-Rubin（BWR）方程，Redlich-Kwong 方程和 Peng-Robinson 方程（McCain，1990）。

Batzle-Wang 公式适用于计算天然气的弹性性质。由于天然气成分的变化无常使得对其性质的描述也非常复杂。对于纯化合物，气相和液相沿着特定的压力—温度曲线平衡存在。随着压力和温度的升高，两相的性质相互接近，直到它们在临界点合并。对于混合物，该相均化点取决于具体成分，被称为具有伪临界温度 T_{pc}（单位为℃）和伪临界压力 p_{pc}（单位为 MPa）的伪临界点（Katz 等，1959）。Thomas 等（1970）研究发现发现天然气比重 G（无量纲）与拟对比压力 P_{pr}（单位为 MPa）和拟对比温度 T_{pr}（单位为℃）之间的关系如下：

$$p_{pr}=p/p_{pc}=p/(4.892-0.4048G) \tag{4-1}$$

$$T_{pr}=T_a/T_{pc}=T_a/(94.72+170.75G) \tag{4-2}$$

式中，p 是压力，单位 MPa；T_a 是绝对温度，单位为℃。

Batzle-Wang 公式是基于 BWR 方程，而 Xu 对于 Batzle-Wang 公式的改进，仅仅是改进了其使用的常数。二氧化碳的密度计算公式如下：

$$\rho \cong \frac{28.8Gp}{ZRT_a} \tag{4-3}$$

$$Z=[0.03+0.00527(3.5-T_{pr})^3]\ p_{pr}+(0642T_{pr}-0.007T_{pr}^4-0.52)+E \tag{4-4}$$

$$E=0.109(3.85-T_{pr})2\exp\{-[0.45+8(0.56-1/T_{pr})^2]P_{pr}^{1.2}/T_{pr}\} \tag{4-5}$$

式中，ρ是密度，单位为 g/cm³；G 是天然气比重，无量纲；p 是压力，单位为 MPa；T_a 是绝对温度，单位为℃；R 是气体常数，取值 8.314 J/（mol · K）。

二氧化碳的体变模量计算公式如下：

$$K_s \cong \frac{p}{\left(1-\frac{P_{pr}}{Z}\frac{\partial Z}{\partial P_{pr}}\right)_T}\gamma_0 \tag{4-6}$$

$$\gamma_0 = 0.85+\frac{5.6}{(P_{pr}+2)}+\frac{27.1}{(P_{pr}+3.5)^2}-8.7\exp[-0.65(P_{pr}+1)] \tag{4-7}$$

式中，K_s 为体变模量，单位为 GPa；p 为压力，单位为 MPa。

公式（4-1）和（4-2）中的两个重要参数是纯气体的临界压力和临界温度，分别称为混合组分气体的伪临界压力（p_{pc}）和伪临界温度（T_{pc}）。对于纯气体，这两个参数通常很好确定，但对于混合组分气体，情况并非如此。在正常条件下，二氧化碳的密度为 1.98 g/L，而空气的密度为 1.29 g/L，因此它的气体比重为 1.5349。根据公式（4-1）和

（4−2），二氧化碳的伪临界压力和伪临界温度分别计算为 624 psi（4.3 MPa）和 83.7℃。然而，从实验室测量可知，二氧化碳的临界压力和温度分别为 1072 psi（7.4 MPa）和 31.1℃（Xu，2006）。Xu 的方法中所使用的实验室测量的临界温度和压力的值，其拟合的结果更精确。

目前的商业软件中，基本上以 Batzle−Wang 的公式计算二氧化碳弹性特性，而 Xu 的公式对于二氧化碳的拟合更加精确。我们以国内某油田实际数据为例，利用 Wood 方程分别计算了不同压力下，不同油、水以及二氧化碳饱和度混合流体的密度和体变模量，如图 4−1、图 4−2、图 4−3、图 4−4 和图 4−5 所示，参数见表 4−1。

表 4−1　二氧化碳注入不同阶段储层与流体参数

参数	Baseline（1992）	Monitor（2011）
温度	129℃校正后值为 120℃	未知；或者低于 129℃（120℃）
石油 API 值	31（根据密度估算）	不变
天然气比重	1.22	不变
气/油比	57.4	（1）溶入二氧化碳后值未知； （2）可以不变； （3）或者需要进行不同温度压力下的测试
矿化度	62428 ppm $CaCl_2$	（1）不变（没有注水）； （2）开发后期改为水和二氧化碳交替注入后会改变
地层水电阻率	部分井经过压裂，校正后结果为 0.035 Ω · m	如果没有注水，则此值不变
平均含油饱和度	62.5%	在没有注水情况下，目前按照含油饱和度与含水饱和度等比例降低计算
储层内含油饱和度计算方法（阿尔奇公式）	阿尔奇公式参数：$a=1, m=2.8967\varphi+1.2645$，$R=0.8984$ 式中：m 为孔隙度指数；φ 为地面孔隙度	注入二氧化碳后，假定油水等比率下降，即含水饱和度与含油饱和度比值为 37.5/62.5=3/5
地面原油密度	区域内 0.837～0.9039 g/cm³	不变
地面原油黏度	区域内 6.9～76.3 mPa · s	（1）混相后应当降低； （2）不混相则不变
泡点压力	11.61 MPa	生产井压力高于此值。因此可以假定生产井压力为 12～14 MPa

续表

参数	Baseline（1992）	Monitor（2011）
平均孔隙度	13%	不变
平均渗透率	4.7%	不变
矿物质体变模量	石英 37 MPa 长石 37.5 MPa 灰岩 72 MPa 泥岩 21 MPa	不变
矿物质切变模量	石英 44 MPa 长石 15 MPa 灰岩 33.5 MPa 泥岩 7 MPa	不变

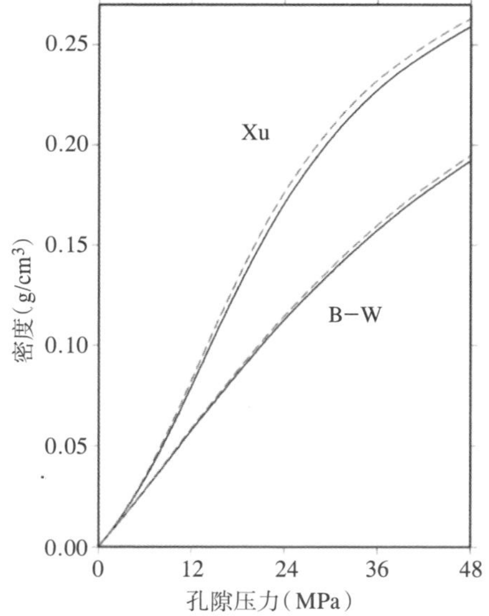

其中，黑色实线储层温度为 129℃，红色虚线储层温度为 120℃。

图 4−1 采用 Xu 与 Baltz−Wang 的公式分别计算二氧化碳密度随孔隙压力变化关系

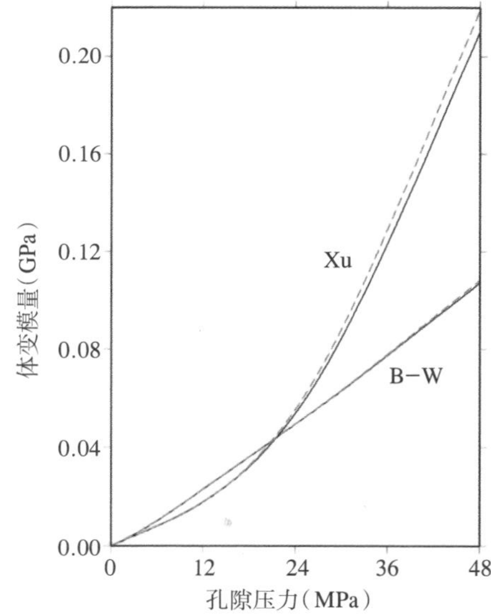

其中，黑色实线储层温度为 129℃，红色虚线储层温度为 120℃。

图 4−2 采用 Xu 与 Baltz−Wang 的公式分别计算二氧化碳体变模量随孔隙压力变化关系

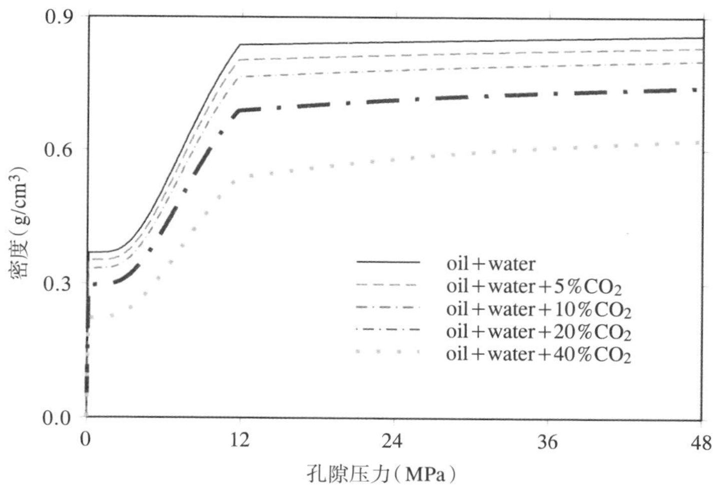

其中，储层温度为 120℃，油水饱和度比为 0.6；其他参数见表 4-1。

图 4-3　采用 Xu 的公式计算二氧化碳、油与盐水混合流体密度随孔隙压力变化关系

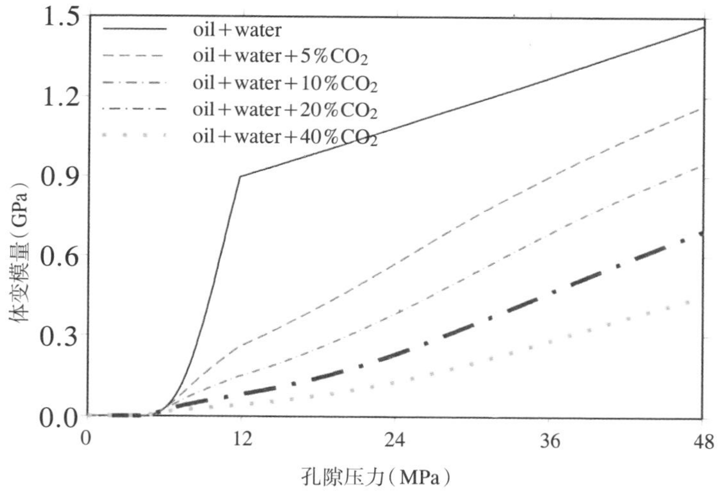

其中，储层温度为 120℃，油水饱和度比为 0.6；其他参数见表 4-1。

图 4-4　采用 Xu 的公式计算二氧化碳、油与盐水混合流体体变模量随孔隙压力变化关系

从图 4-1 至图 4-4，我们可以看到，随着孔隙压力的变化，流体的密度和体变模量也会发生变化。因此，在实际的速度预测计算中，流体成分的变化对纵波速度是极其重要的影响因素，而由于储层切变模量对流体不敏感，所以流体成分的变化对于横波速度的影响很小。但是切变模量和横波速度对地层压力敏感。

4.2.2 二氧化碳地质封存体岩石物理模型

岩石物理是连接地震数据与油气特征和储层参数的桥梁。岩石是由固体岩石骨架和流动其中的孔隙流体组成的多相介质，包含以下四个等效弹性参数：基质模量、干岩石骨架模量、孔隙流体模量和环境因素（如温度、压力等），岩石物理模型就是建立这些模量之间的关系。二氧化碳地质封存的过程是油气开发的逆过程，即二氧化碳地质封存体的弹性性质是动态变化的，因此其岩石物理模型与油气勘探的岩石物理模型是有所区别的。V−R−H 平均方程和 Gassmann 方程是岩石物理建模过程中常用的公式。

4.2.2.1 V−R−H 平均方程

计算由矿物颗粒、孔隙、孔隙流体组成的饱和岩石的等效弹性模量时，需要知道各组分的体积含量和弹性模量以及空间分布，如果仅已知各组分的体积含量和弹性模量，就只能预测等效弹性模量的上限和下限。Voigt 和 Reuss 界限是最简单常用的等效介质边界理论（葛洪魁等，2001）。

Voigt（1928）提出多种组分构成的复合介质等效弹性模量的上限可以表示为

$$M_{\mathrm{V}}=\sum_{i=1}^{N}f_iM_i \tag{4-8}$$

式中，N 表示岩石所含矿物种类的个数；M_{V} 表示 Voigt 有效弹性模量；f_i 表示第 i 种矿物成分所占的体积分数，满足 $\sum_{i=1}^{N}f_i=1$；M_i 表示第 i 种矿物成分的弹性模量，M 可以表示体变模量，也可以表示切变模量。Voigt 模型的假设条件是各组分成分是各向同性、线性、弹性的，Voigt 上限表达式的意义为岩石整体的弹性模量是岩石各个组分弹性模量的算术平均。

Reuss（1929）提出多种组分构成的复合介质等效弹性模量的下限可以表示为

$$\frac{1}{M_{\mathrm{R}}}=\sum_{i=1}^{N}\frac{f_i}{M_i} \tag{4-9}$$

式中，M_{R} 表示 Reuss 等效弹性模量，单位为 GPa，其余参数的含义同公式（4−8）。Reuss 下限表达式的意义为岩石整体的弹性模量是岩石各个组分弹性模量倒数的平均。

估算岩石整体的等效模量时，可使用 Hill（1952）提出的结合 Voigt 上限和 Reuss 下限求取算术平均值的方法来近似表达，即 Voigt−Reuss−Hill 平均：

$$M_{\mathrm{VRH}}=\frac{M_{\mathrm{V}}+M_{\mathrm{R}}}{2} \tag{4-10}$$

V−R−H 平均值法是一种常用的公式，用来计算双相介质饱和岩石整体弹性参数、多种矿物混合的固体基质以及干岩石骨架的弹性模量。

4.2.2.2 Gassmann 方程

Gassmann 从岩石中固体颗粒的组成结构和形状以及填充其中的孔隙流体分布特点上出发，提出了不同组分孔隙流体饱和岩石体变模量与干岩石骨架、固体基质、孔隙流体的体变模量之间的关系，即著名的 Gassmann 方程（1951），其一般表达形式为

$$K_{sat}=K_{dry}+\frac{(1-\frac{K_{dry}}{K_m})^2}{\frac{\varphi}{K_{fl}}+\frac{1-\varphi}{K_m}-\frac{K_{dry}}{{K_m}^2}} \tag{4-11}$$

$$\mu_{sat}=\mu_{dry} \tag{4-12}$$

式中，K_{sat}、K_{dry}、K_{fl}、K_m 分别为饱和岩石、干岩石骨架、孔隙流体、矿物固体基质的体积模量，μ_{sat} 和μ_{dry} 分别为饱和岩石和干岩石骨架的剪切模量，本章中模量的单位均为 GPa；φ为孔隙度，小数。

Gassmann 方程在使用时有一定的假设条件（Ahrens，1995）：①岩石基质和骨架在宏观上是均匀、弹性、各向同性的；②岩石内部所有孔隙空间都是连通的，流体流动不被限制；③所有孔隙中都充满流体且均匀混合无摩擦力；④岩石—流体系统封闭；⑤岩石骨架和孔隙流体之间不存在相对运动和相互作用，即孔隙流体对岩石骨架没有软化或硬化等作用，不发生化学反应和物理反应。

Gassmann 方程是流体替换的基础，经过流体替换，可以将干岩石替换成有孔隙流体的饱和岩石，也可以将饱含一种流体的饱和岩石替换成饱含另一种流体的饱和岩石。在流体替换的过程中，孔隙度可以不变，可以研究一致孔隙度下的双相流体替换，也可以研究变孔隙度下的双相流体替换。Gassmann 方程一般用来估算低频情况下因为孔隙流体改变造成的弹性模量的改变，孔隙度和渗透率一般较高，在致密储层中不一定适用。为了研究致密储层的流体替换方法，我们在 Gassmann 方程的基础上，考虑了以下几点：

（1）流体替换时替换的是有效孔隙而不是总孔隙。

（2）流体替换的空间是有下限的，也就是说一定孔隙大小的空间是不能进行流体替换的，比如 3%以下的孔隙。

（3）储层渗透率低的一个原因是泥质等的充填，因而需要对充填物进行校正，将泥质充填物与岩石和骨架进行合并校正是一个有效的办法。

（4）以井资料为基础的流体替换，由于储层在垂向上的非均质性，对储层段进行垂向上逐点的流体替换时，需要已知每一点的孔隙度，测井测量的孔隙度曲线有时不够准确，需进行校正。

（5）如果研究区压力变化较大，在计算干岩石弹性模量时需要考虑压力的影响，如 Hertz–Mindlin 模型。

一般情况下，对于已知纵波、横波及密度曲线的井资料，储层段采用 Gassmann 方程进行流体替换的过程如下：

（1）由已知的饱和岩石纵、横波速度以及密度曲线计算模量：

$$K_{sat,1}=\rho_1\left(V_{P,1}^2-\frac{4}{3}V_{S,1}^2\right) \tag{4-13}$$

$$\mu_{sat,1}=\rho_1 V_{S,1}^2 \tag{4-14}$$

式中，$V_{p,1}$、$V_{s,1}$、ρ_1 分别代表测井中获得的纵波速度（单位为 km/s）、横波速度（单位为 km/s）、密度（单位为 g/cm^3），$K_{sat,1}$、$\mu_{sat,1}$ 分别代表测井状态下的饱和岩石体积模量和剪切模量。

（2）采用 V–R–H 方法计算矿物固体基质的体积模量 K_m。

（3）采用 Batzle 和 Wang 提出的经验公式计算单一流体相的体积模量和流体密度等参数，利用 Wood 方程或 Brie 模型计算混合流体的体积模量 $K_{fl,1}$ 和$\rho_{fl,1}$ 密度，同时计算流体替换后新的混合流体状态下，混合流体的体积模量 $K_{fl,2}$ 和$\rho_{fl,2}$ 密度。

（4）储层发生流体替换时，假设仅流体发生了变化，岩石基质不发生变化，对 Gassmann 方程的一般形式（公式 4–11）进行变式，得到 Gassmann 方程的另一种表达式，即转换体积模量的表达式为

$$\frac{K_{sat,2}}{K_m-K_{sat,2}}-\frac{K_{fl,2}}{\varphi(K_m-K_{fl,2})}=\frac{K_{sat,1}}{K_m-K_{sat,1}}-\frac{K_{fl,1}}{\varphi(K_m-K_{fl,1})} \tag{4-15}$$

式中，$K_{sat,1}$、$K_{fl,1}$ 分别为流体替换前饱和岩石的体积模量和混合流体的体积模量；$K_{sat,2}$、$K_{fl,2}$ 分别为流体替换后饱和岩石的体积模量和混合流体的体积模量；K_m 为矿物固体基质的体积模量；φ为有效孔隙度。

（5）流体替换前后，剪切模量保持一致：

$$\mu_{sat,2}=\mu_{sat,1} \tag{4-16}$$

（6）储层发生流体替换后，饱和岩石的密度发生变化，可以由替换前的密度经过转化得到，其计算公式如下：

$$\rho_2=\rho_1+\varphi(\rho_{fl,2}-\rho_{fl,1}) \tag{4-17}$$

式中，$\rho_{fl,1}$、$\rho_{fl,2}$ 分别为流体替换前后混合流体的密度；ρ_1、ρ_2 分别为流体替换前后饱和岩石的密度，单位为 g/cm^3。

（7）由弹性力学中均匀各向同性完全弹性介质中波速的基本关系式，求取流体替换后饱和岩石的纵波速度和横波速度：

$$V_{\mathrm{p},2}=\sqrt{\frac{K_{\mathrm{sat},2}+\frac{4}{3}\mu_{\mathrm{sat},2}}{\rho_2}} \tag{4-18}$$

$$V_{\mathrm{s},2}=\sqrt{\frac{\mu_{\mathrm{sat},2}}{\rho_2}} \tag{4-19}$$

式中，$V_{\mathrm{p},2}$、$V_{\mathrm{s},2}$ 分别为流体替换后饱和岩石的纵波速度和横波速度，单位为 km/s。

4.2.2.3 Hertz–Mindlin 模型

在二氧化碳地质封存中，随着二氧化碳的注入，储层的孔隙压力和流体饱和度会发生变化，而孔隙压力变化会引起有效压力变化，流体饱和度变化会使得混合流体的弹性模量发生变化，这些动态参数的变化相应地引起地震响应的变化。因此，要想对比注入二氧化碳前后和注入不同阶段地震响应的变化，需要预测注入二氧化碳不同阶段的地质封存体的弹性参数。考虑到岩石物理模型要包括压力的变化，本节以颗粒接触模型为基础，介绍二氧化碳地质封存的岩石物理模型。

二氧化碳注入不同阶段的纵、横波速度以及密度是建立四维地震正演模型的必要参数。岩石物理模型预测纵、横波速度的基础是 Gassmann 方程，Gassmann 方程中 K_{m} 可由 V–R–H 平均模型求取，K_{fl} 可由 Wood 方程或 Brie 经验模型求取，其中单相流体的弹性参数由 Batzle 和 Wang（1992）的公式及 Xu（2006）的公式求取，而最大的困难是求取干岩石体积模量和剪切模量。求取干岩石体积模量 K_{dry} 和剪切模量μ_{dry} 的方法有很多种。颗粒接触模型是以 Hertz–Mindlin 模型为基础，演化了诸如 Digby 模型等模型。本节以 Hertz–Mindlin 模型为例，提出了任意等同球体排列的有效体积模量和有效剪切模量的计算公式如下：

Hertz 提出的随压力变化的体变模量的计算方法为

$$K_{\mathrm{dry}}=\sqrt[3]{\frac{C_{\mathrm{p}}^2(1-\varphi)^2\mu_{\mathrm{ma}}^2 p}{18\pi^2(1-\nu)^2}} \tag{4-20}$$

Mindlin（1949）提出的随压力变化的切变模量的计算方法为

$$\mu_{\mathrm{dry}}=\frac{5-4\nu}{5(2-\nu)}\sqrt[3]{\frac{3C_{\mathrm{p}}^2(1-\varphi)^2\mu_{\mathrm{ma}}^2 p}{2\pi^2(1-\nu)^2}} \tag{4-21}$$

式中，ν 与μ_{ma} 分别为岩石骨架的泊松比与切变模量；φ为孔隙度，小数，来自测井曲线；C_{p} 为配位数（无量纲）；p 为差异压力或有效压力（上覆地层压力减去孔隙压力）。Hertz–Mindlin 公式的优点在于建立了压力和孔隙度与干岩石体变模量和切变模量的关系。对于公式中岩石骨架的体变模量和切变模量，我们利用 V–R–H 方法计算，储层内每种矿物的成分可由测井曲线获得。配位数公式如下（李琳等，2017）：

$$C_p=W\left(11.759e^{1-\phi}-12.748\right) \tag{4-22}$$

将配位数代入 Hertz－Mindlin 模型，然后将 Hertz－Mindlin 模型所表示的干岩石的体变模量和切变模量代入 Gassmann 方程得到纵波速度的表达式，作为预测纵波速度，减去实测纵波速度为 0，得到一个只有未知数 W（无量纲）的方程，公式如下：

$$\left|V_{p\text{measured}}-V_{p\text{predicted}}\left(W\right)\right|\rightarrow\min \tag{4-23}$$

Hertz－Mindlin 模型可用来描述欠压实岩石的性质，其公式可计算有效压力变化的体积模量和剪切模量，即可以用来计算干岩石体积模量，然后结合 Gassmann 方程进行流体替换，得到纵波速度、横波速度、密度等弹性参数（李琳等， 2018）。该方法是一种考虑有效压力变化和流体饱和度变化的横波预测方法（图 4－5）。

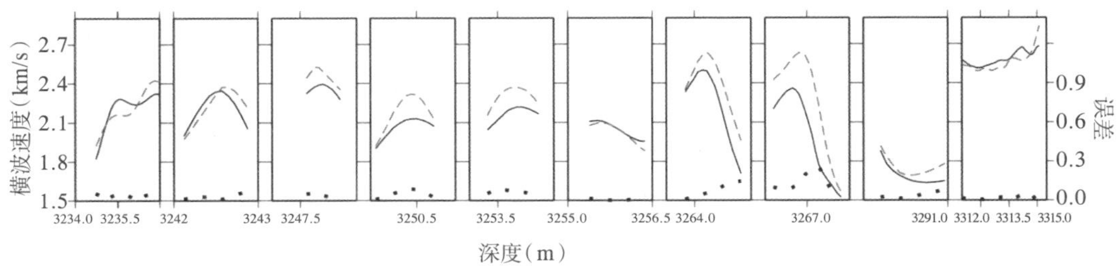

图 4－5　利用改进的 Hertz－Mindlin 模型进行横波速度预测的结果

4.3　四维地震监测技术

4.3.1 四维地震采集

四维地震监测技术，又称时移或者时延地震监测技术，即在同一区域重复采集三维地震数据，进而监测和预测由注水或注二氧化碳引起的井间的储层参数变化。第四维指的是时间维。

常规地震勘探（二维地震、三维地震）和地震资料采集中，要建立观测系统，即设计激发点和接收点的位置信息等。这些内容在传统的地震勘探原理教材中均有详细介绍，本书不再介绍。本书主要介绍四维地震的采集。

4.3.1.1 四维地震采集的关键参数

四维地震采集中，最重要的参数就是本底地震和监测地震之间的可重复性，即本底地震和监测地震的震源与检波器的放置尽可能保持相同的位置。影响重复性的因素归纳起来可分为：

（1）采集观测系统的相似性；

（2）目标层上覆地层的复杂程度；

（3）外界噪声（Johnston，2013）。

对于海上地震，由于洋流作用，观测系统是影响重复性的主要因素，陆地相对海上来说，观测系统可以较好地固定，但地滚波和折射波使陆地地震资料品质往往比海上地震资料差。而且陆上四维地震重复性面临的最大挑战是近地表地层速度的横向变化和炮点与检波点的耦合（Bakulin 等，2007；Ma，Gao，Morozov，2009），在地层复杂的区块更是如此。复杂地块的反向散射和震源引起的内源噪声在横向上的变化也很剧烈。所以，即使炮点和检波点的位置能保持不变，近地表地层的地质条件也会随时间的推移而发生变化。

对于这些影响有相应的应对方法。对于海上拖缆采集系统，采用相同的定向系统、对应震源位置、重叠电缆位置、布置密集炮点、精简观测系统使之易于重复、精确化技术参数等措施，而且遵循优先考虑采集方法、设备次之的原则（Johnston，2013）。对于海底观测系统（OBS）、海底电缆（OBC）和海底节点（OBN）检波器的位置比海上拖缆容易确定（Ronen 等，1999），加上海底环境相对安静，所以 OBS 的观测系统重复性较好，高保真度矢量信息更使我们可以进行全方位角分析和转换波分析（Berg 等，2008）。除了重置观测系统来获取四维地震资料外，还可以采用永久性海底观测系统。陆地四维地震相对海上四维地震有一个优势，就是可用 DGPS 定位，使不同期次的炮点和检波点误差控制在 1 m 以内。

4.3.1.2 四维地震观测系统重复性分析实例

在地震资料采集过程中，由于观测系统的不同会导致非重复性，所以在处理地震资料之前，首先要分析了观测系统的差异，主要包括炮点和检波点坐标与海拔的差异，单炮集的初至时间和振幅的差异等。以加拿大 Weyburn 油田为例，Weyburn 工区 1999 年、2001 年和 2002 年的三维三分量地震采集参数见表 4-2。

表 4-2　Weyburn 工区 3C-3D 采集参数

参数/年份	Baseline（1999）	Monitor 1（2001）	Monitor 2（2002）
炮点数	630	882	882
检波点数	986	986	986
采样间隔	2 ms	2 ms	2 ms

续表

参数/年份	Baseline（1999）	Monitor 1（2001）	Monitor 2（2002）
最大炮检距	2152.87 m	3445.84 m	2105.627 m
最大覆盖次数	77	132	78
震源类型	炸药，1 kg，12 m	炸药，1 kg，12 m	炸药，1 kg，12 m
检波器类型	Mitcham，3C 频率 10 Hz 阻尼系数 70%	OYO，3C 频率 10 Hz 阻尼系数 1%	OYO，3C 频率 10 Hz 阻尼系数 0.7%
炮点间隔	160 m	160 m	160 m
检波器间隔	160 m	160 m	160 m
Patch	19 lines×39 stations	19 lines×39 stations	19 lines×39 stations

资料来源：Ma，Gao，Morozov，2009。

首先对 Weyburn 工区三年的地震资料进行处理和观测系统分析，并将观测系统均一化，然后得到相同的 CDP 面元。每个面元 Bin 的坐标相同，但覆盖次数相差较大，见图 4-6，可以看出 1999 年和 2002 年的覆盖次数分布较一致，2001 年与二者差别较大，这与后文中振幅顺层切片结果关系密切。

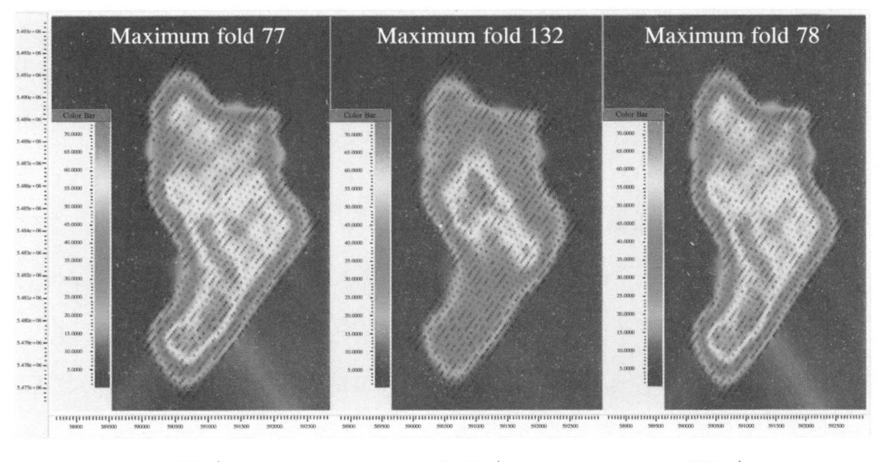

a. 1999 年　　b. 2001 年　　c. 2002 年

图 4-6　Weyburn 工区三年的 CDP 面元覆盖次数分布

图 4-7 为 2001 年和 2002 年分别相对 1999 年的炮点坐标偏差，图 4-8 为 2001 年和 2002 年分别相对 1999 年的接收点坐标偏差，可见 2001 年和 2002 年的大部分炮点和接受点位置均偏离 1999 年若干米，最大可达 20 m，而且 2002 年比 2001 年偏离的更远一些。

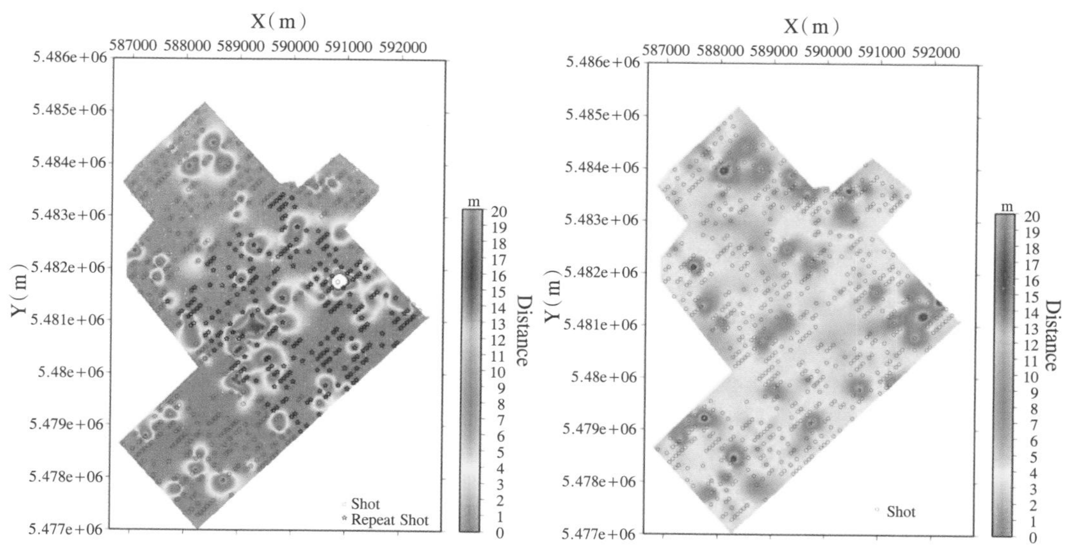

左：2001 年减去 1999 年的坐标值；右：2002 年减去 1999 年的坐标值。

图 4-7　Weyburn 工区三年的炮点坐标偏差

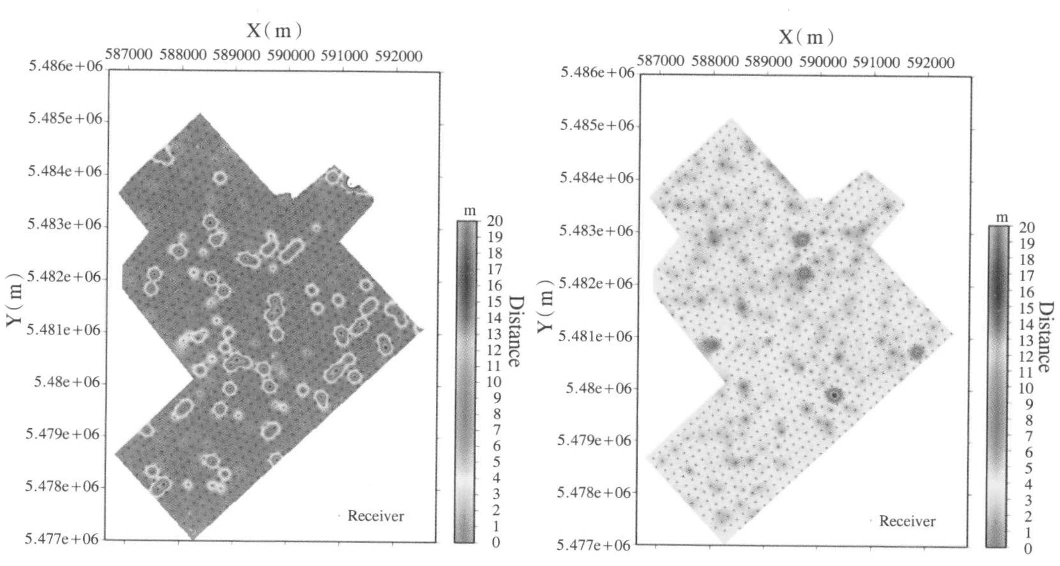

左：2001 年减去 1999 年的坐标值；右：2002 年减去 1999 年的坐标值。

图 4-8　Weyburn 工区三年的接收点坐标偏差

2001 年和 2002 年的炮点和接受点与本底数据的高程差大多在 0.5 m 以内，见图 4-9 和图 4-10。由于每期采集地震数据时，炮点和检波器都是重新布置的，所以炮点和检波点的重复性比较好。然而，不考虑目标层流体变化，炮点和接收点的坐标仍然是引起四维地震资料旅行时差异和振幅差异的最主要原因。

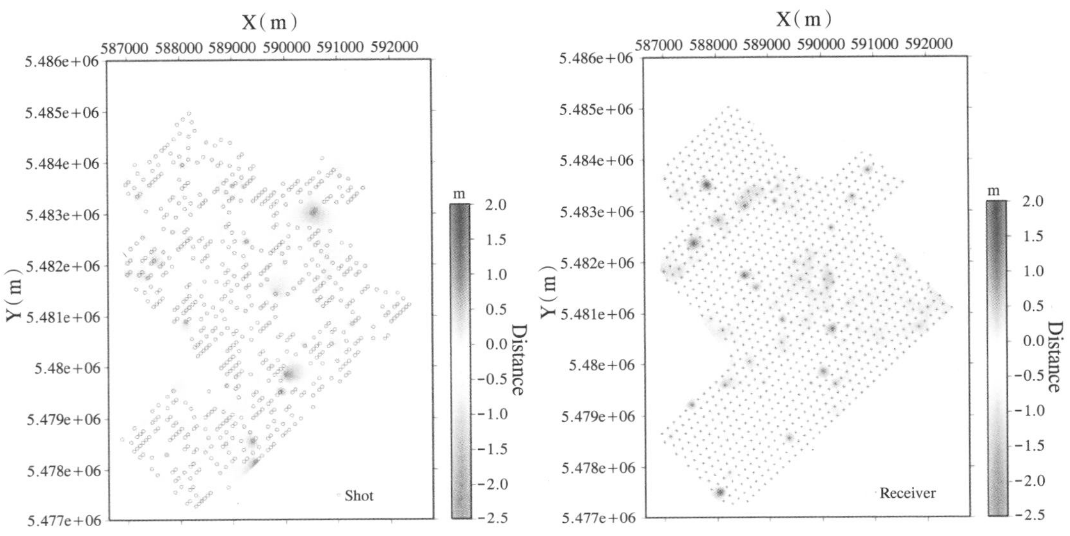

左：2001 年减去 1999 年的海拔高度；右：2002 年减去 1999 年的海拔高度。

图 4-9 Weyburn 工区三年炮点的海拔高度偏差

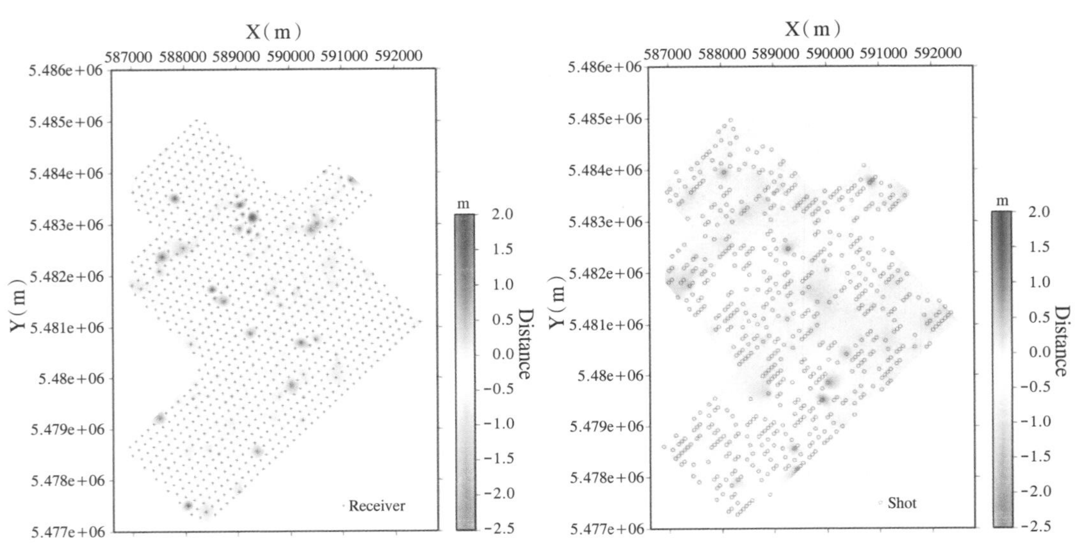

左：2001 年减去 1999 年的海拔高速；右：2002 年减去 1999 年的海拔高度。

图 4-10 Weyburn 工区三年接收点的海拔高度偏差

针对单炮，分析初至旅行时和振幅的差异。该单炮在三年的观测系统中位置不变。1999 年和 2002 年的 Swath 一致，而 2001 年为了增加覆盖次数，将接收器分两个范围布置，见图 4-11，与 1999 年拟合 2002 年有所差异。如果将 2001 年的两个 Swath 结合起来，见图 4-12，则蓝色边框区域内便和 1999 年与 2002 年的保持一致了。

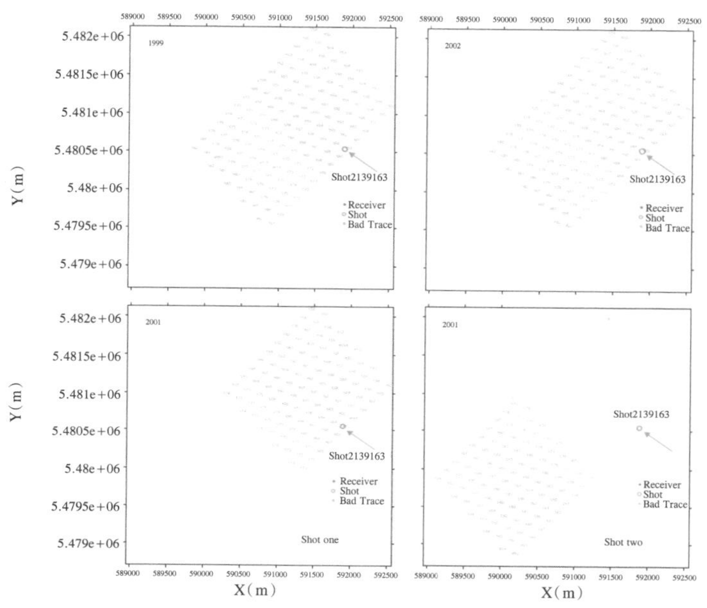

图 4-11　三年地震资料中，炮号为 2139163 的位置（1999 年和 2002 年的 Swath 相同）

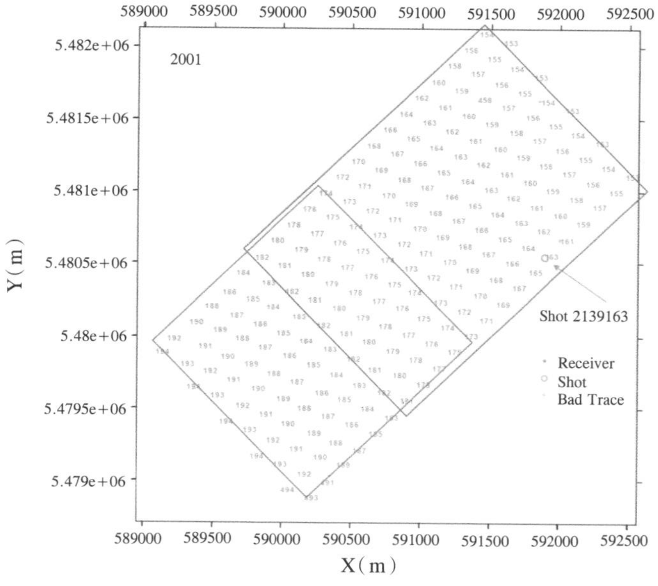

图 4-12　将 2001 年的两个 Swath 结合起来，蓝色边框的范围与 1999 年和 2002 年的 Swath 一致

确定单炮接收点的位置。首先，分析它在三年地震资料中的初至振幅偏差。图 4-13 为单炮在不同检波点的初至振幅值分布，图 4-14 为三年的初至振幅比值分布图，可见随炮检距增大，振幅减小；2002 年与 1999 年的比值总体比 2001 年与 1999 年的比值大。

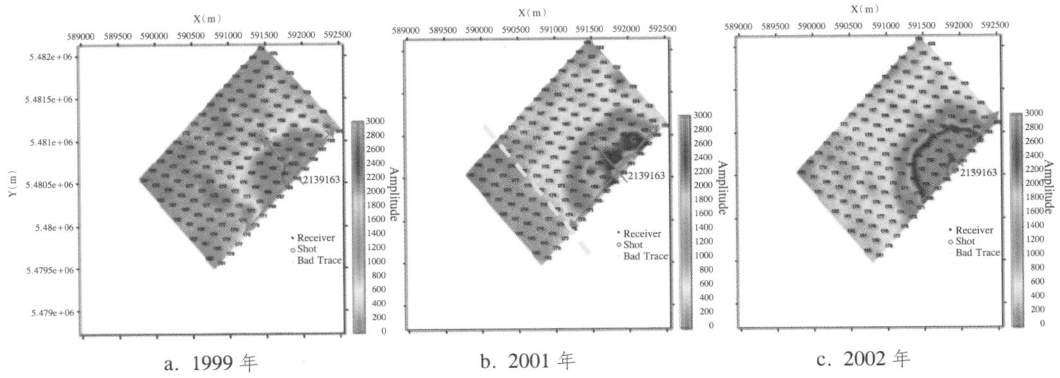

a. 1999 年　　b. 2001 年　　c. 2002 年

图 4-13　单炮在不同检波点的初至振幅值分布

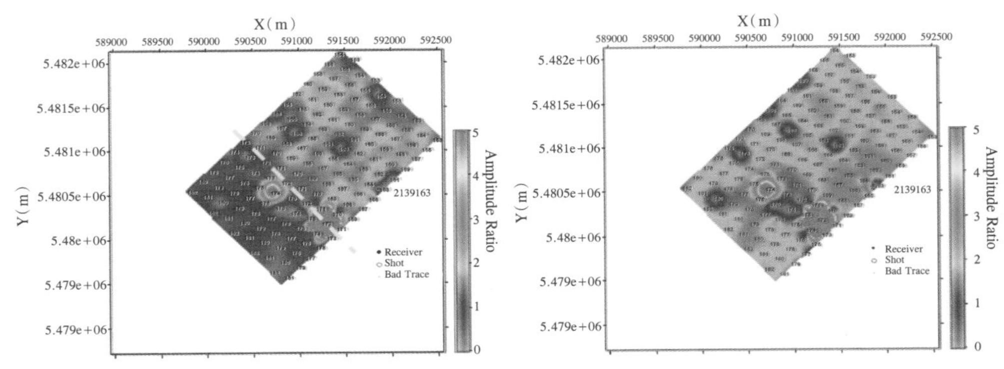

左：2001 年与 1999 年的比值；右：2002 年与 1999 年比值。

图 4-14　单炮的初至振幅比值

图 4-15 为初至的旅行时差异，相较 1999 年，2002 年的平均增大 5 ms，而 2001 年的平均减小 10 ms，其变化比 2002 年大。

图 4-16 为单炮接收点的炮检距差异。相对 1999 年，仍然是 2001 年比 2002 年炮检距变化较大。由此可见，以 1999 年为标准，2001 年的炮点和接受点坐标及海拔高度、炮检距及单炮的初至振幅均比 2002 年更接近 1999 年，只有初至旅行时的变化比 2002 年大。

图 4-17 展示了随着炮检距变化程度的不断增大，初至旅行时的变化程度，可见 2001 年和 2002 年与 1999 年的炮检距相差近于 0；但相同的炮检距差异，2002 年的初至旅行时明显增大，说明随着时间推移，地表速度一直在变化。

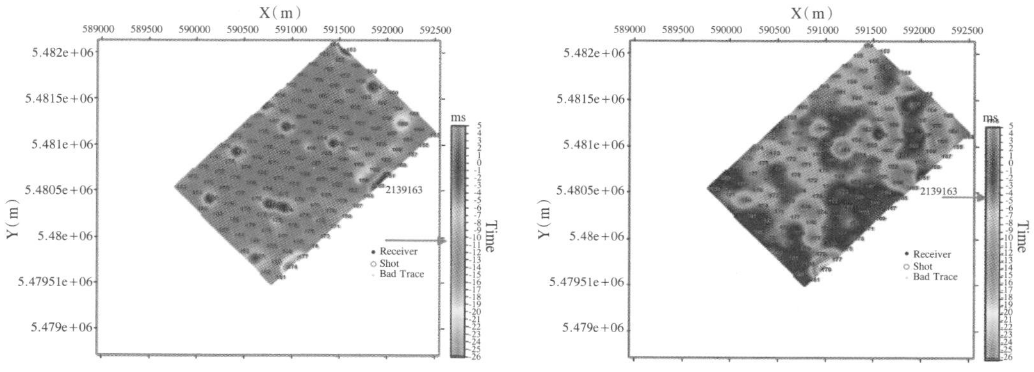

左：2001 年减去 1999 年的初至旅行时；右：2002 年减去 1999 年的初至旅行时。

图 4-15　单炮的初至旅行时偏差

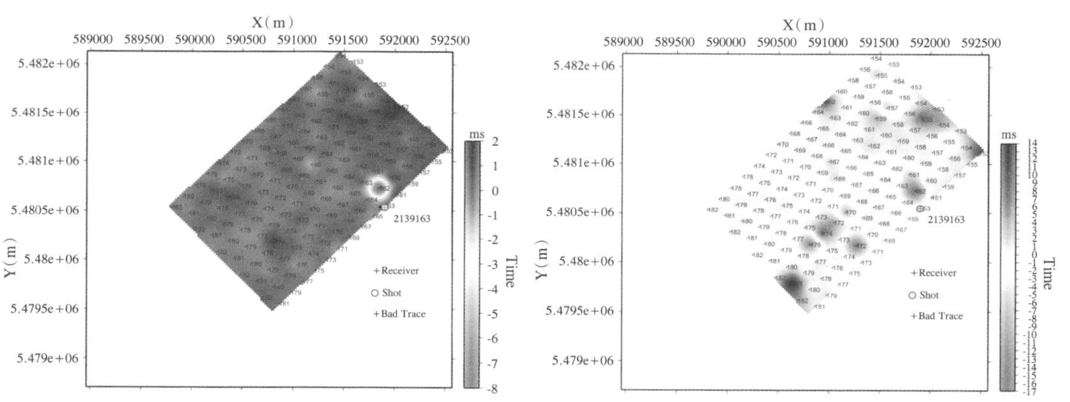

左：2001 年减去 1999 年的炮检距；右：2002 年减去 1999 年的炮检距。

图 4-16　单炮的炮检距偏差

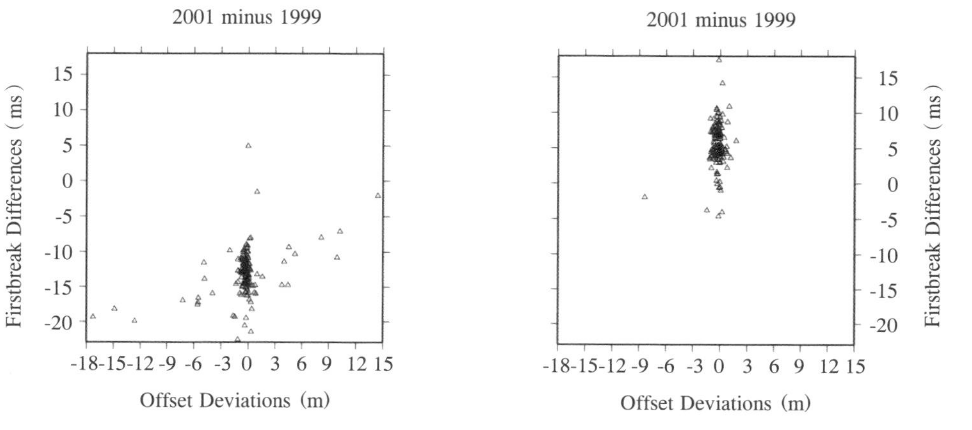

图 4-17　随炮检距偏差变化，单炮的初至旅行时偏差的分布情况

然后，通过对比三年的折射静校正量差异，反映地表的变化，见图 4-18 和图 4-19，仍然是以 1999 年的静校正值为标准，2002 年比 2001 年变化大。

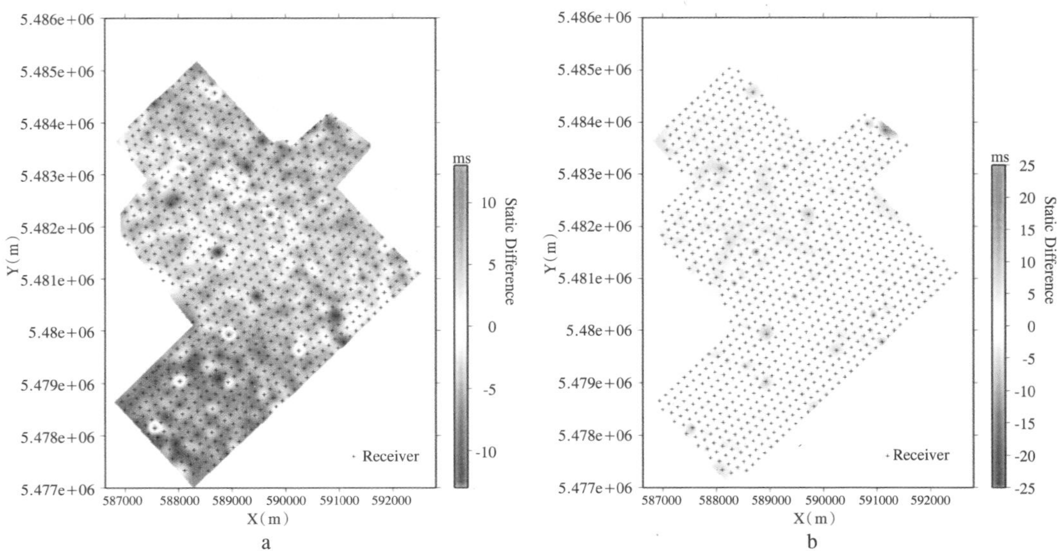

a. 1999 年的折射静校正值减去 2001 年；b. 1999 年的折射静校正值减去 2002 年。

图 4-18 接收点的折射静校正值差异

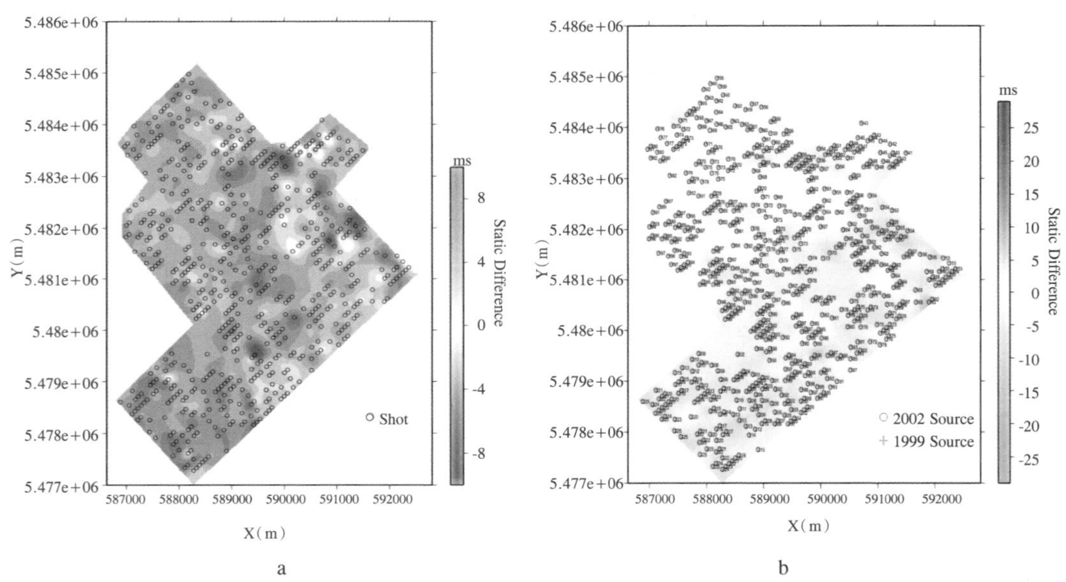

a. 1999 年的折射静校正值减去 2001 年；b. 1999 年的折射静校正值减去 2002 年。

图 4-19 炮点的折射静校正值差异

综上分析，就观测系统而言，2001 年的比 2002 年的重复性好，且炮点和检波点位置的不吻合是初至旅行时和振幅偏差的主要原因。近地表地层速度变化、震源参数和检波器耦合等也是造成非重复性的原因。因此，传统的四维地震资料处理对重复性的提高是有限的，需要更先进的叠前校正。

4.3.2 四维地震资料处理

4.3.2.1 重复性计算方法

评估四维地震资料的非重复噪声背景最常用的方法主要有两种：一是归一化均方根差，即 NRMS 方法；二是可预测性判别方法，即 PRED 度量方法。两个参数均为无量纲。NRMS 方法的计算公式如下（Kragh 和 Christie，2002）：

$$\mathrm{NRMS}=\frac{2\mathrm{RMS}(monitor-base)}{\mathrm{RMS}(monitor)+\mathrm{RMS}(base)} \tag{4-24}$$

$$\mathrm{RMS}=\sqrt{\frac{\sum x_i^2}{N}} \tag{4-25}$$

式中，N 为时窗内信号值 x_i 的个数。若 NRMS=0，说明两个数据体完全重复；若 NRMS=2，说明两个数据互为相反数，即反相关。NRMS 值对地震资料的多个因素都很敏感，包括相位和振幅差异（波形畸变）、时移量和噪声等。好的重复性资料 NRMS 值应在 0.1～0.3（即不重复信息占 10%～30%）。NRMS 是随地层空间变化的，在强反射带由于分母增大而变小，显示重复性好；在弱反射带值相对较低，因此 NRMS 值带有地质信息，使重复性的解释复杂化了。

PRED 的计算公式如下（Kragh 和 Christie，2002）：

$$\mathrm{PRED}=\frac{\sum Xcorr^2(base,monitor)}{\sum Acorr(base)\times Acorr(monitor)} \tag{4-26}$$

式中，*Xcorr* 为互相关值，*Acorr* 为自相关值。若所取时窗为从 $-\infty\sim+\infty$，PRED 永远等于 1，讨论此条件下的 PRED 值也是没有意义的。PRED 值是受时窗影响的，也有一定的局限性。若 PRED=0，说明不同期次固定地震道该时窗内的信号毫不相关；若 PRED=1，说明两条地震道完全相关。在计算相关系数时，已经考虑过时移量，所以 PRED 对时移不敏感，只对噪声、相位和振幅差异敏感。因此，在 PRED 高值和 NRMS 高值的情况下，应将四维地震资料处理的焦点集中在消除本底数据和监测数据之间的波形畸变和时移差异上。而在 PRED 低值和 NRMS 高值时，应注意消除噪声。

4.3.2.2 四维地震处理的重复性分析

在四维地震资料处理过程中用 NRMS 作为质量控制参数，有助于选择最佳的计算方法和参数，来提高不同期次地震资料的重复性，从而突显四维信息；另一方面还要保证不能过于相似，而破坏有用的四维信息。本教材中以 Weyburn 油田实际资料为例，处理流程主要有：

（1）加载并均一化观测系统，Bin size 为 80 m×80 m，inline×xline 为 73×85。

（2）带通滤波与陷波滤波，三年同为 Notch filter，频率为 10-20-100-200，陷波为 60 Hz；

（3）真振幅恢复，三年使用相同的球面扩散函数、衰减系数和 RMS 速度谱；

（4）地表一致性反褶积；

（5）对 1999 年、2001 年和 2002 年进行时变谱白化处理，所用参数相同；

（6）高程静校正、折射静校正和人工静校正，1999 年、2001 年和 2002 年使用相同的静校正量；

（7）动校正，三年使用相同的速度谱；

（8）剩余静校正；

（9）外部时移静校正；

（10）CDP 叠加。

利用 NRMS 追踪了处理流程，图 4-20 到图 4-25 依次为滤波处理后，真振幅恢复、反褶积和谱白化后，静校正、动校正和剩余静校正后的单炮集 NRMS 剖面，以及最后的叠加数据的 NRMS 剖面。

首先对比 1999/2001、1999/2002 和 2001/2002 的 NRMS 剖面，可见 1999/2002 的重复性最好，1999/2001 年次之，2001/2002 的重复性最差。分析其原因，1999 年和 2002 年都与 Swath 一致，而 2001 年与其他两年不一致，所以 1999/2002 的重复性最好。对比图 4-21 和图 4-22，可见滤波处理使地震资料的重复性有显著提高，主要是因为滤波去除了重复性不高的低频面波。而保幅处理结果使重复性降低了（NRMS 值降低），可能是保幅处理压制了重复性较好的噪声，使单炮的重复性降低，反射波的重复性在此过程中应该是提高的。为了分析注入二氧化碳的地震效应，我们对比了 1105 ms 和 1140 ms 的 NRMS 顺层切片，见图 4-25。对比图 4-25 的（a）和（b），可见沿二氧化碳注入井方向，（b）比（a）的 NRMS 值高，表示处理结果使目标层之上的重复性较好，且目标层的二氧化碳流体差异也显现出来，在此图中表现为重复性低，即 NRMS 值高。

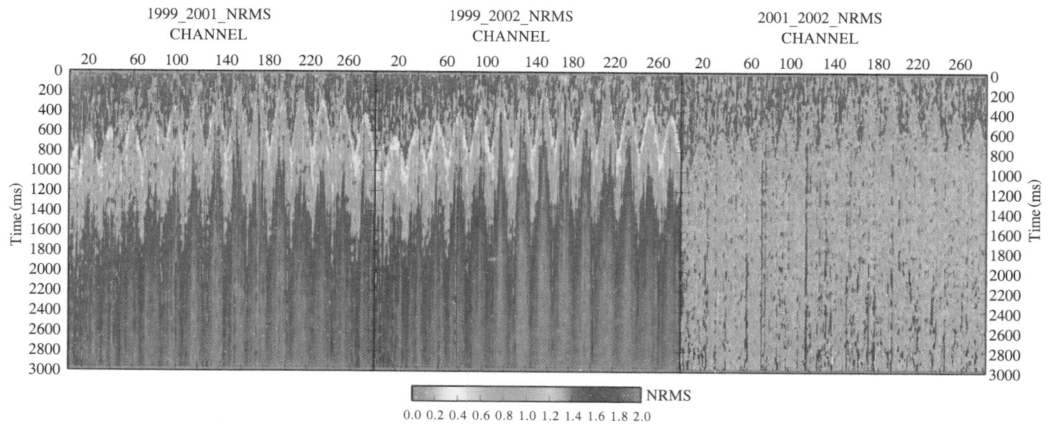

图 4-20　原始单炮集 NRMS 剖面

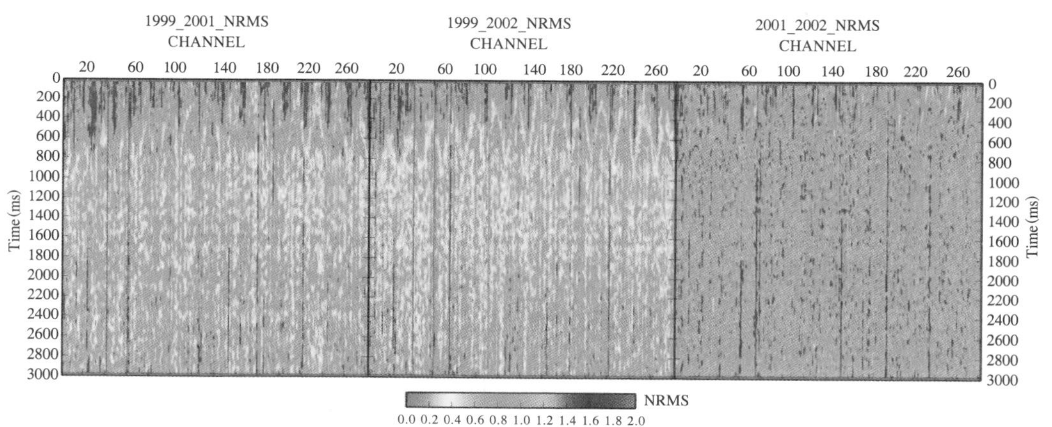

图 4-21　带通滤波处理后的单炮集 NRMS 剖面

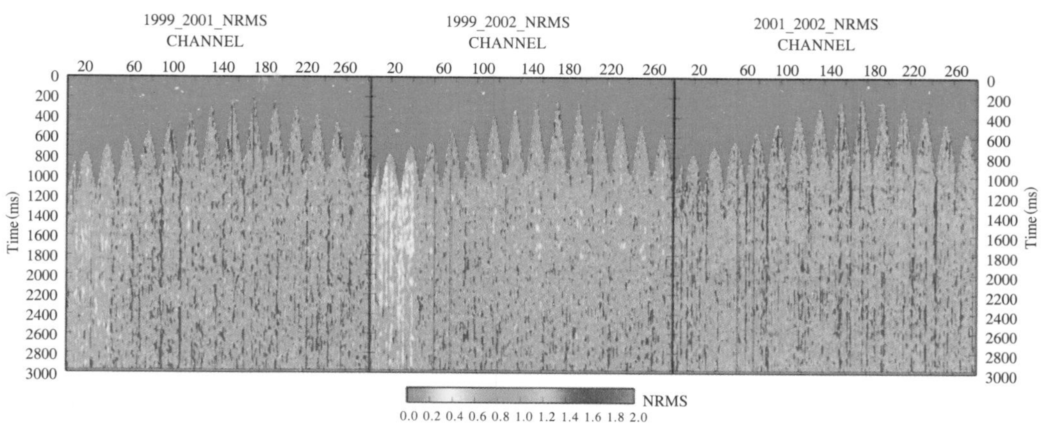

图 4-22　保幅处理之后的单炮集 NRMS 剖面

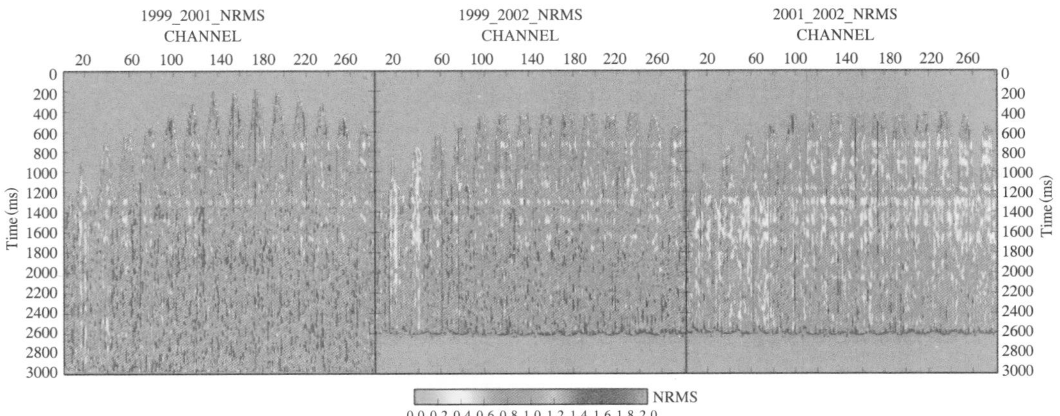

图 4-23　高程静校正、道头静校正、动校正、剩余静校正和外部模型静校正后的单炮集 NRMS 剖面

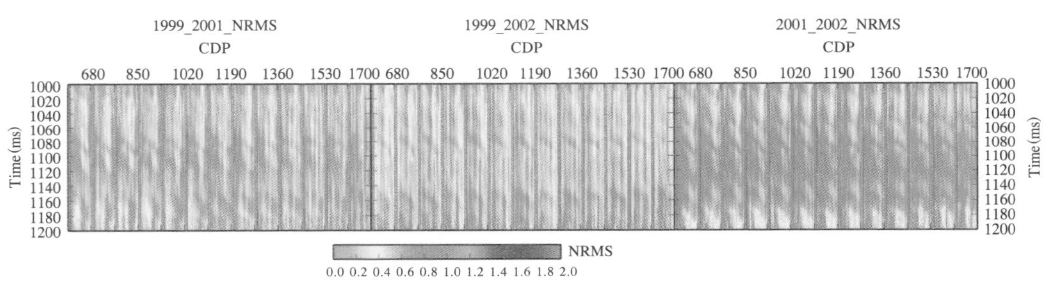

图 4-24　叠加处理后的 NRMS 剖面

旅行时 1000～1200 ms，代表目标层附近。

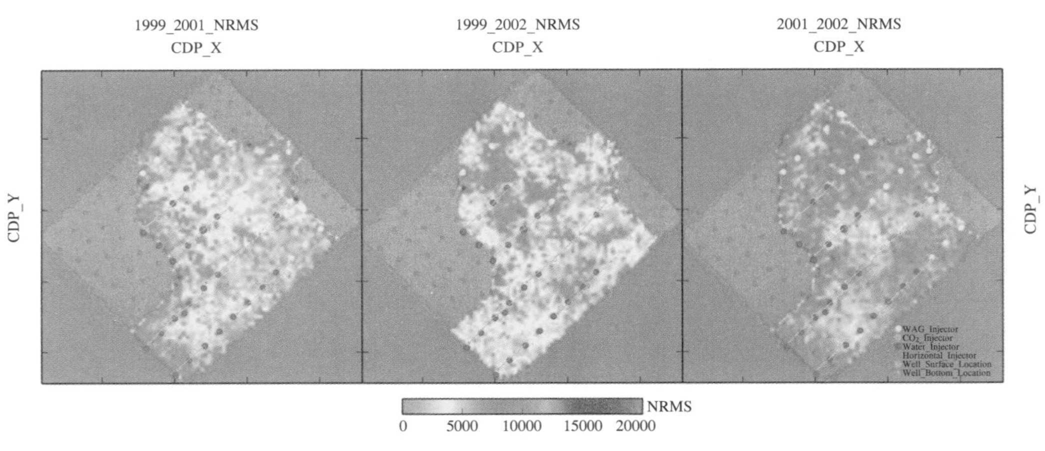

a

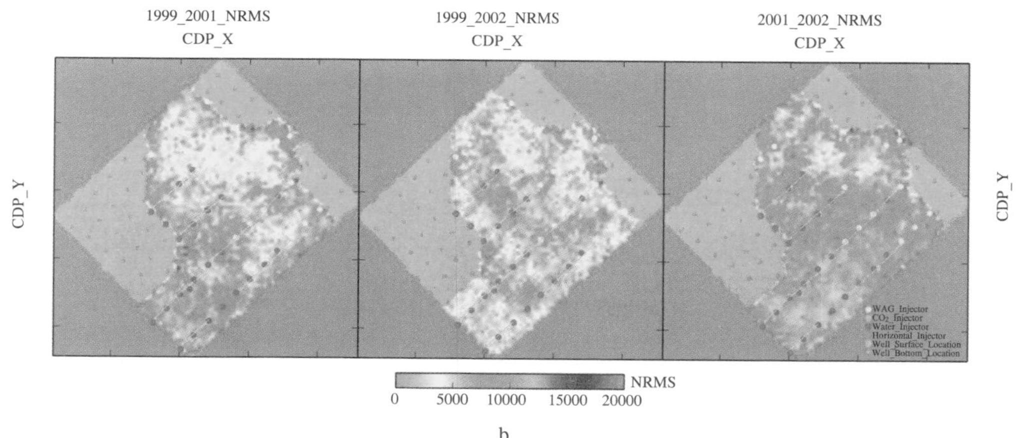

a．1105 ms 处的 NRMS，代表目标层之上反射界面的重复性；b．1140 ms 处的 NRMS，代表目标层的重复性。沿二氧化碳注入井方向，b 比 a 的 NRMS 值高，表示处理结果使目标层之上的重复性较好，且目标层二氧化碳流体差异在此图中表现为重复性低，即 NRMS 值高。

图 4-25　叠加资料目标层及目标层之上反射界面的 NRMS 顺层切片

信噪比与重复性有着密不可分的关系，地震处理过程是去噪和时间校正的过程。四维处理过程中，不仅要去噪，还要提高重复性，信噪比越高，重复性越好。由于所需的反射振幅信息是规则的重复性好的信息，去除的噪声为重复性不好的干扰成分，除了随机噪声不规则外，面波波形复杂并且与地表环境关系很大，所以重复性也不好，多次波能量弱。常规地震勘探中，所有处理步骤的目的都是突显反射波，压制其他信号，所以反射波的重复性会随着信噪比的提高也被提高。

本书采用了 Hatton、Makin 和 Worthington（1986）计算信噪比（S/N）的方法，此方法也是互相关法的一种，主要用于计算一对对应地震道在一定时窗内的信噪比值，最终可得到模型及实际地震资料的 S/N 剖面，可与 NRMS 剖面进行对比分析。其计算公式如下：

$$S/N_i=\sqrt{\frac{[g_{i,\ i+1}]\max}{1-[g_{i,\ i+1}]\max}} \tag{4-27}$$

式中，$g_{i,\ i+1}$ 为第 i 道和第 $i+1$ 道之间的互相关系数；$[g_{i,\ i+1}]$ max 为 $g_{i,\ i+1}$ 的最大值。

利用 S/N 追踪了处理流程，分析 Weyburn CCS 项目 1999 年、2001 年和 2002 年地震资料的信噪比。图 4-26 至图 4-30 依次为原始单炮集，带通滤波处理后，真振幅恢复、地表一致性反褶积和谱白化后，高程静校正、道头静校正、动校正、剩余静校正和外部模型静校正后以及叠加处理后的单炮集 S/N 剖面。表 4-3 中也统计了这些关键步骤之后地震资料总的信噪比 S/R（根据公式 4-27 计算所得）。由图 4-26 可见，强反射层信噪比可达 3.5 左右，弱反射区域信噪比均在 2 以下。通过表 4-2 分析可知，信噪比与重复性高度保持一致：滤波处理之后，重复性和信噪比都提高；真振幅恢复、地表一致性反褶积和谱白化之后，重复性随信噪比都降低；静校正和动校正后，信噪比有所提高，NRMS 值也稍微降低；而剩余静校正后，1999 年信噪比提高，2001 年和 2002 年都有少量的降低，NRMS 值有增大，也有减小；外部模型静校正使信噪比和重复性都有较明显的降低；共中心点叠加使信噪比和重复性都有显著提高。这里有力地证明了信噪比与重复性紧密的联系，所以要提高四维地震资料的重复性，应该从各方面提高信噪比，包括采集条件的选择和处理步骤各个环节。

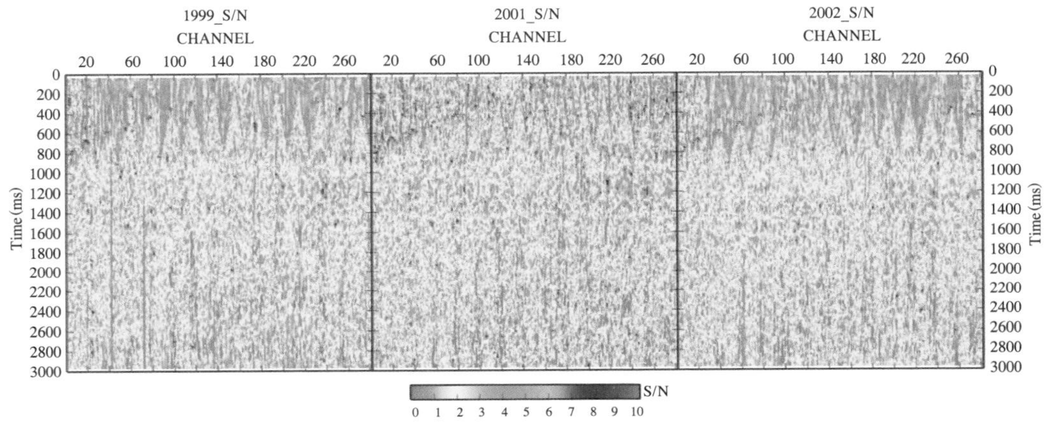

图 4-26 原始单炮集 S/N 剖面

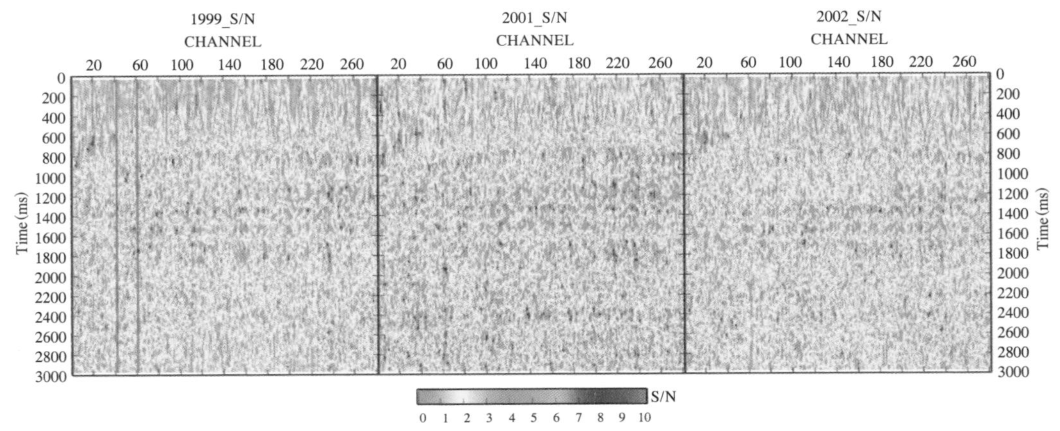

图 4-27 带通滤波处理后的单炮集 S/N 剖面

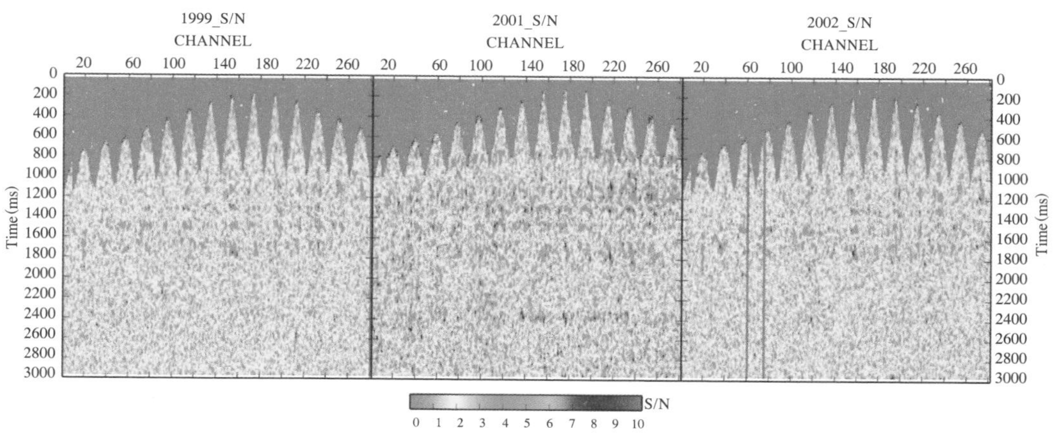

图 4-28 真振幅恢复、地表一致性反褶积和谱白化后的单炮集 S/N 剖面

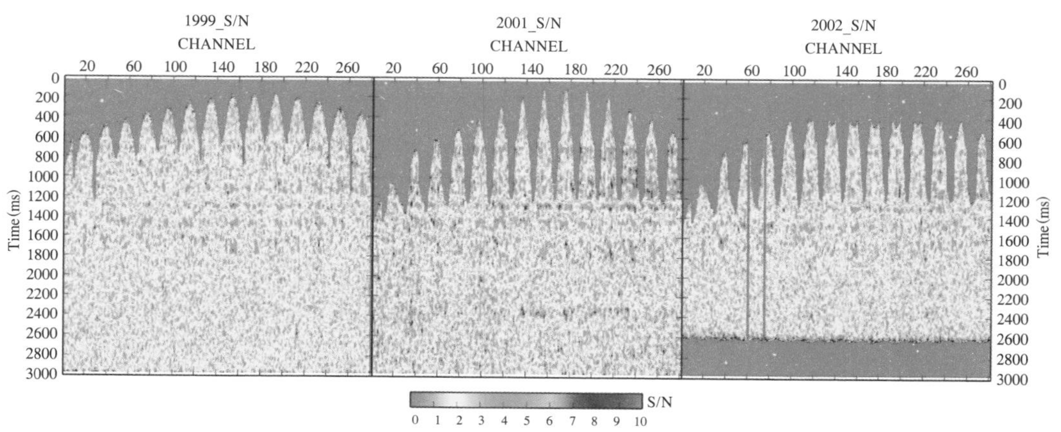

图 4-29 高程静校正、道头静校正、动校正、剩余静校正和外部模型静校正后的单炮集 S/N 剖面

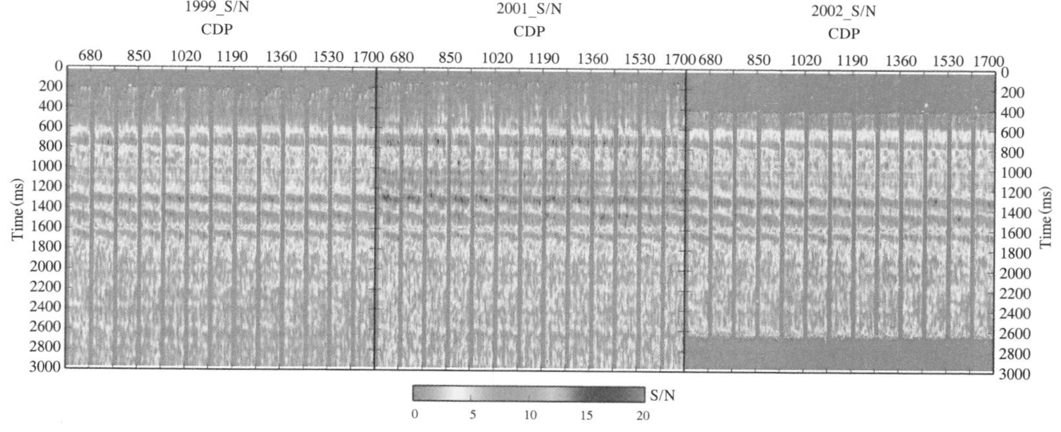

图 4-30 叠加处理后的 S/N 剖面

表 4-3 用 NRMS 和总信噪比值（SNR）追踪处理流程的统计结果

处理步骤	统计数值					
	NRMS			SNR		
	1999&2002	1999&2002	2001&2002	1999	2001	2002
原始数据	1.482459	1.509071	1.175357	0.312640	0.703607	0.559246
带通滤波处理后	0.767216	0.706456	1.098187	0.676615	0.740490	0.597263
真振幅恢复、地表一致性反褶积和谱白化后	1.076116	0.993664	1.183168	0.338152	0.451451	0.356602
高程静校正、道头静校正后	1.066845	0.991847	0.837490	0.347626	0.450979	0.356964
动校正后	1.011758	0.941441	0.790986	0.662888	0.756714	0.767619
剩余静校正后	1.012185	0.940445	0.792660	0.664368	0.756586	0.766600
外部模型静校正后	1.024295	0.957052	0.808882	0.609831	0.717793	0.743175
CDP 叠加后	0.304549	0.452205	0.368511	1.269153	1.216001	1.354839

4.3.3 四维地震解释与反演

4.3.3.1 四维地震解释

四维地震解释就是在地震资料经过时移处理后，将不同时期采集的地震资料进行对比，解释地震响应的差异。通过计算注入前后不同时期观测的时移地震资料振幅的差异与旅行时的差异，可以确定二氧化碳在地下的分布状态及其驱油效果。理想情况下，储层上方的 TWT（双程旅行时）在不同时期采集的地震资料之间不应不同。在储层中，地震波速度将因注入二氧化碳而变化。在储层下方，地震波的双程旅行时也发生变化。对于厚储层，这种影响可能相当大。通常，如果地震数据具有相当好的信噪比，则可以很容易地得到时移响应。振幅异常图对于绘制储层中的流体变化非常有用。

1. 四维地震正演模型

四维地震正演模型是四维地震解释的基础。在四维地震解释中，首先需要准确标定地震剖面中二氧化碳注入层的位置、反射振幅极性等，然后进行层位拾取与振幅等地震属性分析。对于四维地震资料的标定来说，需要预测注入二氧化碳后纵波速度、横波速度、密度的曲线，即进行测井曲线的流体替换，才能将注入二氧化碳前温度、压力、流体饱和度等状态下获得的测井曲线校正到注入状态下的曲线，进而制作人工合成地震记录和标定二次监测地震剖面，即制作四维地震人工合成地震记录。其步骤如下：

（1）流体性质的计算。

在二氧化碳的注入过程中，随着二氧化碳的注入，储层中的流体饱和度以及孔隙压力都会发生变化。因此，在计算流体性质的时候要综合考虑压力、温度、矿化度、气油比、石油 API 值等因素的影响。

（2）建立随压力变化的纵横波速度预测模型。

低孔低渗储层孔隙结构复杂，孔隙形状复杂。在二氧化碳的注入过程中，随着压力的变化，岩石的体变模量和切变模量也发生变化，这是由于岩石颗粒受力变形以及储层微裂的缝闭合。以接触模型为基础建立压力和干岩石体变模量和切变模量之间的关系，最终得到适用于四维地震正演模型的考虑压力变化的干岩石的模量计算方法，从而进行不同压力下纵横波速度的预测。

（3）建立井资料为基础的流体替换模型。

在得到随压力变化的纵横波速度之后，建立考虑储层注入二氧化碳过程中考虑储层参数变化的流体替换模型。储层参数包括温度、压力以及孔隙度。

（4）建立低孔低渗储层四维地震 AVO 正演模型分析四维地震响应。

建立四维 AVO 模型。在测井资料以及预测的纵横波速度的基础上，利用 Zoeppritz 方程，建立不同二氧化碳饱和度以及不同压力条件下的两层模型和井模型，研究 AVO 梯度截距图，分析流体饱和度和压力变化对地震响应的影响。根据实际地震采集和处理情况，制作两次合成地震记录的差异，分析二氧化碳饱和度以及地层压力对地震响应的影响。

图 4-31 为利用我国胜利油田高 89 区块某井的测井资料建立的四维地震正演模型。可以观察到，该区仅压力改变和仅二氧化碳饱和度变化的角道集合成地震记录，孔隙压力改变造成的差异地震响应更明显，而二氧化碳饱和度改变造成的差异地震记录较小，同样证明了该区压力变化是引起四维地震响应的主导因素。

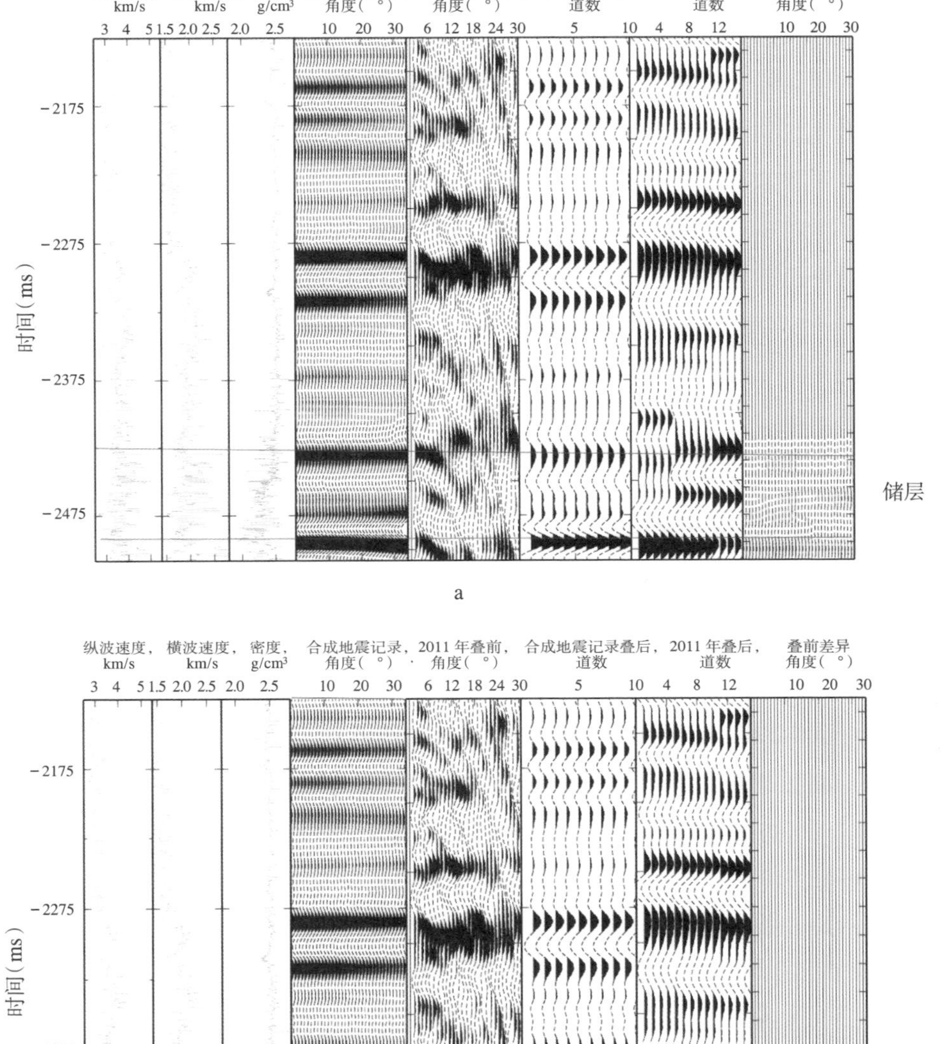

a. 利用基于 Hertz-Mindlin 公式预测的纵横波速度制作的合成地震记录（仅饱和度变化）；b. 利用基于 Hertz-Mindlin 公式预测的纵横波速度制作的合成地震记录（仅压力变化）。

图 4-31 胜利油田高 89 区某井有效压力和二氧化碳饱和度对地震振幅的影响

4.3.3.2 四维地震反演

四维地震正演模型也是地震反演的基础。地震资料反演后，地震反射数据被转换为储层物性，如孔隙度或密度。与地震振幅相比，反演结果具有更高的分辨率，并可以更准确地进行解释。四维地震通常用来监测储层内部的变化，可以通过四维地震反演获得储层内阻抗、饱和度以及压力的变化。

根据所使用的地震数据不同，地震反演可以分为叠后地震反演和叠前地震反演。叠后地震反演计算效率高，反演获得的波阻抗在一定程度上能反映地层的内部变化。叠前地震反演保留了入射角信息，同时利用纵横波速度、密度，得到的信息远较叠后地震反演丰富，可以为研究储层岩性、流体提供更多有效的信息。叠前地震反演一般包括 AVO 反演和弹性阻抗反演。需要注意的是，本节中所涉及的纵横波速度，单位均为 km/s，反射系数为无量纲。

1. Simth & Gidlow 简化方程

首先建立两层介质模型，上覆盖层为泥岩，弹性参数分别为纵波速度α_1、横波速度β_1、密度ρ_1；储层为孔隙型砂岩，其纵横波速度、密度分别表示为α_2、β_2、ρ_2，储层注入二氧化碳后，其流体饱和度和储层压力均发生变化之后，纵横波速度、密度分别表示为α_2'、β_2'、ρ_2'。

根据 Smith & Gidlow（1987）简化的 AVO 公式，注入二氧化碳之前上下介质的反射系数为 $R_0(\theta)$：

$$R_0(\theta)=\frac{1}{2}\left(\frac{\Delta\rho}{\rho}+\frac{\Delta\alpha}{\alpha}\right)-\frac{2\beta^2}{\alpha^2}\left(\frac{\Delta\rho}{\rho}+\frac{2\Delta\beta}{\beta}\right)\sin^2\theta+\frac{\Delta\alpha}{2\alpha}\tan^2\theta \tag{4-28}$$

式中，$\Delta\alpha=\alpha_2-\alpha_1$；$\alpha=\frac{\alpha_1+\alpha_2}{2}$。

储层注入二氧化碳后的反射系数可以表示为

$$R_1(\theta)=\frac{1}{2}\left(\frac{\Delta\alpha'}{\alpha'}+\frac{\Delta\rho'}{\rho'}\right)-\frac{2\beta'^2}{\alpha'^2}\left(\frac{\Delta\rho'}{\rho'}+\frac{2\Delta\beta'}{\beta'}\right)\sin^2\theta+\frac{\Delta\alpha'}{2\alpha'}\tan^2\theta \tag{4-29}$$

式中，$\Delta\alpha'=\alpha_2'-\alpha_1$，$\alpha=\frac{\alpha_1+\alpha_2'}{2}$。

对公式（4-29）进行简化计算，并忽略纵横波速度及密度的二次项，得到：

$$R_1(\theta)=\frac{1}{2}\left(\frac{\Delta\alpha}{\alpha}+\frac{\Delta\beta}{\beta}\right)-\frac{2\beta^2}{\alpha^2}\left(\frac{2\Delta\beta}{\beta}+\frac{\Delta\rho}{\rho}\right)\sin^2\theta+\frac{\Delta\alpha}{2\alpha}\tan^2\theta+\frac{1}{2}\left(\frac{\Delta\rho^{pS}}{\rho}+\frac{\Delta\alpha^{pS}}{\alpha}\right)-\frac{2\beta^2}{\alpha^2}\left(\frac{\Delta\rho^{pS}}{\rho}+\frac{2\Delta\beta^{pS}}{\beta}\right)\sin^2\theta+\frac{\Delta\alpha^{pS}}{2\alpha}\tan^2\theta \tag{4-30}$$

式中，S 代表饱和度（无量纲）；p 代表压力；$\Delta\alpha^{pS}$、$\Delta\beta^{pS}$、$\Delta\rho^{pS}$ 分别代表储层注入二氧化碳后，饱和度（S）和压力（p）同时变化导致的纵横波速度、密度的变化量，如$\Delta\alpha^{pS}=\alpha_2'-\alpha_2$。

由此可得，注入二氧化碳前后，反射系数的变化量为：

$$\Delta R^{pS}(\theta)=\frac{1}{2}\left(\frac{\Delta\rho^{pS}}{\rho}+\frac{\Delta\alpha^{pS}}{\alpha}\right)-\frac{2\beta^2}{\alpha^2}\left(\frac{\Delta\rho^{pS}}{\rho}+\frac{2\Delta\beta^{pS}}{\beta}\right)\sin^2\theta+\frac{\Delta\alpha^{pS}}{2\alpha}\tan^2\theta \tag{4-31}$$

根据 Shuey 简化公式得到的 AVO 梯度和截距常规表达式 $R=R_0+G\sin^2\theta$，并假设$\sin^2\theta=\tan^2\theta$，将反射系数变化量的表达式（4-31）写成一个截距项和一个梯度项的表达式，即：

$$\Delta R_0=\frac{1}{2}\left(\frac{\Delta\rho^{pS}}{\rho}+\frac{\Delta\alpha^{pS}}{\alpha}\right) \tag{4-32}$$

$$\Delta G=\frac{\Delta\alpha^{pS}}{2\alpha}-\frac{2\beta^2}{\alpha^2}\left(\frac{\Delta\rho^{pS}}{\rho}+\frac{2\Delta\beta^{pS}}{\beta}\right) \tag{4-33}$$

式中，ΔR_0 和ΔG 分别表示 AVO 截距和梯度的变化量。

2. Landrϕ公式

二氧化碳注入之后，流体饱和度以及储层压力均发生变化，Landrϕ（2001）对公式（4-31）进行了简化计算。仅考虑流体饱和度变化时，根据 Gassmann 理论，切变模量在流体替换前后基本不变，横波速度对流体饱和度和密度变化不敏感，得到仅饱和度变化造成的反射系数变化量的表达式：

$$\Delta R^{S}(\theta)\approx\frac{1}{2}\left(\frac{\Delta\rho^{S}}{\rho}+\frac{\Delta\alpha^{S}}{\alpha}\right)+\frac{\Delta\alpha^{S}}{2\alpha}\tan^2\theta \tag{4-34}$$

仅考虑有效压力变化时，忽略压力对密度的影响，得到有效压力变化造成的反射系数变化量的表达式：

$$\Delta R^{p}(\theta)\approx\frac{1}{2}\frac{\Delta\alpha^{p}}{\alpha}-\frac{4\beta^2}{\alpha^2}\frac{\Delta\beta^{p}}{\beta}\sin^2\theta+\frac{\Delta\alpha^{p}}{2\alpha}\tan^2\theta \tag{4-35}$$

公式（4-34）与公式（4-35）结合，可得到饱和度和压力共同变化时导致的反射系数变化量的表达式：

$$\Delta R^{pS}(\theta)\approx\frac{1}{2}\left(\frac{\Delta\rho^{S}}{\rho}+\frac{\Delta\alpha^{pS}}{\alpha}\right)-\frac{4\beta^2}{\alpha^2}\frac{\Delta\beta^{p}}{\beta}\sin^2\theta+\frac{\Delta\alpha^{pS}}{2\alpha}\tan^2\theta \tag{4-36}$$

将公式（4-36）写成 AVO 截距项和梯度项的表达形式：

$$R_0(\theta)=\frac{1}{2}\left(\frac{\Delta\rho^{S}}{\rho}+\frac{\Delta\alpha^{pS}}{\alpha}\right) \tag{4-37}$$

$$\Delta G=\frac{\Delta\alpha^{pS}}{2\alpha}-\frac{4\beta^2}{\alpha^2}\frac{\Delta\beta^{p}}{\beta} \tag{4-38}$$

Landrϕ公式第一项忽略了压力对密度的影响，第二项不仅忽略了压力和饱和度对密度的影响，还忽略了饱和度对横波速度的影响，这些都会造成反演的误差。因此，从理论上来看 Smith & Gidlow 简化公式的精确度高于 Landrϕ公式。

4.3.3.4 四维转换波 AVO 反演理论

Landrϕ（2003）从 Aki 和 Richards（1980）简化的 Zoeppritz 方程出发，假设上下两层介质的纵波速度分别表示为α_1、α_2，横波速度分别为β_1、β_2，密度分别为ρ_1、ρ_2，则 PP 波与 PS 波的反射系数可以写成：

$$R_{\mathrm{pp}}=\frac{1}{2}\left(\frac{\Delta\rho}{\rho}+\frac{\Delta\alpha}{\alpha}\right)-\frac{2\beta^2}{\alpha^2}\left(\frac{\Delta\rho}{\rho}+\frac{2\Delta\beta}{\beta}\right)\sin^2\theta+\frac{\Delta\alpha}{2\alpha}\tan^2\theta \tag{4-39}$$

$$R_{\mathrm{ps}}=-\frac{1}{2}\left((1+2K)\frac{\Delta\rho}{\rho}+4K\frac{\Delta\beta}{\beta}\right)\sin\theta+K\left(\left(K+\frac{1}{2}\right)\left(\frac{\Delta\rho}{\rho}+\frac{2\Delta\beta}{\beta}\right)-\frac{K}{4}\frac{\Delta\rho}{\rho}\right)\sin^3\theta \tag{4-40}$$

式中，R_{pp} 和 R_{ps} 分别是上下两层介质纵波和转换波的反射系数；α、β、ρ分别是上下两层介质纵波速度、横波速度以及密度的平均值；$\Delta\alpha$、$\Delta\beta$、$\Delta\rho$分别是上下两层介质纵波速度、横波速度以及密度的差值；K 是纵横波速度比；θ是纵波入射角。

Landrϕ通过比较流体替换前后 PP 波与 PS 波的反射系数差异，将由储层孔隙压力和流体饱和度所引起的 PP 波与 PS 波反射系数差异分别写成：

$$\Delta R_{\mathrm{pp}}^{F}\approx\frac{1}{2}\left(\frac{\Delta\rho^F}{\rho}+\frac{\Delta\alpha^F}{\alpha}\right)+\frac{\Delta\alpha^F}{2\alpha}\tan^2\theta \tag{4-41}$$

$$\Delta R_{\mathrm{pp}}^{P}\approx\frac{1}{2}\frac{\Delta\alpha^P}{\alpha}-\frac{2\beta^2}{\alpha^2}\frac{\Delta\beta^P}{\beta}\sin^2\theta+\frac{\Delta\alpha^P}{2\alpha}\tan^2\theta \tag{4-42}$$

$$\Delta R_{\mathrm{ps}}^{F}\approx-\frac{1}{2}\frac{\Delta\rho^F}{\rho}\sin\theta-\frac{K^2}{4}\frac{\Delta\rho^F}{\rho}\sin^3\theta \tag{4-43}$$

$$\Delta R_{\mathrm{ps}}^{P}\approx-2K\frac{\Delta\beta^P}{\beta}\sin\theta+2K\left(K+\frac{1}{2}\right)\frac{\Delta\beta^P}{\beta}\sin^3\theta \tag{4-44}$$

式中，$\Delta R_{\mathrm{pp}}^{F}$和$\Delta R_{\mathrm{ps}}^{F}$分别是孔隙流体饱和度单独变化造成的 PP 波和 PS 波反射系数的变化；$\Delta R_{\mathrm{pp}}^{P}$和$\Delta R_{\mathrm{ps}}^{P}$分别是孔隙压力单独变化造成的 PP 波和 PS 波反射系数的变化；α、β、ρ分别是上下两层介质纵波速度、横波速度以及密度的平均值；$\Delta\alpha^F$ 和$\Delta\rho^F$ 别是流体饱和度变化造成的纵波速度和密度的变化；$\Delta\alpha^P$ 和$\Delta\beta^P$ 分别是孔隙压力的变化造成的纵横波速度的变化；K 是纵横波速度比；θ是纵波入射角。

同时，Landrϕ通过研究储层纵横波速度、密度与孔隙压力和流体饱和度之间的变化关系，将纵横波速度以及密度随储层孔隙压力和二氧化碳饱和度的变换规律近似表示为

$$\frac{\Delta\alpha}{\alpha}\approx k_\alpha\times\Delta S+l_\alpha\times\Delta p+m_\alpha\times\Delta p^2 \tag{4-45}$$

$$\frac{\Delta\beta}{\beta}=k_\beta\times\Delta S+l_\beta\times\Delta p+m_\beta\times\Delta p^2 \tag{4-46}$$

$$\frac{\Delta\rho}{\rho}\approx k_\rho\times\Delta S \tag{4-47}$$

式中，k_α、k_β、k_ρ、l_α、l_β、m_α、m_β 均为常数；Δp 是储层孔隙压力的变化量；ΔS 是储层流体饱和度的变化量。

通过联立式（4-41）~（4-46），结合 Andorsen 和 Landrϕ（2000）的关于时移地震叠加研究方法，通过计算不同入射角叠加的纵波和转换波反射系数，获取储层孔隙压力和流体饱和度的变化值。

在 Landrϕ的计算过程中，ΔS 是干岩石注水后储层含水饱和度的变化，但是在二氧化碳地质封存中，随着二氧化碳的注入，储层为油、水、二氧化碳三相流体混合，正演模型中流体替换过程中，注入储层二氧化碳量的不同，储层三相流体的饱和度的变化规律也不相同。因此，可以将纵横波速度、密度与孔隙压力和流体饱和度之间的变化关系进行改写，使之更加符合二氧化碳地质封存中的流体替换过程。

纵波速度主要受储层孔隙压力和注入二氧化碳饱和度的双重影响，因此为了提高计算精度，对于纵波速度，同时保留孔隙压力和流体饱和度的二阶项和常数项，纵波速度的变化量可以写成：

$$\frac{\Delta\alpha}{\alpha}\approx\alpha_1\times\Delta p^2+\alpha_2\times\Delta p+\alpha_3+\alpha_4\times\Delta S^2+\alpha_5\times\Delta S+\alpha_6 \tag{4-48}$$

横波速度同样受孔隙压力和流体饱和度的双重影响，但孔隙压力的影响占据绝对主导，因此仅保留孔隙压力的二阶项，去除流体饱和度的二阶项，横波速度的变化量可以写成：

$$\frac{\Delta\beta}{\beta}\approx\beta_1\times\Delta p^2+\beta_2\times\Delta p+\beta_3+\beta_4\times\Delta S+\beta_5 \tag{4-49}$$

储层密度的变化同时受孔隙压力和流体饱和度的影响，密度的变化量可以写成：

$$\frac{\Delta\rho}{\rho}\approx\rho_1\times\Delta p+\rho_2+\rho_3\times\Delta S+\rho_4 \tag{4-50}$$

公式（4-48）、公式（4-49）和公式（4-50）中，α、β、ρ分别是上下两层介质纵波速度、横波速度以及密度的平均值；$\Delta\alpha$，$\Delta\beta$，$\Delta\rho$为孔隙压力变化造成的纵波速度、横波速度、密度变化量；Δp 和ΔS 分别是孔隙压力和二氧化碳饱和度的变化值；$\alpha_1\sim\alpha_6$、$\beta_1\sim\beta_5$、$\rho_1\sim\rho_4$ 为常数系数。

同时，在二氧化碳地质封存中，由于孔喉毛细管力的存在，二氧化碳注入储层过程中，油、水、二氧化碳三相流体的饱和度变化规律不是线性变化，而是随着二氧化碳注入的不同阶段，二氧化碳可能驱替油、水以及油水混合物。在进行储层纵横波速度与密度随二氧化碳注入发生变化的过程中，可以考虑将饱和度的变化分成两段进行探讨：第一段是注入二氧化碳驱油的过程，第二段是注入二氧化碳驱水的过程。

将公式（4-39）~（4-41）代入 Thomson 各向异性参数中，可以建立 PP 波与 PS 波差异与孔隙压力和二氧化碳饱和度之间的联系：

$$\Delta R_{PP}\approx\frac{1}{2}(\alpha_1\times\Delta p^2+\alpha_2\times\Delta p+\alpha_3+\alpha_4\times\Delta S^2+\alpha_5\times\Delta S+\alpha_6+\rho_1\times\Delta p+\rho_2+\rho_3\times\Delta S+\rho_4)+\frac{1}{2}(\alpha_1\times\Delta p^2+\alpha_2\times\Delta p+\alpha_3+\alpha_4\times\Delta S^2+\alpha_5\times\Delta S+\alpha_6)\times\tan^2\theta-4K^2(\alpha_1\times\Delta p^2+\alpha_2\times\Delta p+\alpha_3)\times\sin^2\theta \tag{4-51}$$

$$\Delta R_{PS}\approx-\frac{1}{2}(\rho_1\times\Delta p+\rho_2+\rho_3\times\Delta S+\rho_4)\times\sin\theta-\frac{K^2}{4}(\rho_1\times\Delta p+\rho_2+\rho_3\times\Delta S+\rho_4)\times\sin^3\theta-2K(\beta_1\times\Delta p^2+\beta_2\times\Delta p+\beta_3)\times\sin\theta+2K\left(K+\frac{1}{2}\right)\times(\beta_1\times\Delta p^2+\beta_2\times\Delta p+\beta_3)\times\sin^3\theta \tag{4-52}$$

Andorsen 和 Landrϕ（2000）指出，对于时移地震的研究，叠加的数据的可靠性更强，因此上式可以改写成：

$$\Delta R_{PP}\approx\frac{1}{2}(\alpha_1\times\Delta p^2+\alpha_2\times\Delta p+\alpha_3+\alpha_4\times\Delta S^2+\alpha_5\times\Delta S+\alpha_6+\rho_1\times\Delta p+\rho_2+\rho_3\times\Delta S+\rho_4)\times i_1+\frac{1}{2}(\alpha_1\times\Delta p^2+\alpha_2\times\Delta p+\alpha_3+\alpha_4\times\Delta S^2+\alpha_5\times\Delta S+\alpha_6)\times i_3-4K^2(\alpha_1\times\Delta p^2+\alpha_2\times\Delta p+\alpha_3)\times i_2 \tag{4-53}$$

$$\Delta R_{PS}\approx-\frac{1}{2}(\rho_1\times\Delta p+\rho_2+\rho_3\times\Delta S+\rho_4)\times i_1-\frac{K^2}{4}(\rho_1\times\Delta p+\rho_2+\rho_3\times\Delta S+\rho_4)\times i_4-2K(\beta_1\times\Delta p^2+\beta_2\times\Delta p+\beta_3)\times i_1+2K\left(K+\frac{1}{2}\right)\times(\beta_1\times\Delta p^2+\beta_2\times\Delta p+\beta_3)\times i_4 \tag{4-54}$$

式中，$i_0\sim i_4$ 为纵波与转换叠加角度的函数，通过联立方程式可以解出储层孔隙压力与二氧化碳饱和度的变化量，如下：

$$i_1=\frac{1}{\theta_2-\theta_1}\times\int_{\theta_2}^{\theta_1}\sin\theta\,\mathrm{d}\theta=\frac{1}{\theta_2-\theta_1}\times(\cos\theta_1-\cos\theta_2) \tag{4-55}$$

$$i_2=\frac{1}{\theta_2-\theta_1}\times\int_{\theta_2}^{\theta_1}\sin^2\theta\,\mathrm{d}\theta=\frac{1}{\theta_2-\theta_1}\times\left(\frac{1}{2}\times(\theta_1-\theta_2)-\frac{1}{4}\times(\sin^2\theta_2-\sin^2\theta_1)\right) \tag{4-56}$$

$$i_3=\frac{1}{\theta_2-\theta_1}\times\int_{\theta_2}^{\theta_1}\tan^2\theta\,\mathrm{d}\theta=\frac{1}{\theta_2-\theta_1}\times(\tan\theta_2-\tan\theta_1-(\theta_1-\theta_2)) \tag{4-57}$$

$$i_4=\frac{1}{\theta_2-\theta_1}\times\int_{\theta_2}^{\theta_1}\sin^3\theta\,\mathrm{d}\theta=\frac{1}{\theta_2-\theta_1}\times\left(-(\cos\theta_2-\cos\theta_1)+\frac{1}{3}\times(\cos^3\theta_2-\cos^3\theta_1)\right) \tag{4-58}$$

式中，θ_1 和θ_2 是 PP 波和 PS 波的叠加角度。

本章思考题

（1）在二氧化碳地质封存中，储层中流体的性质应该如何计算？

（2）结合二氧化碳地质封存的过程，思考在四维地震岩石物理建模中，应选用哪种岩石物理模型？为什么？

（3）四维地震采集中的关键参数有哪些?

本章参考文献

[1] Ahrens T J. Mineral Physics and Crystallography: A Handbook of Physical Constant [M]. Washington, D C:American Geophysical Union,1995.

[2] Aki K, Richards P G. Quantitative Seismology: Theory and Methods [M]. Freeman, 1980.

[3] Andorsen K, Landrø M.Source Signature Variations Versus Repeatability—A Study Based on a Zero-offset VSP Experiment [J]. Journal of Seismic Exploration, 2000, 9 (1): 61-72.

[4] Archie G E.The Electrical Resistivity Log as an Aid in Determining Some Reservoir Characteristics [J]. Petroleum Technology, 1942, 5: 54-62.

[5] Bakulin A J, Calvert R. Virtual Source: New Method for Imaging and 4D Below Complex Overburden [J]. 74th Annual International Meeting, SEG, Expanded Abstracts, 2004, 2477-2480.

[6] Batzle M, Wang Z. Seismic Properties of Pore Fluids [J]. Geophysics, 1992, 57: 1396-1408.

[7] Berg E W, Vuillermoz C, Woje G, et al. Emerging Geophysical Technologies: Is Planting and Re-planting of Nodes a 4C−4D Scenario the Optimum and Most Cost-effective Solution for Field Reservoir Monitoring [J]. Offshore Technology Conference: OTC-19691-PP., 2008.

[8] Falorni G, Tamburini A, Novali F, et al. Multi-interferogram InSAR Techniques for Monitoring Surface Deformation in CO_2 Sequestration [C]. AAPG Annual Convention and Exhibition, New Orleans, Louisiana, April 11-14, 2010.

[9] Gasperikova E, Hoversten G M. Gravity Monitoring of CO_2 Movement During Sequestration: Model Studies [J]. Geophysics, 2008, 73, WA105-WA112.

[10] Gassmann F. Über die elastizität poröser medien: Vierteljahrss-chrift der Naturforschenden Gesellschaft in Zurich [J]. Vier. Der Nater Gesellschaft, 1951, 96: 1-21.

[11] Hill R. The Elastic Behavior of Crystalline Aggregate [J]. Proceeding of the Physical Society, Section A, 1952, 65 (5): 349-354.

[12] Hoversten G M, Gritto R, Washbourne J, et al. Pressure and Fluid Saturation Prediction in a Multicomponent Reservoir Using Combined Seismic and Electromagnetic Imaging [J]. Geophysics, 2003, 68: 1580-1591.

[13] Hovorka S D, Collings D, Benson S, et al. Update on the Frio Brine Pilot: Eight Months After Injection [C]. National Energy Technology Laboratory Fourth Annual Conference on Carbon Capture and Sequestration, Alexandria, Virginia, May 2-5, 2005. GCCC Digital Publication Series #05-04i, pp. 1-31.

[14] Johnston D H. Practical Applications of Time-lapse Seismic Data [C]. Society of Exploration

Geophysicist, 2013 SEG Distinguished Instructor Short Course, DISC series, 2013, 13: 181-183.

[15] Hare J L, Ferguson J F, Aiken C L V. The 4D Microgravity Method for Waterflood Surveillance: A Model Study from the Prudhoe Bay Reservoir, Alaska [J]. Geophysics, 1999, 64: 78-87.

[16] Katz D L, Cornell D, Vary J A, et al. Handbook of Natural Gas Engineering [M]. New York: McGraw-Hill Book Co., 1959.

[17] Landrϕ M, Veire H H, Duffaut K, et al. Discrimination Between Pressure and Fluid Saturation Changes from Marine Multicomponent Time-lapse Seismic Data [J]. Geophysics, 2003, 68: 1592-1599.

[18] Landrϕ M. Discrimination Between Pressure and Fluid Saturation Changes from Time-lapse Seismic Data [J]. Geophysics, 2001, 66 (3): 836-844.

[19] Ma J, Gao L, Morozov I B. Time-lapse Repeatability in 3C−3D Dataset from Weyburn CO_2 Sequestration Project [J]. Frontiers+Innovation—2009 CSPG CSEG CWLS Convention, Calgary, Canada, Expanded Abstracts, 2009, 255-258.

[20] McCain Jr, W D. The Properties of Petroleum Fluids [M]. Tulsa, Oklahoma: PennWell Publishing Company, 1990.

[21] Mindlin R D. Compliance of Elastic Bodied in Contact [J]. Journal of Applied Mechaics, 1949, 16: 259-268.

[22] Nooner S L, Eiken O, Hermanrud C, et al. Constrains on the In-situ Density of CO_2 Within the Utsira Formation from Time-lapse Seafloor Gravity Measurements [J]. International Journal of Greenhouse Gas Control, 2007, 1:198-214.

[23] Reuss, A. Berechnung der fliessgrenze von mischkristallen auf ground der plastizitätsbedingung für einkristalle [J]. Zeitschrift für Angewandte Mathematik und Mechanik, 1929, 9 (1): 49-58.

[24] Ronen S, van Waard R, Keggin J. Repeatability of Sea Bed Multi-component Data: 69th Annual International Meeting [J]. SEG, Expanded Abstracts, 1999, 1695-1698.

[25] Thomas L K, Hankinson R W, Phillips K A. Determination of Acoustic Velocities for Natural Gas [J]. Journal of Petroleum Technology, 1970, 22: 889-892.

[26] Wood A B, Lindsay R B. A Textbook of Sound [J]. Physics Today, 1956, 9 (11): 37.

[27] Xu H. Calculation of CO_2 Acoustic Properties Using Batzle−Wang Equations [J]. Geophysics, 2006, 71, (2): F21-F23.

[28] 李琳，马劲风，王浩璠．典型油藏 CO_2 地质封存中四维地震正演模型研究 [J]．地球物理学进展，2018，33 (6)：2383-2393.

[29] 葛洪魁，韩德华，陈颙．砂岩孔隙弹性特性的试验研究 [J]．岩石力学与工程学，2001，20 (3)：332-337.

第5章 二氧化碳地质封存的环境风险与环境监测

应对气候变化中，针对影响气候变化因素的温室气体，提出了不同的应对策略。就气候变化影响最大的温室气体二氧化碳而言，西方国家提出了二氧化碳捕集与封存（CCS）的概念。在此基础上，中国学者补充应强调二氧化碳的利用，提出了二氧化碳捕集、利用与封存（CCUS）的概念，全面完善了针对最重要的温室气体的应对策略。在CCS或CCUS中，二氧化碳捕集主要针对各种二氧化碳排放源，将二氧化碳与其他成分分离开来，为后续的利用与封存提供合格的二氧化碳原料；二氧化碳利用是将分离出来的二氧化碳，通过物理、化学等方法，投入到其他燃料或材料的生产之中，以实现二氧化碳的资源化或能源化循环利用；二氧化碳地质封存是将捕集到的二氧化碳，通过运输而注入合适的地层中，通过二氧化碳与地层及其赋存物质之间的物理、化学作用，将原本向大气排放的二氧化碳永久封存至地下地层中，以减缓因大气中二氧化碳浓度不断升高所导致的气候急剧变化。

从二氧化碳捕集、利用与封存各环节的功能而言，二氧化碳捕集所解决的是源头收集和净化问题，二氧化碳利用是二氧化碳的多途径资源和能源化转化问题，二氧化碳地质封存是改变二氧化碳的排放去向或储存介质问题。只有实现二氧化碳的大规模封存，才具有减缓气候变化的意义。这种由肆意排入大气向有目的的封存于地层的思路转化，虽然可以作为减缓气候变化的有效手段，但又因其封存选址、地层选择、注入井建设、注入过程控制及注入二氧化碳的运移等多种原因，可能带来新的环境影响与环境风险。因此，认识二氧化碳地质封存泄漏的风险及其环境影响，了解二氧化碳地质封存泄漏的环境风险的评价方法，熟悉二氧化碳地质封存的环境监测体系与方法，既是从环境保护角度合理把握二氧化碳地质封存技术进步中不可缺少的环节，也是二氧化碳相关项目建设中必须从严把关的重要抓手。

5.1　二氧化碳地质封存泄漏及其风险

理想情况下，二氧化碳地质封存是通过选择具有良好储存性能的地质储层和良好封闭性能的盖层作为封存目标层的，但是由于地质勘探工作的空间精度限制，难以准确了解目标区域的详细情况，加之二氧化碳注入时的工程操作和运行所导致的储层和盖层变化，二氧化碳地质封存项目就可能存在所注入的二氧化碳发生泄漏的现象，即二氧化碳地质封存泄漏。二氧化碳地质封存泄漏，既是二氧化碳地质封存项目所不可接受的结果，也是导致其环境风险问题的根源，必须充分重视并避免其发生。

5.1.1 二氧化碳地质封存泄漏的途径与方式

二氧化碳地质封存泄漏是指二氧化碳地质封存工程所封存的二氧化碳，通过运移而泄漏至储层之上的其他地层甚至到达地表和大气的过程。这种泄漏会导致环境介质因二氧化碳含量的增高而发生变化，从而影响其使用功能甚至发生风险事故。

5.1.1.1 二氧化碳地质封存泄漏的途径

尽管二氧化碳地质封存选址的前提条件之一是依托良好的圈闭结构，地质封存目的是将二氧化碳长期安全封存于地质封存体中，但由于对封存场地地质条件认识的有限性和人类开发活动导致的不确定性，注入储层的二氧化碳在封存体中会发生横向和纵向运移而扩大其存在范围，进而存在泄漏的风险。二氧化碳在地质封存系统中可通过三种途径发生泄漏，即井筒泄漏、沿断层或裂缝泄漏以及突破盖层泄漏（图 5-1）。

1. 井筒泄漏

从二氧化碳高排放企业捕获的二氧化碳，是通过井筒这唯一通道注入到地层之中。随着时间的推移，一方面由于二氧化碳溶解产生的弱酸对套管和环空产生的腐蚀，另一方面由于二氧化碳注入引起温压条件的变化，使得套管或水泥环发生塑性变形，从而破坏井筒的完整性。就二氧化碳泄漏机理而言，二氧化碳沿井筒泄漏一般是因为化学或力学作用而导致二氧化碳沿井筒环空水泥、井筒桥塞或围岩破碎带发生泄漏。化学作用是由于当地下水中二氧化碳含量超过 2%时，对套管和环空水泥具有弱腐蚀性，二氧化碳含量大于 6%时则具有强腐蚀性。力学作用一般因为二氧化碳注入引起温度降低或注入

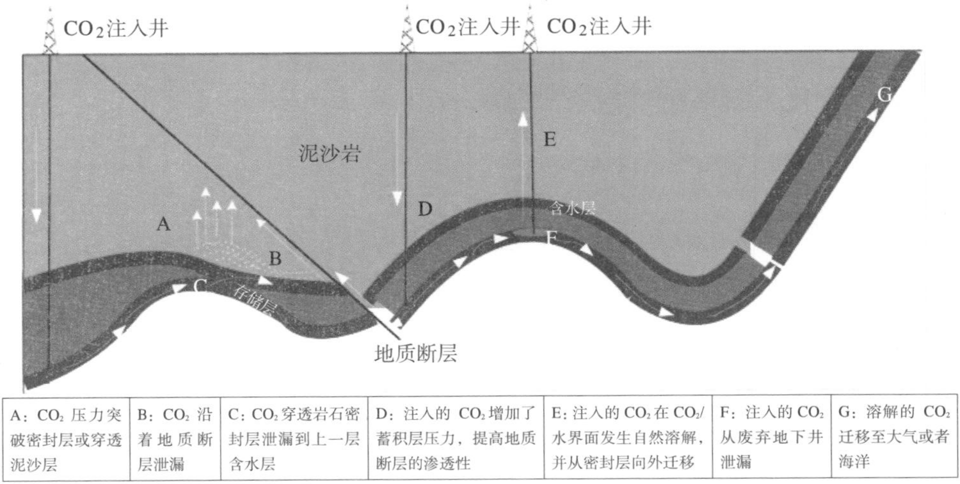

A：CO_2 压力突破密封层或穿透泥沙层	B：CO_2 沿着地质断层泄漏	C：CO_2 穿透岩石密封层泄漏到上一层含水层	D：注入的 CO_2 增加了蓄积层压力，提高地质断层的渗透性	E：注入的 CO_2 在 CO_2/水界面发生自然溶解，并从密封层向外迁移	F：注入的 CO_2 从废弃地下井泄漏	G：溶解的 CO_2 迁移至大气或者海洋

图 5-1　二氧化碳地质封存潜在的泄漏途径（王晓桥等，2020）

压力过大，导致套管收缩或水泥环开裂及密封性丧失而致。

井筒泄漏一般可能发生在以下具体部位（图 5-2）：

（1）井筒套管外壁与固井水泥之间。

（2）井底水泥塞与套管之间。

（3）固井水泥环密度不均匀。

（4）套管腐蚀和刺穿处。

（5）固井水泥环破裂或裂缝处。

（6）固井水泥环和岩石之间等。

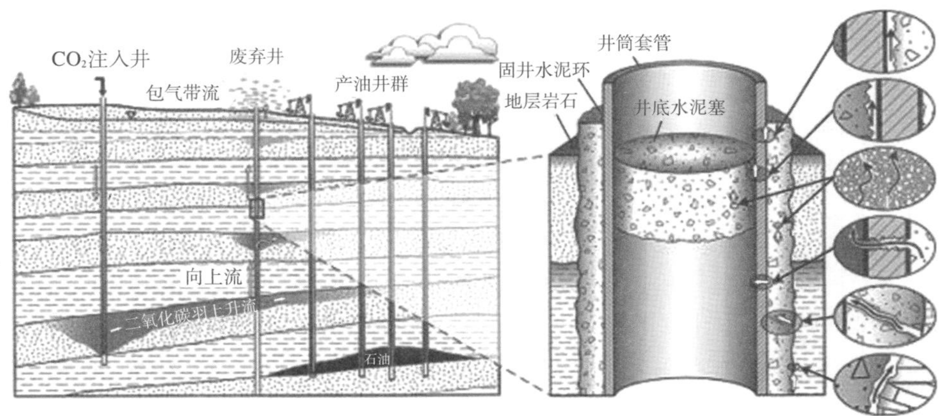

图 5-2　二氧化碳沿井筒泄漏途径示意图（Nordbotten J M et al.，2009）

另外，由于许多适合二氧化碳地质封存的地层往往位于油气开发相对集中的区域，场地附近可能存在大量废弃油气井（泄漏风险相对较高）；在油气开发区之外，对于大规模二氧化碳地质封存项目或低渗场地，也可能需要咸水抽汲井或降压井，区内的各种钻井可能贯穿盖层而成为二氧化碳地质封存项目泄漏的通道。在水驱油转二氧化碳驱油与封存的油藏区块，已建油水井的二氧化碳泄漏可能途径有：①原有的套管丝扣为平扣，非气密性，存在丝扣泄漏风险；②部分井完井时，水泥返高未到井口，存在发生套管气窜的风险；③井口套管底部法兰、井口耐压性等级低，气密性差，存在高压泄漏风险等。

2. 沿断层或裂缝泄漏

当二氧化碳由地面向地质封存体大规模注入时，会导致地层压力过高和应力状态发生改变，可能使盖层产生裂缝，激活原本闭合的断层或断层面滑动而增加二氧化碳的泄漏风险。二氧化碳沿断层或裂缝泄漏主要受裂缝开度、有效渗透率、注入深度、注入速度及岩层非均质性等因素影响，其中有效透率通常是影响二氧化碳和咸水泄漏速率的最敏感因素。

3. 突破盖层泄漏

盖层由于其特低渗、高毛管压力的特征，对于二氧化碳地质封存的可持续性、有效性尤为关键，评估包括盖层的岩性（主要是泥质含量）、韧性、盖层厚度、连续性及分布面积等的盖层完整性是地质封存一个很重要的课题。当二氧化碳注入储层后，在浮力作用下向上移动并聚集在盖层下部。二氧化碳透过盖层泄漏的方式包括扩散泄漏、渗透泄漏和沿裂隙泄漏三种。扩散泄漏是指二氧化碳在浓度梯度的作用下通过分子扩散侵入盖层；渗透泄漏是二氧化碳以两相流方式突破毛管阻力和储层水侵入盖层；沿裂隙泄漏是二氧化碳通过激活的裂缝和断层侵入盖层。当二氧化碳侵入盖层后，就会与盖层岩石之间发生化学反应，增加渗透率和孔隙率，破坏盖层的完整性，进而造成二氧化碳从盖层渗漏。尽管盖层渗透率极低，但储层咸水在高压条件下仍然会以十分缓慢的“扩散”方式向上覆或下伏含水层泄漏。扩散泄漏的速率通常非常小，但对于跨越数千年时间尺度和数十公里空间尺度的二氧化碳地质封存项目而言，这部分泄漏仍占有显著量级。

此外，对于二氧化碳透过盖层泄漏还有两点不应忽视：一是盖层渗透率相对较高，意味着盖层也许发育离散裂隙或小裂缝，此时二氧化碳很可能透过盖层既发生渗透泄漏，也发生扩散泄漏，前者发生在裂缝网络中，而后者发生在盖层基质中；二是在盖层比较完整且渗透率低、储层压力高且消散慢时，二氧化碳泄漏的时间跨度将会比较长。

5.1.1.2 二氧化碳地质封存泄漏的方式

二氧化碳地质封存泄漏的方式分为突然泄漏和逐渐泄漏两种（图 5-3）。

1. 突然泄漏

突然泄漏是由于注入井破裂或通过废弃油气井泄漏，二氧化碳有可能突然快速地释放。一般来说，突然泄漏速度快，二氧化碳浓度高，造成的局部影响大，容易识别和应急。利用石油和天然气方面已有的工程技术手段，控制这种泄漏可能需要数小时乃至数天，与注入的总量相比，二氧化碳总量可能很小。

2. 逐渐泄漏

逐渐泄漏是通过未被发现的断层、断裂或废弃油气井发生泄漏，二氧化碳释放到地面缓慢扩散。逐渐泄漏的潜在后果目前还很难定性，只能依据封存地点的位置与地质状况、封存及泄漏的规模以及泄漏点周围的实际情况做出判断。逐渐泄漏主要影响地下水和生态系统，在注入过程，由于二氧化碳的置换，直接泄漏到含水层的二氧化碳和进入含水层的盐水都可影响地下水的水质，二氧化碳对土壤孔隙中氧的置换也可能存在土壤的酸化，并通过土壤的变化，影响植物的生长发育。逐渐泄漏的影响较小，不易被识别。

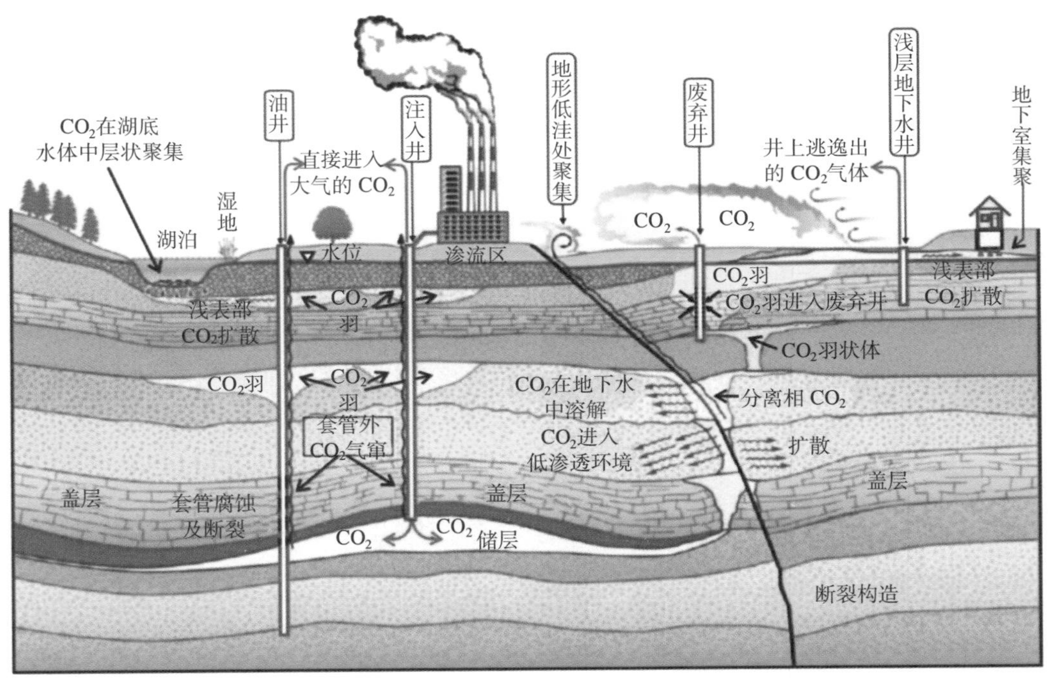

图 5-3　二氧化碳地质封存工程的潜在泄漏方式（张成龙等，2021）

5.1.2 二氧化碳地质封存泄漏风险的类型及时空特征

5.1.2.1 二氧化碳地质封存泄漏风险的类型

二氧化碳地质封存泄漏风险是指由封存的二氧化碳泄漏所带来的风险，包括安全风险、环境风险、社会风险、经济风险、法律风险等方面，其重点是安全风险和环境风险。

1. 安全风险

安全风险是安全事故（事件）发生的可能性与其后果严重性的组合。在 CCUS 项目中，二氧化碳捕集工程和管输工程具有完整的工艺流程，其运行动态和安全状态可以通过监控仪器仪表的数值变化进行了解和管控；而地质封存和驱油利用工程的安全状态是操作者和管理者无法直接感知的，其安全风险是难以预知的二氧化碳泄漏。由于其预知概率低，风险管控难度大，一旦发生二氧化碳的突发泄漏，可能会造成大的地质和环境灾难。

2. 环境风险

环境风险是由人类活动引起的或由人类活动与自然界的运动过程共同作用造成的，通过环境介质传播的，能对人类社会及其生存、发展的环境产生破坏乃至毁灭性后果。就 CCS 项目而言，这里所说的环境风险是指由二氧化碳泄漏所导致的环境事件发生的概率及其后果。在 CCS 项目实施过程中，可能存在二氧化碳通过未被发现的断层、断裂处或地质体上部盖层密封性薄弱的部位，直接泄漏到地下含水层，进而扩散到近地表地层或地表土壤中的风险。若地下含水层与生活水源相关，则会污染水源；若二氧化碳扩散到地表土壤，有可能导致土壤酸化或影响土壤的“呼吸”；如果二氧化碳泄漏量较大，可能会引发生态环境问题，或许还会威胁一定范围内人和动物的生命健康。当这些情况导致大面积的生态变化时，就会形成环境灾害。

目前，虽然 CCUS 工程数量较少、规模较小，鲜见二氧化碳泄漏造成环境风险或灾害的报道，但也不能掉以轻心，应警钟长鸣，防患于未然。为了应对可能出现的二氧化碳泄漏及其可能造成的环境风险，需要建立包括监测队伍、专用设备、应急预案等在内的一整套环境风险管控体系。

5.1.2.2 二氧化碳地质封存泄漏风险的时空特征

二氧化碳地质封存泄漏风险的时空特征包括空间响应特征和时间变化特征两个方面。

1. 空间响应特征

IPCC 将二氧化碳地质封存泄漏的环境风险分为全球风险和局部风险。全球风险是封存的二氧化碳泄漏到大气中，可能引发显著的气候变化；局部风险主要是指二氧化碳泄漏对局部地区环境甚至人体健康安全产生的影响。

（1）全球风险。

二氧化碳地质封存旨在大规模减少向大气中排放二氧化碳，以减缓因大气中二氧化碳浓度升高而带来的气候体系的变化及系统性影响。从这个角度来看，二氧化碳地质封存泄漏就成为最严重的潜在问题，其全球风险是人为建设大规模地质封存工程的失效和气候变化及其负面影响的延续。因此，二氧化碳地质封存泄漏的全球环境影响可以认为是二氧化碳地质封存有效性的失败。关键问题是，泄漏多少二氧化碳才能被认为是有全球环境影响的，或者说才能认定一个二氧化碳地质封存工程是失败的。尽管关于可接受泄漏水平主要取决于二氧化碳地质封存在全球二氧化碳减排中作用和贡献的设定，虽然仍没有一个较为确定的范围，但许多研究者还是认为每年的泄漏率应当低于 0.1%。基于对当前的二氧化碳地质封存场址、自然系统、工程系统和模型的观察和分析，超过 99%的二氧化碳被保留在恰当选择和管理的储层里 100 年以上的概率为 90%～99%。随着时间的推移，二氧化碳地质封存泄漏的风险预计会减小。未来二氧化碳地质封存泄漏的程度更多取决于封存的地质环境、技术水平、管理等诸多因素。

（2）局部风险。

二氧化碳是在一种自然界广泛存在的气体，其在大气中的正常浓度为 0.04%左右，土壤中的正常浓度一般小于 4%。尽管二氧化碳是无毒的，但是如果二氧化碳从地下储层中泄漏出来，进入浅表层，则地下水、土壤、植被、大气及人体健康等都有可能受到其负面影响。因此，必须针对二氧化碳地质封存的泄漏风险进行识别和评估，为规避局部风险和采取适当的风险管理措施提供技术支持。

2. 时间变化特征

尽管二氧化碳地质封存选址的前提条件之一是存在很好的圈闭结构，但是由于注入井的操作失误或机械失灵，废弃井、断层、裂缝等泄漏通道的存在，二氧化碳地质封存仍存在泄漏的风险。Benson（2007）给出了二氧化碳地质封存泄漏的风险变化示意图（图 5-4），一般来说，二氧化碳泄漏风险随着二氧化碳的注入会逐渐增大，在注入结束时泄漏风险最大；场地封闭后，随着时间的推移，泄漏的风险逐渐减小。

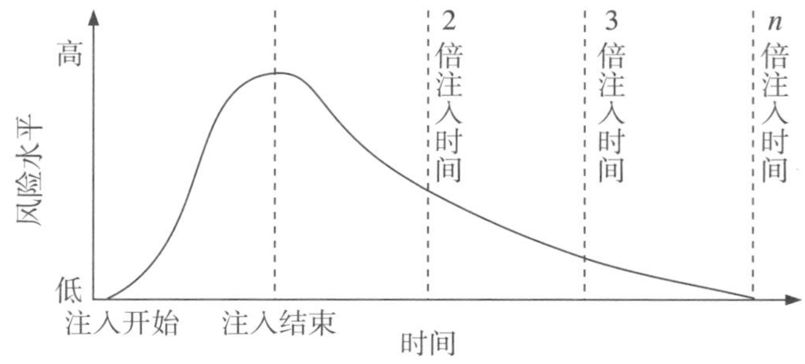

图 5-4　二氧化碳地质封存泄漏的风险变化（Benson，2007）

5.2 二氧化碳地质封存泄漏的环境影响

碳封存工程二氧化碳泄漏将会对近地表陆地环境要素及生态系统产生直接威胁，自 2005 年 IPCC 发表二氧化碳捕集与封存特别报告以来，碳封存工程引起的二氧化碳泄漏对近地表陆地生态系统的潜在影响研究已取得重要进展，特别是在北美、欧洲、南美和澳大利亚，主要通过观测自然二氧化碳泄漏系统和进行有意设计以产生透过土壤和进入大气的浅层注入二氧化碳泄漏实地试验。不管是在自然二氧化碳泄漏点还是浅层二氧化碳泄漏实地试验进行的研究，都集中于直接或间接地评价对近地表陆地生态系统的影响，在这些泄漏观测和实验中已经获得了大量有关二氧化碳泄漏对大气、水、土壤、植物、动物等地表生态系统及其组成要素的影响信息。

5.2.1 大气环境影响

二氧化碳泄漏对大气环境的影响包括大范围全球影响与小尺度局部影响。大范围全球影响主要指碳封存工程大规模二氧化碳泄漏所引起的大范围大气中二氧化碳浓度升高的现象，其结果是可能引发大范围甚至全球气候变化风险。小尺度局部影响主要指小范围的二氧化碳泄漏所形成的局部地区大气二氧化碳浓度升高的现象。

碳封存工程二氧化碳泄漏的影响主要体现在井喷和管道泄漏。针对神华碳封存示范项目，运用 CALPUFF 高斯扩散模型，模拟直径 20 cm 的注入井发生井喷事故时的二氧化碳气体扩散影响范围。根据扩散范围与井喷速率变化的相关关系，对二氧化碳扩散危险水平进行分级。以二氧化碳浓度 5%（严重的中毒反应浓度）为最大扩散范围判定依据，将二氧化碳井喷扩散分为 0～2.5 m/s、2.5～10 m/s、10～20 m/s 三个井喷速率等级，与其对应扩散影响距离分别为 0～130 m、130～180 m、180～420 m，即井喷速率越大，二氧化碳浓度高于 5%的影响范围越大。

针对 50×10^4 t/a 二氧化碳输送工程，对管道断裂和小孔泄漏（气相和超临界输送时）在不同风速（0.5 m/s、1 m/s、1.5 m/s、2 m/s 和 5 m/s）下、不同截断阀间距（8000 m、4000 m、2000 m、1000 m 和 500 m）情况下发生泄漏时，研究了二氧化碳扩散迁移影响区域的动态变化规律，并给出不同浓度（1%、2%、5%和 10%）影响区域的最大尺寸和动态迁移距离。研究结果表明：对气相输送和超临界输送，输送管道出现断裂时，影响区域的最大尺寸随着风速的增大而迅速减小，当风速增大到 5 m/s 时，各种二氧化碳高浓度（>1%）区域持续时间均小于 1 min；随着截断阀间距的增大，其影响范围相对变大，在不考虑截断阀关闭动作滞后的前提下，减小截断阀间距，可以有效减少各种浓度的影响范围；对小孔泄漏，随着泄漏口尺寸的增大，泄漏所产生的危害加大，爆管泄漏是危害最大的情形。

5.2.2 水环境影响

碳封存工程二氧化碳泄漏后沿泄漏通道可能进入地下含水层，给浅层地下水带来潜在的威胁。从压力层面分析，大规模泄漏的二氧化碳进入地下含水层，还可能导致浅层地下水水位上升，并引起一系列的连锁反应。封存于废弃油气田及咸水层中的二氧化碳泄漏后，沿断层、渗流带和气孔等通道逐渐上升，进入浅层地下水，一部分溶解于地下水中，由于二氧化碳呈弱酸性，所以大量二氧化碳的溶解会引起地下水酸化，pH 值下降，进而引起地下水中溶解矿物的增加，其中也包含一些毒性痕量元素，毒性痕量元素浓度上升会对饮用水水质产生安全隐患。盐沼池构造封存二氧化碳泄漏对浅层地下水的影响会更加复杂，纯净的二氧化碳本身不会对地下水产生重大影响，但带有大量盐水的二氧化碳羽流随地下水循环进入浅层地下水，与地下水、岩石和矿物发生一系列化学反应，会改变地下水的化学性质，最主要表现为以 pH 值下降为表征的地下水酸化。在酸化的地下水中，重金属元素从含水层母岩中解析出来，其中碳酸盐在水中的大量溶解使得碳酸盐中的重金属离子相对活跃，对地下水水质构成潜在的重大威胁，尤其是部分毒性有机化合物含量的增加，使得地下水进入饮用水中后，给人类和动物造成灾难性风险。

通过地球化学运移软件以及实验室模拟二氧化碳泄漏对浅层地下水的影响，发现二氧化碳泄漏到浅层含水层后，可显著降低地下水 pH 值和溶解氧（DO），增加地下水酸度，进而改变母岩矿物的溶解度，使不同矿物出现溶解或者沉淀，其中 Ca^{2+}、Mg^{2+}的增加使地下水硬度增加；同时，地下水中碳酸盐含量明显增加，以 Mn、Ba、As 和 Pb 为主的重金属含量增加，引起地下水中毒性痕量元素的持久性活跃（图 5-5）。

综上，碳封存工程二氧化碳泄漏引起的对水环境的影响主要是对水体理化性质的影响，具体影响指标与因子如表 5-1 所示。

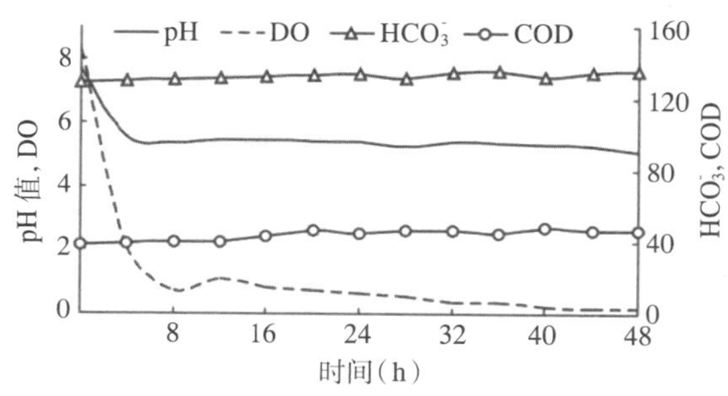

图 5-5　水体水质指标随二氧化碳泄漏时间的变化
（张丙华等，2016）

表 5-1　二氧化碳地质封存泄漏对水环境的影响指标与影响因子

影响指标	影响因子
物质组成	碳酸盐、HCO_3^-、Ca^{2+}、Mg^{2+}等离子浓度，Mn、Ba、As 和 Pb 等重金属含量，溶解氧（DO）
理化性质	pH、酸度、硬度、盐度

5.2.3 土壤环境影响

土壤是植物生长的基础，是联系有机界和无机界的纽带，土壤环境的变化可直接或间接影响植物的生长和发育。对于碳封存工程而言，如果封存的二氧化碳从储存的地层泄漏到地表，则土壤是最先受到影响的。一般而言，二氧化碳泄漏对土壤的机械组成、土壤温度等影响不大，而对土壤气体、土壤理化性质及土壤微生物影响较为明显。

1. 土壤气体

（1）土壤二氧化碳浓度。

土壤二氧化碳浓度的升高，会在土壤中进行复杂的迁移扩散，扰乱土壤生态系统物质循环，对植被生长发育等产生负面影响。二氧化碳泄漏会导致土壤二氧化碳浓度和二氧化碳通量明显升高。碳封存工程二氧化碳泄漏引起的土壤二氧化碳浓度增加比任何相关的、短暂的、大气水平的轻微上升具有更显著的影响（IPCC，2005；RISCS，2014）。二氧化碳泄漏导致的土壤二氧化碳通量可显著提高土壤二氧化碳浓度，通常可使土壤二氧化碳达到 10%～95%的体积比。在自然泄漏点，二氧化碳浓度和通量显示出相似的变化模式，这些泄漏点的二氧化碳浓度和通量都很高且随季节性和短期因素而波动。图 5-6 为 Laacher See 泄漏点 2007 年 9 月和 2008 年 7 月土壤二氧化碳浓度和通量监测结果。

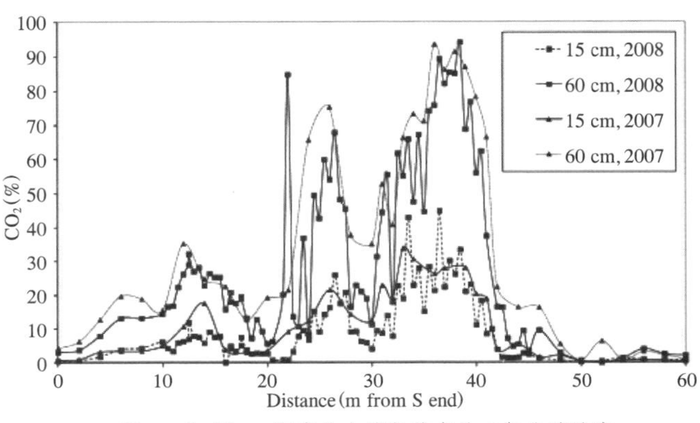

a. 15 cm 和 60 cm 深度处土壤气体中的二氧化碳浓度

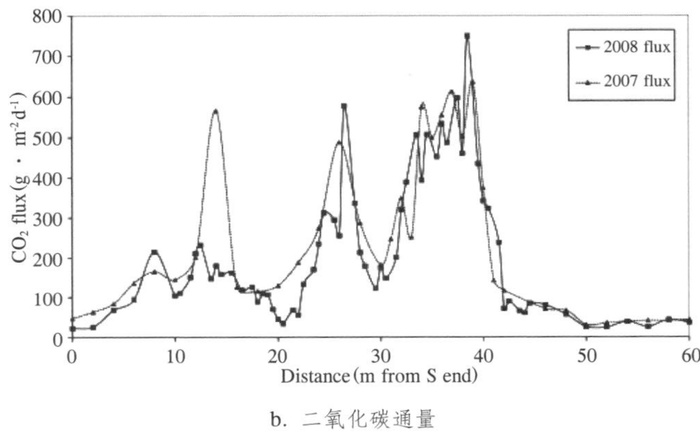

b. 二氧化碳通量

图 5-6　Laacher See 泄漏点 2007 年 9 月和 2008 年 7 月土壤二氧化碳浓度和通量监测结果（West et al.，2015）

（2）土壤其他气体浓度。

碳封存工程二氧化碳泄漏除了导致土壤二氧化碳浓度的升高，同时还会引起其他土壤气体浓度发生变化。天然泄漏点数据表明，当土壤二氧化碳浓度升高时，由于逸出的二氧化碳对土壤气体的稀释作用，土壤气体中 O_2 和 N_2 浓度会下降，当土壤二氧化碳接近 100%时，土壤气体中的 O_2 和 N_2 水平下降到零。此外，泄漏的二氧化碳还会对其他微量气体产生潜在影响，尤其是 H_2S、CH_4、N_2O 等还原性气体。在 Latera 泄漏点，有高达 1000 ppm 的 CH_4、10 ppm 的 C_2H_6 和超过 200 ppm 的 H_2S 与泄漏的二氧化碳有关；在 Florina 泄漏点，CH_4 含量高达 3000 ppm。同时，在人工二氧化碳泄漏模拟中也发现了与泄漏的二氧化碳相关的 CH_4、N_2O 等气体的产生。

2. 土壤理化性质

二氧化碳地质封存工程存在二氧化碳泄漏并会使根际土壤形成一个缺氧的酸性环境，

在二氧化碳自然泄漏点和二氧化碳注入实地实验中，都观测到了明显的土壤氧含量和pH值的下降，其中水作土壤 pH 值下降幅度大于旱作土壤。同时，在 Latera、Laacher See 等自然泄漏点中心口观测到了土壤总有机碳（TOC）和阳离子交换量（CEC）的增加，在泄漏模拟实验中发现了二氧化碳泄漏使土壤总有机碳（TOC）增加、总氮（TN）减少及硝态氮（NO_3^-−N）减少。在二氧化碳泄漏对稻田水及水稻生长影响的研究中发现：二氧化碳泄漏会影响稻田水溶解性二氧化碳（DCO_2）、pH、溶解氧（DO）和氧化还原电位（ORP）等指标的变化。

土壤酶是土壤中产生的专一生物化学反应的生物催化剂，大量模拟实验表明二氧化碳泄漏会对土壤酶活性产生影响。研究发现：随着土壤中二氧化碳浓度的增加，FDA 水解酶活性明显下降，多酚氧化酶和脲酶活性增强，蛋白酶和脱氢酶活性变化明显；在种植黑麦草的土壤中，高浓度二氧化碳会使过氧化氢酶活性受到抑制，一定浓度的二氧化碳对脱氢酶活性有明显的促进作用，而种植玉米、豌豆的土壤中过氧化氢酶活性先升高后降低；一定程度二氧化碳浓度的升高对脲酶、蔗糖酶、蛋白酶三种水解酶都有一定的促进作用。

3. 土壤微生物

二氧化碳泄漏在影响土壤性质与土壤酶活性的同时，还会导致植物根际土壤微生物活性受到很大影响，主要体现在对微生物数量、多样性以及群落结构方面。研究发现：二氧化碳对根际土壤中细菌、真菌和放线菌数量的影响呈现出先促进后抑制的趋势；高浓度二氧化碳长期入侵土壤包气带可能促进细菌、真菌生长，抑制放线菌的生长，随着土壤二氧化碳浓度的升高，土壤真菌群落结构变化大于细菌。利用高通量测序（High-throughput Sequencing，HTS）等手段对天然二氧化碳泄漏点以及人工二氧化碳泄漏模拟系统细菌 16S rRNA 多样性研究表明：二氧化碳泄漏导致细菌多样性指数发生明显变化，如二氧化碳泄漏 60 天后潮褐土土壤细菌 Chao 和 Shannon 指数明显下降；二氧化碳泄漏条件下玉米根际土壤细菌 Simpson 和 Shannon 指数呈下降趋势，而 ACE 指数呈略微升高趋势。二氧化碳泄漏条件下微生物群落结构分析表明：二氧化碳泄漏导致土壤微生物群落中厌氧菌、耐酸菌和耐金属菌等的数量显著增加，利用实时荧光定量聚合酶链式反应（Quantitative Real-time Polymerase Chain Reaction，qPCR）技术对天然二氧化碳泄漏系统微生物调查发现，随着土壤二氧化碳浓度的增加，土壤细菌与古细菌细胞数量明显减少，这一现象在短期二氧化碳泄漏人工模拟中得到了证实，但这种短期泄漏对微生物造成的影响可在后期逐渐恢复。基于变性梯度凝胶电泳（Denaturing Gradient Gel Electrophoresis，DGGE）分析，分别对天然二氧化碳泄漏系统以及人工模拟二氧化碳泄漏过程中微生物群落调查发现：在二氧化碳浓度较高的泄漏中心存在大量产甲烷菌和硫酸还原菌等厌氧菌门。在模拟土壤高二氧化碳浓度条件下高粱根际土壤出现了嗜盐菌门和厌氧菌门。通过建立人工二氧化碳泄漏模拟平台利用高通量测序技术对土壤细菌群落结构研究表明：二氧化碳泄漏条件下土壤酸杆菌门、拟杆菌属等耐酸菌相对丰度增加；二氧化碳泄漏显著改变了稻田土壤细菌群落结构，稻田土壤的优势菌门中变形菌门、拟杆菌门与绿弯菌门的相对丰度总体降低，而酸杆菌门与放线菌门的相对丰度总体升高（图 5-7）。

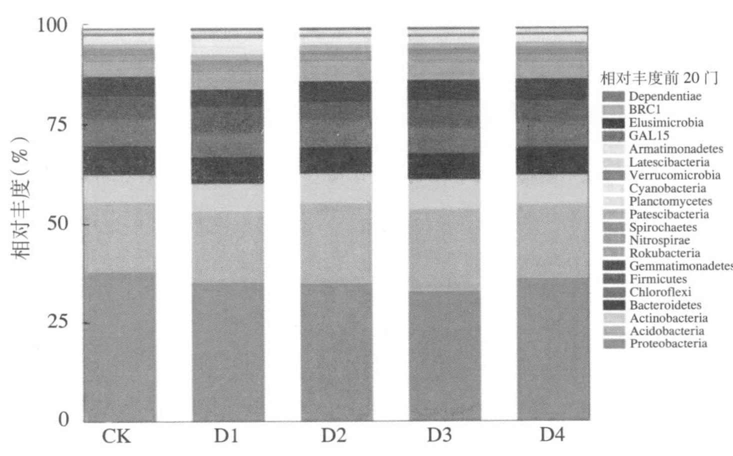

图 5-7　水稻土门水平细菌相对丰度变化（程萌等，2021）

综上，碳封存工程二氧化碳泄漏对土壤环境的影响指标主要指土壤气体、土壤理化性质、土壤酶以及土壤微生物，具体可能的影响因子如表 5-2 所示。

表 5-2　二氧化碳地质封存泄漏对土壤环境的影响指标与影响因子

影响指标	影响因子
土壤气体	CO_2、O_2、N_2、H_2S、CH_4、N_2O
理化性质	旱作土壤 pH、CEC、NO_3^-N；稻田水溶解性 CO_2、pH、溶解氧和氧化还原电位
土壤酶	水解酶、氧化还原酶活性
土壤微生物	微生物（细菌、真菌以及放线菌）数量以及其他厌氧菌与还原菌，Chao、Simpson、Shannon 等多样性指数，酸杆菌门、拟杆菌属等部分优势种群相对丰度

5.2.4 植物影响

植物是地表响应二氧化碳泄漏最直观的部分，二氧化碳泄漏显著影响地表植物生长。

1. 植物生长

二氧化碳泄漏对植物的影响可分为对水生植物和对旱生植物的影响。二氧化碳泄漏对旱生植物形态与生物量的胁迫效应通常在泄漏几周后才可以观测到，二氧化碳泄漏影响植物光合速率、蒸腾速率，从而抑制植物光合作用，导致植株矮小、茎杆变细、果实产量降低。不同植物因其类型或光合作用途径的不同对二氧化碳泄漏响应存在差异。在Latera、Florina 等二氧化碳天然泄漏点，当土壤二氧化碳浓度小于 2%时，观测到了单双子叶植物的混合生长；当土壤二氧化碳浓度为 30%～40%时，单子叶植物变得越来越占优势。通过室内模拟二氧化碳泄漏的不同情形表明：豆科植物豌豆光合作用与生物量的减幅明显。通过构建植物二氧化碳综合耐受指数表明：C_3 植物比 C_4 植物对二氧化碳泄漏胁迫表现出较强的敏感性，尤其 C_3 植物绿豆与大豆受二氧化碳泄漏影响最为明显。

2. 植物叶片生理

植物叶片的生理状态是植物对逆境胁迫的最直接反映，丙二醛（MDA）含量是评价植物叶片膜脂过氧化程度的重要指标。随着二氧化碳泄漏增加和胁迫时间的延长，会使植株叶片氧化损伤越来越严重，叶片 MDA 值越来越大。植物的渗透调节物质、抗氧化酶系统被认为是植物应对逆境胁迫时重要的防御体系，随着二氧化碳泄漏浓度的增加和时间的延长，会影响植株可溶性糖（SS）与可溶性蛋白（SP）等渗透调节物质，改变植物叶片超氧化物歧化酶（SOD）、过氧化氢酶（CAT）、过氧化物酶（POD）。二氧化碳泄漏会促使植株通过调节 SS 和 SP 等渗透调节物质维持植物稳态的能力减弱，导致抗氧化酶的活性受到抑制。

3. 植物叶片光谱特征

二氧化碳泄漏会使植物叶片光谱特征发生变化，如土壤二氧化碳胁迫下的苜蓿反射率在 650～750 nm 变化明显；甜菜叶片反射率在 550 nm 减小，而在 680 nm 增大；大麦光谱反射率在可见光区域高于对照组，而在近红外区域低于对照组；通过对土壤二氧化碳胁迫下的马铃薯反射光谱一阶导数分析，观察到红边位置向短波方向移动的现象；土壤二氧化碳胁迫下大豆在 580～680 nm 的反射率大于对照区，所构建的面积指数

$AREA_{580\sim680\ nm}$ 可以较好地识别二氧化碳对大豆的胁迫，但该指数对二氧化碳浓度低于15%时的识别能力较差；玉米的红边位置与蓝边位置之差（REP−BEP）可以较好地识别土壤二氧化碳浓度为 10%以上的泄漏。

综上，碳封存工程二氧化碳泄漏对植物的影响要素主要指植物生长、植物生理、植物叶片光谱特征等，具体可能的影响因子如表 5-3 所示。

表 5-3 二氧化碳地质封存泄漏对植物的影响指标与影响因子

影响指标	影响因子
生长指标	株高、生物量及产量、植株长势与分布变化
生理指标	光合速率、蒸腾速率、SOD/CAT/POD 等植物酶活性、渗透调节物质、丙二醛
同位素指标	稳定碳同位素
光谱指标	光谱特征、光谱指数

5.2.5 动物与人体健康影响

5.2.5.1 动物行为与生理影响

二氧化碳泄漏对动物的影响主要指二氧化碳泄漏对动物半致死浓度、行为以及生理的影响。针对二氧化碳泄漏对动物的影响研究，主要集中在对鱼类、鼠类以及蚯蚓等的模拟实验研究方面。

1. 鱼类

有关二氧化碳对鱼类的影响大多停留在水产养殖、运输等方面，碳封存工程二氧化碳泄漏对鱼类的影响研究还比较少。在二氧化碳作为麻醉剂对金鲳鱼和罗非鱼离水保活的鱼体生理生化指标及血液指标的研究中，发现罗非鱼血清中的乳酸和肌酐含量在麻醉离水保活过程中都呈显著上升，血糖浓度先上升后下降，血清中皮质醇含量有显著变化。在昆明裂腹鱼幼鱼对二氧化碳的耐受性的研究中，发现二氧化碳对鱼类的毒性作用体现在通过影响 pH 而影响鱼类。通过向水体通入二氧化碳气体，以淡水养殖鲫鱼为对象，研究二氧化碳对水体水质、鱼类半致死及鱼类血气的影响，发现二氧化碳能够有效降低水中 pH、溶解氧（DO）和增加氢氧化钡碳（包括 CO_2、H_2CO_3、HCO_3^-、CO_3^{2-}）的含量。在急性毒性实验研究中，相同二氧化碳流量下，鲫鱼的死亡率随时间的增加而增大；在相同的通气时间下，通入二氧化碳流量越大，鲫鱼的死亡率则越高（表 5-4）。通过血气分析中发现，二氧化碳浓度改变了鲫鱼血液中的二氧化碳分压、氧分压、电解质

（K^+、Na^+、Ca^{2+}等）以及乳酸含量。

表 5-4　二氧化碳毒性实验鲫鱼半致死死亡率统计

流量（L/min）	实验时间（h）			
	24	48	72	96
0.1	0	0	0	0
0.1516	0.1	0.3	0.6	1
0.2297	0.1	0.5	1	1
0.3482	0.3	0.7	1	1
0.5277	0.5	1	1	1
0.7998	1	1	1	1

资料来源：Zhang T，et al.，2018。

2. 鼠类

二氧化碳对陆生动物的影响研究常见于医学中的动物生理、医学病理、事故伤亡和安乐死研究，也见于全球变暖研究。鼠类作为穴居于土壤中的常见动物，是可能受碳封存工程二氧化碳泄漏影响最为直接的土壤动物。高浓度二氧化碳对鼠类的行为和血气影响的研究发现：随着二氧化碳浓度升高和时间的延长，SD 大鼠的站立次数、步长和前爪抓力越来越小，步长标准差和步宽越来越大，寻墙能力逐渐降低，爬杆距离呈现先增加后减小的趋势。随着二氧化碳浓度的升高，SD 大鼠的静动脉氧分压都有不同程度的下降，鼠类血红蛋白含量增加，高浓度二氧化碳环境下易造成SD 大鼠代谢性碱中毒，造成电解质中阳离子变化，其中 K^+、Na^+变化明显。

3. 蚯蚓

蚯蚓作为土壤大型动物的代表，是土壤生态系统非常重要的组成部分。蚯蚓对土壤中外源性污染物非常敏感，是最易受到环境有毒有害物质伤害的土壤生物之一，因而也是生态风险评价的重要指示生物。土壤高浓度二氧化碳对蚯蚓形态及生理的影响发现：蚯蚓出现生殖环带肿大、尾部串珠以及断尾等外部形态变化，皮肤和刚毛损伤以及表皮褶皱等现象；随着二氧化碳浓度的增加及暴露时间的延长，蚯蚓的死亡率不断增加，蚯蚓体腔细胞溶酶体中性红保留时间（NRRT）减少。

综上，碳封存工程二氧化碳泄漏引起的对动物的影响主要涉及对鱼类、鼠类及蚯蚓的研究，主要包括二氧化碳泄漏对动物半致死浓度、行为以及生理等影响因素，具体可能的影响因子如表 5-5 所示。

表 5-5 二氧化碳地质封存泄漏对动物的影响指标与影响因子

影响指标	影响因子	
鱼类	水质指标	pH、溶解氧（DO）、氢氧化碳钡碳
	血液指标	PCO_2，PO_2，K^+、Na^+、Ca^{2+}等电解质，乳酸，血糖
鼠类	行为指标	站立次数、步长、步宽、寻墙能力、爬杆距离
	血液指标	氧分压（静脉、动脉），K^+、Na^+等电解质，血红蛋白
蚯蚓	形态	生殖环带、皮肤损伤
	生理	体腔细胞溶酶体中性红保留时间（NRRT）

5.2.5.2 人体健康影响

二氧化碳为无色无臭气体。对人体的伤害表现为：在低浓度时，对人体呼吸中枢呈兴奋作用；高浓度时则产生抑制甚至麻痹作用，其中毒机制中还兼有缺氧的因素。

二氧化碳的浓度超过一定范围后，可对人体产生危害。主要表现在：

（1）空气中二氧化碳的含量达 3%时，人体呼吸加深。

（2）长时间吸入浓度达到 4%的二氧化碳时，会出现头晕、头疼、耳鸣、眼花等神经症状，同时血压升高。

（3）空气中二氧化碳浓度达到 8%～10%时，会导致呼吸困难、脉搏加快、全身无力、肌肉由抽搐转至痉挛、神志由兴奋转向抑制。

（4）二氧化碳含量达 30%时，可能会出现死亡。

当人进入高浓度二氧化碳环境时，几秒钟内就会迅速昏迷倒下，反射消失、瞳孔扩大或缩小、大小便失禁、呕吐，严重者出现呼吸停止及休克，甚至死亡等急性毒害。经常接触较高浓度二氧化碳者，会伴有头晕、头痛、失眠、易兴奋、无力等神经功能紊乱等慢性毒害。

总之，通过实际二氧化碳泄漏点以及二氧化碳泄漏模拟实验的数据显示，二氧化碳的逐渐泄漏会对地表生态系统，包括大气环境、水环境、土壤环境、植物、动物等环境要素与人体健康产生影响，在二氧化碳地质封存工程中要重点关注二氧化碳泄漏的评价与监测，即地表生态系统及环境评价与监测是二氧化碳地质封存工程建设中不可忽视的内容。

5.3　二氧化碳地质封存泄漏的环境风险评价

二氧化碳注入储层后，会增大储层中的压力，并在储层中运移。如果潜在的泄漏途径（如井筒、断层等）与储层和盖层有交会时，则注入的二氧化碳可能会在压力和自身浮力的共同作用下，通过泄漏途径向浅层地下水及大气迁移，造成二氧化碳的泄漏。因此，二氧化碳地质封存泄漏的环境风险评价，就成为保障 CCUS 项目成功实施的关键。本节首先介绍可用于 CCUS 的环境风险评价方法，然后重点介绍 CCUS 项目环境风险评价的程序和内容。

5.3.1 环境风险评价方法

广义的环境风险评价是包含环境风险评价、沟通咨询、应急缓解措施等多方面内容的环境管理过程；环境管理中所包含的环境风险评价即狭义的环境风险评价，通常包括风险识别、风险分析及风险评价。本节环境风险评价主要指狭义的环境风险评价。环境风险评价的前提工作是风险识别，而环境风险分析和评价在很多情况下并不能明确区分。这里主要介绍环境风险识别方法和环境风险评价方法。

5.3.1.1 环境风险识别方法

二氧化碳地质封存环境风险识别的对象通常包括可能的风险事件（如泄漏、地震等）、与风险事件有关的要素（如诱因、泄漏途径等）及可能的受体等。当前用于二氧化碳地质封存环境风险识别的方法主要有特征—事件—过程法（Feature，Event and Process，FEP）、故障模式和影响分析法（Failure Mode and Effects Analysis，FMEA）、事件树分析法（Event Tree Analysis，ETA）和故障树分析法（Fault Tree Analysis，FTA）等（表 5-6）。

表 5-6　二氧化碳地质封存环境风险识别方法

方法名称	特点及应用
特征—事件—过程法（FEP）	特征（Feature）是系统的物理组件。事件（Event）是短时间内发生作用，影响系统演化的过程。过程（Process）是“特征”之间的动态交互。FEP 之间的相互关系，描述了 CCS 封存系统中有可能发生的现象。FEP 分析在大范围二氧化碳地质封存系统的安全和性能评价中以两种不同的形式进行：①“自下而上”；②“自上而下”。在 Weyburn 项目、美国 Williston 盆地、美国 Illinois 盆地 Decatur 项目、美国 Kimberlina 项目、阿尔及利亚 In Salah 项目、德国北部项目、丹麦 Kalundorg 项目，以及英国南威尔士 Valleys 项目均有应用。除此之外，我国胜利油田 CO_2-EOR 项目、神华咸水层封存项目中也有相关应用研究
故障模式和影响分析法（FMEA）	FMEA 是分析系统中每一产品所有可能产生的故障模式及其对系统造成的所有可能影响，并按每一个故障模式的严重程度、检测难易程度以及发生频度予以分类的一种归纳分析方法
事件树分析法（ETA）	ETA 是一种逻辑演绎法，在给定一个起始事件的情况下，分析此起始事件可能导致的各种事件序列的结果，从而定性与定量地评价系统的特性，并帮助分析人员获得正确的决策
故障树分析法（FTA）	FTA 是较适用于大型复杂系统安全性与可靠性分析的常用有效方法，它以图形的方式表明“系统是怎样失效的”。该方法以可以理解的方式进一步模拟复杂系统之间的关系，反过来有助于以更好的方式理解与二氧化碳地质封存相关的风险

5.3.1.2 环境风险评价方法

一般可分为三大类：定性方法、定量方法和半定量方法。定性方法不提供具体的数值结果，当数据、时间或专业知识缺乏时，定性的工具能更有效地评估；定量方法能够提供具体的数值结果，通常是使用在众所周知的不确定性水平相对较低的系统上；半定量方法则介于两者之间。

1. 定性风险评价方法

定性风险评价方法主要包括基于断层泄漏、井筒故障和密封件风险识别与分析的碳储存情景识别框架（Carbon Storage Scenario Identification Framework，CASSIF），定性风险识别与分析的什么—如果结构（Structured What-If Technique，SWIFT），用于系统易损性（脆弱性）评估的易损性评估框架（Vulnerability Evaluation Framework，VEF），基于健康、安全和环境的筛选和排序框架（Screening and Ranking Framework，SRF），以及通常用于设施工程的蝴蝶结法（Bow-Tie）等定性风险评价方法（表 5-7）。

表 5-7　二氧化碳地质封存定性风险评价方法

定性评价方法	特点及应用
基于断层泄漏、井筒故障和密封件的风险识别与分析（CASSIF）	CASSIF 基于 3 个主要二氧化碳地质封存泄漏情景，即断层泄漏、井筒故障和密封件失效，以识别其中相关的风险因素来进行风险评估。该方法的主要框架包括建立基于特征—事件—过程的风险问卷（FEP Question）、风险管理（FEP Management）以及风险研讨（FEP Workshop）
什么—如果结构（SWIFT）	SWIFT 由挪威船级社（DNV）开发。利用“什么—如果……？”“你怎么能……？”等一系列问题，识别潜在的风险或有机会危害整个系统的问题
用于系统易损性（脆弱性）评估的易损性评估框架（VEF）	VEF 是由 EPA 制定的定性风险评估方法，该框架用系统判断条件来发现可增加或减少封存系统易损性的不利影响
基于健康、安全和环境的筛选和排序框架（SRF）	SRF 是 Oldenburg 提出的一个基于健康、安全和环境的筛选和排序框架。该框架是一个三级指标体系，具有 3 个一级指标（基础储层、二次封闭和稀释潜力）、9 个二级指标及 42 个三级指标。方法以确定度和属性值构成 1 个二维空间，以 2 个二次函数曲线为界限，划分出好、中、差 3 个子区域，分别评价场址的基础储层、二次封闭和稀释潜力的优劣，同时由属性值与确定度所计算得到的总分均值对一个二氧化碳地质封存的场址进行定量和定性评价
蝴蝶结法（Bow-Tie）	Bow-Tie 风险评估是通过蝴蝶结图的构建来实现风险分析。Bow-Tie 分析的起点是工艺危险与可操作性分析或危险源辨识分析，得出关键的高风险点和危险源，并以此为基础，得出各类顶级事件（或核心研究对象），综合分析其可能性、后果及控制措施

2. 定量风险评价方法

定量风险评价方法主要针对的是泄漏风险，主要包括基于项目性能和二氧化碳泄漏风险做出整体评估的性能与风险方法（Performance and Risk，P&R）、假设井筒故障为 CCS 的主要潜在泄漏途径的认证框架方法（Certification Framework Approach，CFA）、基于系统建模的预测工程的自然系统认证框架方法（Predicting Engineered Natural Systems，CO_2-PENS）、风险干扰地下二氧化碳储存方法（Risk Interference Subsurface CO_2 Storage，RISCS）（表 5-8）。

表 5-8　二氧化碳地质封存定量风险评价方法

定量评价方法	特点及应用
性能与风险方法（P&R）	P&R 由 Schlumberger 和 Oxand 发展出来，基于项目性能和二氧化碳泄漏风险做出整体评估。P&R 的框架主要分为 3 个主要步骤：数据收集和解释，通过建模进行风险分析和风险影响量化，制定减小风险的控制计划。根据风险控制计划，操作者可以决定采取最合适的行动去减少不利因素，预防事故发生或通过监控不断纠正行动
认证框架方法（CFA）	CFA 假设二氧化碳地质封存风险的重点仅在地下部分，并假设井筒故障为 CCS 的主要潜在泄漏途径。CFA 将地质封存系统划分成二氧化碳或盐水源、管道泄漏及可能受影响的分隔体。评估每个分隔体的风险以确定有效捕集阈值，以符合监管机构和保险公司规定。该方法同时考虑二氧化碳泄漏的概率和影响；估计二氧化碳源与导管相交的概率及二氧化碳羽流和隔层相交的概率，这两个所得到的概率即是所评估情境中的渗漏风险
预测工程的自然系统认证框架方法（CO_2-PENS）	CO_2-PENS 是由洛斯阿拉莫斯国家实验室（LANL）开发的计算系统级模型，是一个概率模拟二氧化碳地质封存的绩效评估方法。执行不同的地质油藏概率模拟二氧化碳的捕集、运输和注入，以及长期的注入储层泄漏和迁移。首先，该模型描述了整个二氧化碳地质封存途径，包括从地表捕集二氧化碳以及注入储层。同时，模拟二氧化碳从不同的管道中迁移，如井筒泄漏、故障/裂缝、非密封盖层随着矿物的形成和溶解及大气混合等。其次，能够解决不确定性之间的复杂相互作用，以确定所研究的地质封存系统性能。每个不确定变量的概率分布可通过耦合过程模拟来实现。最后，合并后的风险计算用于计算地质封存项目的整体风险
风险干扰地下二氧化碳储存方法（RISCS）	RISCS 是盆地级泄漏风险和利益相关者影响的货币化方法。该模型包括估计泄漏半解析模型（ELSA）、泄漏影响估计方法（LIV）和三维地质空间数据

3. 其他风险评价方法

其他风险评估方法主要是针对系统的风险评估，但是其评估内容也包括人类健康和环境的内容，如评估场址性能的性能评估法（Performance Assessment，PA），找出所有潜在相关证据以了解项目的相关因素和不确定性因素的证据支持逻辑法（Evidence Support Logic，ESL），包含非货币性评价的多准则评估法（Multi-criteria Assessment，MCA），评估地质储存系统潜在风险的组织系统风险分析法（Method of Organizational System Analysis on Risk，MOSAR），考虑技术条件，候选场址地质特征，政治、经济和社会条件方面因素的定量评估风险识别与策略法（Risk Identification and Strategy Using Quantitative Evaluation，RISUQE）（表 5-9）。

表 5-9　二氧化碳地质封存其他风险评价方法

其他风险评价方法	特点及应用
性能评估法（PA）	PA 的结构包括情景开发、概念模型和数学模型的开发、后果分析（不确定性分析、敏感性分析和模型验证）。PA 的输入包括场地特征数据，如有关地下水流模型、通用数据。PA 提供了严格而全面的方法来评估候选场址
证据支持逻辑法（ESL）	ESL 开发目的是希望找出所有潜在的相关证据，并评估这些证据来确保对项目的相关因素和不确定性因素有一个全面了解
多准则评估法（MCA）	MCA 是一个评估框架，其中包括一些非货币性评价技术，并进行两轮评价。在第 1 轮评价中，以一套评价标准对各种二氧化碳的存储替代品进行评分，评估每个候选场址。在第 2 轮评价中，会设定某个具体情境，如水库的性能、成本、基础设施变化、对环境的影响等，通过与之相关的评价指标来进行评估。最终场景会以这一套考核标准来评分。由于 MCA 侧重参与者的判断，所以得分和权重的方式是十分重要的
组织系统风险分析法（MOSAR）	MOSAR 用来评估地质储存系统潜在的风险，制定有针对性的预防措施。该方法考虑了技术条件，候选场址的地质特征，政治、经济和社会条件等多方面因素，应用范围很广
定量评估的风险识别与策略法（RISUQE）	RISUQE 是澳大利亚石油合作研究中心在地质处置二氧化碳研究计划中开发的。该方法是半定量，使用专家小组的判断和经验去评估事件发生的概率及其后果，包括 6 项主要关键绩效：封闭、容量、自我筹资潜力、社会福利、社区安全和社区设施。风险评估分为 5 个阶段：第 1 阶段，建立初始的风险评估标准；第 2 阶段，专家小组确定关键风险事件，通过图表建立风险模型；第 3 阶段，使用 Monte Carlo 模拟进行风险分析，包括各风险事件的可能性和后果；第 4 阶段，建立风险管理策略，并根据前一阶段的风险分析结果，列出解决关键风险事件的行动计划；第 5 阶段，进行候选场址筛选和选择

综上所述，二氧化碳地质封存环境风险识别依托的是通过专家知识投入的 FEP、FMEA、ETA、FTA 等方法，其中 FEP 应用最为广泛，对专家知识水平要求较高。二氧化碳地质封存环境风险定量评价主要是针对泄漏事件，评价其概率与后果（扩散、分布），其中模型设立是评价的关键。地下水是二氧化碳地质封存环境风险评估的主要受体，通常情况下，二氧化碳地质封存环境风险评价是定性与定量的结合，主要是定性的环境风险识别、定性或定量的风险分析与评价。

5.3.2 CCUS 环境影响评价相关技术规定

按照环境风险评价的领域和对象，2018 年，生态环境部更新发布了《建设项目环境风险评价技术导则》(HJ 169—2018),制定了建设项目环境风险评价的一般性原则、内容、程序和方法,规定了涉及有毒、有害、易燃、易爆等危险物质生产、使用、储存(包括使用管线输运)的建设项目可能发生的突发性事故环境风险评价的具体内容要求。2016 年,针对二氧化碳捕集、利用与封存这一特定行业的试验示范项目,原环境保护部办公厅发布了《二氧化碳捕集、利用与封存环境风险评估技术指南(试行)》,规范了二氧化碳捕集、利用与封存项目的环境风险评估工作。2022 年 11 月,中国环境科学学会颁布了《二氧化碳地质利用与封存项目泄漏风险评价规范》(T/CSES 71—2022)的团体标准,主要为二氧化碳地质利用与封存项目的二氧化碳泄漏风险评价提供规范性的指导与借鉴。

5.3.2.1 《建设项目环境风险评价技术导则》介绍

《建设项目环境风险评价技术导则》规定了建设项目环境风险评价的一般性原则、内容、程序和方法。该技术导则适用于涉及有毒、有害、易燃、易爆危险物质生产、使用、储存(包括使用管线输运)的建设项目可能发生的突发性事故(不包括人为破坏及自然灾害引发的事故)的环境风险评价。虽然二氧化碳并不在该导则范围规定的有毒、有害物质范畴,但在二氧化碳捕集、利用与封存等环节涉及的其他工程工艺中可能涉及其他有毒、有害物质,均可按该技术导则开展分析评价。

按照《建设项目环境风险评价技术导则》,建设项目环境风险评价包括风险调查、环境风险潜势初判、风险识别、风险事故情形分析、风险预测与评价、环境风险管理等基本内容。具体评价程序见图 5-8。

1. 风险调查

风险调查包括项目风险源和环境敏感性调查。风险源调查是调查建设项目危险物质数量和分布情况、生产工艺特点,分析建设项目风险物质及工艺系统的危险性;环境敏感性调查是根据危险物质可能的影响途径,明确环境敏感目标,给出环境敏感目标的属性及其与建设项目的相对方位及距离等。

2. 环境风险潜势初判

根据建设项目风险物质和工艺系统的危险性及其所在地的环境敏感程度,结合事故情形下环境影响途径,对建设项目潜在环境危害程度进行概化分析,确定环境风险潜势。

3. 风险识别

风险识别包括物质危险性识别、生产系统危险性识别和危险物质向环境转移的途径识别,给出危险单元、风险源、主要危险物质、环境风险类型、环境影响途径、可能受影响的环境敏感目标等，以及所涉及风险源与环境敏感目标的主要参数及量化指标。

4. 风险事故情形分析

在风险识别的基础上，选择对环境影响较大并具有代表性的事故类型，设定风险事故情形。风险事故情形设定内容应包括环境风险类型、风险源、危险单元、危险物质和影响途径等。

5. 风险预测与评价

根据环境风险影响的大气、地表水、地下水等各环境要素中的运动变化规律，选择主要评价要素，选择定量模型与定性方法，开展预测计算与分析，分析说明环境风险危害范围、程度。环境风险评价可采用后果分析、概率分析等方法开展定性或定量评价，以避免急性损害为重点，确定环境风险防范的基本要求。

6. 环境风险管理

提出环境风险管理对策，明确环境风险防范措施及突发环境事件应急预案编制要求。

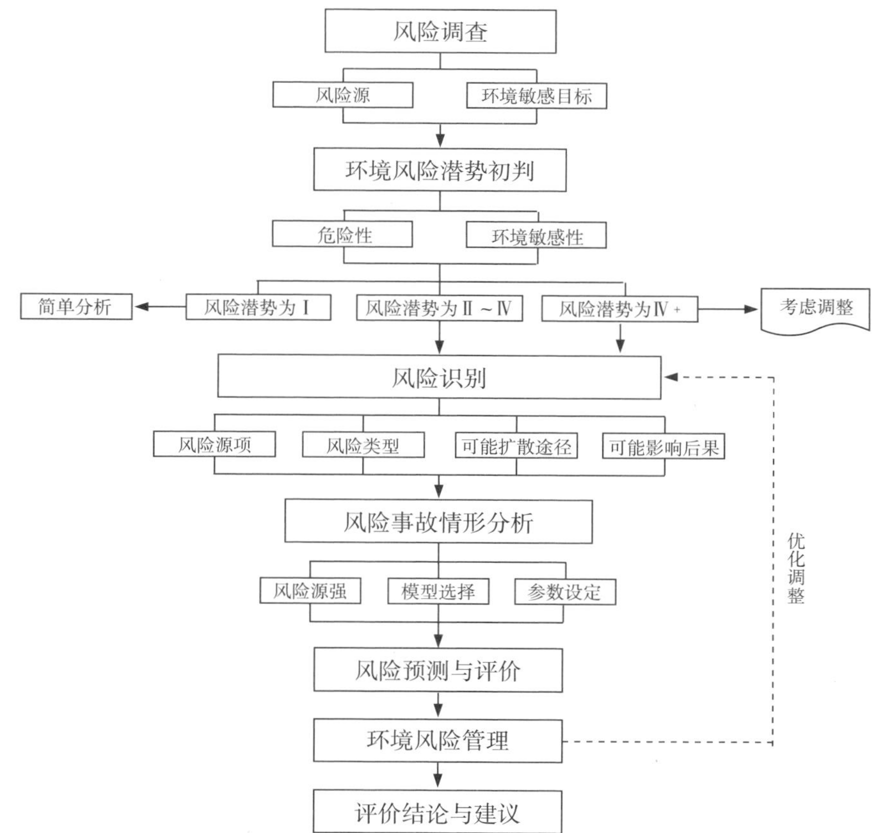

图5-8　建设项目环境风险评价程序

5.3.2.2 《二氧化碳捕集、利用与封存环境风险评估技术指南（试行）》介绍

《二氧化碳捕集、利用与封存环境风险评估技术指南（试行）》以当前二氧化碳捕集、利用和封存技术发展和应用状况为依据，规定了一般性的原则、内容以及框架性程序、方法和要求，规范和指导二氧化碳捕集、利用与封存项目的环境风险评估工作，适用于陆上新建或改扩建二氧化碳捕集、利用与封存项目的环境风险评估。

该指南中的环境风险是指二氧化碳捕集、利用与封存过程中产生的环境风险，包括但不限于捕集环节由于额外能耗增加导致的大气污染物排放，吸附溶剂使用后残留废弃物造成的二次污染；运输和利用环节可能发生的突发性泄漏导致的局地生态环境破坏和对周边人群健康的威胁；封存环节如果工艺选择或封存场地选址不当，可能发生二氧化碳的突发性或缓慢性泄漏，从而引发地下水污染、土壤酸化、生态破坏等一系列环境问题。

该指南中规定了二氧化碳捕集、利用与封存项目的环境风险评价程序、环境风险源和环境风险受体识别、确定环境本底值、开展环境风险评估以及确定环境风险水平等。

1. 环境风险评价程序

二氧化碳捕集、利用与封存环境风险评价流程包括以下内容（图 5-9）：

（1）确定环境风险评估范围。

（2）系统地识别潜在的环境风险源和环境风险受体。

（3）确定环境本底值，在评估范围内，分析确定项目涉及的常规污染物、特征污染物和二氧化碳等监测因子，明确监测范围及主要内容，依据有关监测技术方法，确定具体的环境本底值。

（4）开展环境风险评估，包括环境风险发生可能性和对环境风险受体的影响。

（5）确定环境风险水平，对环境风险水平不可接受的项目，针对存在的问题，调整工程设计方案，进行再评估，直至环境风险降至可接受风险水平。

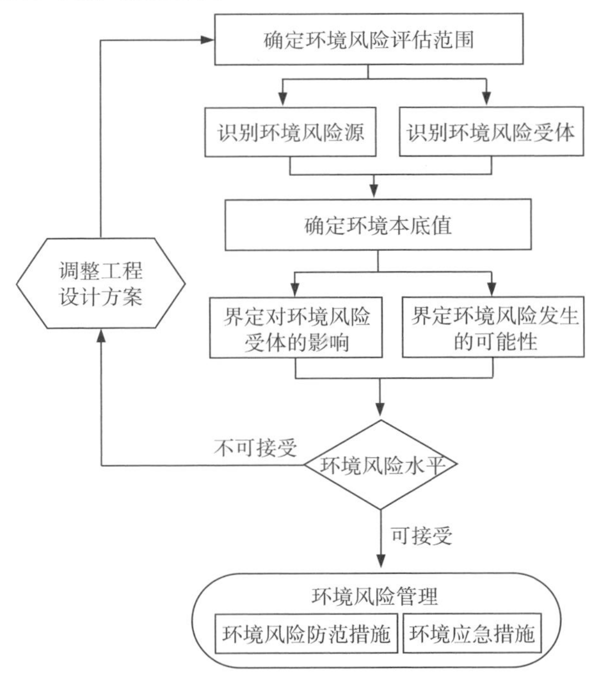

图 5-9　二氧化碳捕集、利用与封存环境风险评价流程

（6）对环境风险水平评估为可接受水平的项目，采取环境风险防范及应急措施。

2. 环境风险源与风险受体识别

（1）环境风险源识别。

风险源识别是二氧化碳和/或其他环境风险物质、地面集输配套设备、既有或新增井筒及其他可能的泄漏通道等的分析和辨别。其主要评估内容包括：

①地质结构特性：如果封存区域内的断层、局部缺陷、裂隙等越少，环境风险越低。

②二氧化碳注入参数：如果注入压力过高、注入量过大或注入速度过快，环境风险较高。

③井的数量和深度：封存区域内新增和既有井的数量越多、深度越深，环境风险相对越高。

④二氧化碳运移：如果注入地质结构中的二氧化碳超出封存区域，环境风险将会升高。

⑤工程施工：如果工程施工严格按照相关标准，则发生事故的概率较低，环境风险较低。

⑥资源开采活动：如果封存区域及周边一定范围内存在资源开采活动，环境风险较高。

⑦机械材质：如果采用的各种材料设备均符合二氧化碳长期封存的性能要求，环境风险较低。

（2）环境风险受体识别。

二氧化碳地质利用与封存项目的环境风险受体主要包括土壤、地表水、地下水、环境空气等环境介质及涉及的人群、动植物和微生物。具体评估内容包括：

①环境介质：评估范围内大气、土壤、地表水、地下水等环境质量及功能。

②人群：评估范围内人群分布及健康情况。

③动植物：评估范围内动植物分布、丰度和珍惜、濒危情况。

④微生物：评估范围内微生物数量和种群特征。

3. 环境本底值确定

根据环境标准和监测等确定环境本底值。

①根据项目工艺流程筛选并确定特征污染物。

②确定常规污染物、特征污染物及二氧化碳的环境本底值。

③关于特征污染物的监测方法，首选国内标准推荐的方法，如果国内没有相关标准，可参考国际权威组织和科研机构提供的方法并明确方法来源。

④关于特征污染物和二氧化碳的环境本底值，可以通过资料收集（已有的污染状况调查、科学研究或其他法律认可的途径）和现场监测确定，要求所确定的环境本底值能反映评价范围内的年内变化。

4. 环境风险评估

环境风险评估方法为以定性评估为主的风险矩阵法。

（1）环境风险可能性界定。

二氧化碳捕集、利用与封存过程中，发生泄漏事故等环境风险的可能性分为五类（表 5-10）。

表 5-10 环境风险可能性界定

可能性类别	描述	要求
几乎不可能	可能性非常小，未有先例，但存在理论上的可能性	通过类比法或专家打分法确定可能性类别，或提供充分的科学证据并经专家论证
不太可能	在项目的全生命周期内发生的可能性较小	
可能	在项目的全生命周期内可能发生	
很可能	在项目的全生命周期内可能发生不止一次	
几乎确定	很可能每年都发生	

（2）环境受体影响程度界定。

将对环境风险受体的影响分为五类：轻微、轻度、中度、重度、严重（表 5-11）。

表 5-11 环境风险受体影响的界定

影响程度	描述
轻微	土壤/地下水/地表水/环境空气中的环境指标未超过项目所在地环境质量标准/环境本底值，或二氧化碳浓度超过本底值，且对环境风险受体无持续性的影响
轻度	土壤/地下水/地表水/环境空气中的环境指标未超过项目所在地环境质量标准/环境本底值，或二氧化碳浓度超过本底值，且对所在地环境风险受体有一定的不利影响，可以修复
中度	土壤/地下水/地表水/环境空气中的部分环境指标超过项目所在地环境质量标准/环境本底值，或二氧化碳浓度超过本底值，且对所在地环境风险受体有一定的不利影响，可以修复
重度	土壤/地下水/地表水/环境空气中的部分环境指标超过项目所在地环境质量标准/环境本底值，或二氧化碳浓度超过本底值，且对所在地环境风险受体有一定的不利影响，难以修复
严重	土壤/地下水/地表水/环境空气中的绝大部分环境指标超过项目所在地环境质量标准/环境本底值，或二氧化碳浓度超过本底值，且对所在地环境风险受体有严重的不利影响，并造成不可逆的损害

（3）环境风险水平评估。

针对土壤/地下水/地表水/环境空气中的每一种受体，均需按照环境风险矩阵法（表 5-12）确定风险水平，以其中风险级别最高的作为环境风险水平评估的最终结论。对于环境风险水平评估为中等风险水平及以上的项目，其环境风险水平为不可接受，应进行详细的方案调整和系统诊断，并再次评估项目的环境风险水平，直至达到低风险水平及以下。

表 5-12　环境风险评估矩阵

影响可能性	影响程度				
	轻微	轻度	中度	重度	严重
几乎确定	中等风险	高风险	高风险	超高风险	超高风险
很可能	低风险	中等风险	高风险	高风险	超高风险
可能	低风险	中等风险	中等风险	高风险	高风险
不太可能	低风险	低风险	中等风险	中等风险	高风险
几乎不可能	超低风险	低风险	低风险	低风险	中等风险

5.3.2.3 《二氧化碳地质利用与封存项目泄漏风险评价规范》介绍

《二氧化碳地质利用与封存项目泄漏风险评价规范》（T/CSES 71—2022）主要为二氧化碳地质利用与封存项目的二氧化碳泄漏风险评价提供规范性的指导与借鉴。适用于二氧化碳地质封存、二氧化碳驱油提高石油采收率、二氧化碳驱替煤层气等涉及二氧化碳注入地下的工程项目选址设计阶段的泄漏风险评价，目前处于建设或运行中的同类项目也可参考使用。

该规范规定了二氧化碳地质利用与封存项目泄漏风险识别与环境本底值调查、二氧化碳泄漏风险分析、二氧化碳泄漏风险等级划分等。

1. 二氧化碳泄漏风险评价总体流程

二氧化碳地质利用与封存项目泄漏风险评价总体流程包括风险识别、风险分析、风险等级划分和风险监测方案。

（1）风险识别：针对二氧化碳地质利用与封存项目前期选址与设计特点，提出了若干二氧化碳泄漏风险判定指标，根据项目的各项设计参数和风险判定指标对项目的二氧化碳泄漏风险进行识别。

（2）风险分析：对于项目涉及的二氧化碳泄漏风险判定指标，采用打分法，给出每个指标的对应分值，以反映项目存在该项风险的可能性和严重程度。

（3）风险等级划分：基于风险分析给出的各二氧化碳泄漏风险判定指标的打分结果，对该项目的二氧化碳泄漏风险等级进行划分，分为可接受、可容忍和不可接受三级。若项目的泄漏风险属于不可接受一级，则需调整项目设计，直至项目达到可接受或可容忍的分级标准。

（4）风险监测方案：根据项目二氧化碳泄漏风险等级划分的结果，给出相对应的风险监测方案。

2. 二氧化碳泄漏风险识别与环境本底值调查

二氧化碳泄漏风险识别与环境本底值调查包括二氧化碳泄漏风险源、泄漏途径、泄漏影响范围和环境危害。

（1）泄漏风险源。

在长期二氧化碳注入和封存过程中，主要的泄漏风险源包括但不限于以下内容：

①封存场地自身存在的泄漏驱动力，包括二氧化碳自身的浮力、二氧化碳注入形成超压、浓度梯度驱动（分子扩散）。

②地震等自然因素对封存场地造成的扰动。

③钻井、开挖等人为工程因素对封存场地造成的扰动。

（2）泄漏途径。

在长期二氧化碳注入和封存过程中，可能存在的泄漏途径包括但不限于以下内容：

①井筒：井筒（含注入井、监测井、废弃井等）直接连通二氧化碳储层和浅层地下水及大气，是二氧化碳地质利用与封存主要的泄漏途径之一。

②断层：断层是二氧化碳可能发生泄漏的地质构造，二氧化碳的注入会引起地层压力改变，造成有效应力降低，断层破裂带裂缝张开，渗透率增大。一旦张性断层与盖储层贯通，将形成二氧化碳优势流，引发泄漏。

③盖层：二氧化碳长期注入会引起地层压力的增大，可能诱发盖层产生微裂隙，引起泄漏。

（3）泄漏影响范围。

泄漏影响范围与二氧化碳羽流的覆盖范围成正比，二氧化碳羽流分布面积的增大会直接增大泄漏影响范围，进而增加泄漏风险。

（4）环境危害。

在长期二氧化碳注入和封存过程中，发生泄漏后可能导致的环境危害包括但不限于以下内容：①动植物死亡，生态系统破坏；②土壤酸化；③人体健康危害；④地下水污染；⑤海洋酸化，威胁海洋生态系统。

3. 二氧化碳泄漏风险判定指标

基于泄漏风险源、泄漏途径、泄漏影响范围和环境危害，按风险贡献度由高到低排序，二氧化碳泄漏风险判定指标包括井筒基本信息指标、断层条件指标、二氧化碳注入相关信息指标、封存场地基本信息指标以及二氧化碳泄漏环境影响指标。

（1）井筒基本信息指标，具体包括：

①井筒数量：若项目选址时，注入井附近已存在其他井筒，则二氧化碳通过已有井筒泄漏的可能性将增大。在选择注入井位置时，应避开存在泄漏风险的井筒密集区域，优先推荐钻井密度低的区域开展二氧化碳地质封存。②井斜：井斜对固井质量存在一定影响，进而影响泄漏风险。③钻井类型：按井型信息分类，可分为水平井、直井、定向井等；按井别分类，可分为生产井、注气井、注水井、监测井、报废井等。一般正在使用的油气生产井、注气井、注水井、监测井等对泄漏发生的影响是较小的，但若井筒已废弃，则因缺乏维护，泄漏风险上升。④成井时间：井筒成井时间是影响泄漏风险的重要因素。⑤固井参数：固井质量、封固长度、水泥塞长度等固井参数对泄漏风险有显著影响。⑥工程事件：若某一井筒曾经发生过溢流、井涌等工程事件，则该井发生泄漏的风险高。

（2）断层条件指标，具体包括：

①断层的性质、规模：断层的性质、规模会影响断层的封闭性，进而影响泄漏风险。②断层活动速率：断层活动速率用于衡量断层的活动性，取值越高，说明断层活动性越强，泄漏风险也越高。③断层泥比率：断层泥比率用于衡量断层的侧向封闭性，取值越高，说明断层封闭性越好。④断层位置：依据《工程场地地震安全性评价技术规范》（GB 17741）的规定，对Ⅰ级场地地震安全性评价工作近场区范围应外延至半径 25 km 范围，因此若注入井半径 25 km 范围内存在活动性强、封闭性差的断层，即认为二氧化碳地质封存工程场地泄漏风险高。

（3）二氧化碳注入相关信息指标，具体包括：

①二氧化碳注入量：二氧化碳注入量决定了二氧化碳的运移范围和储层内压力积累的程度，与泄漏风险直接相关。②二氧化碳注入速度：当二氧化碳注入速度较大时，二氧化碳在储层中沿渗透率、孔隙度较大的区域流动显著加强，造成二氧化碳饱和度分布的不均衡，易引起泄漏。③二氧化碳注入压力：过大的注入压力会显著增加泄漏风险，注入压力不应超过盖层突破压力，且不应超过盖层破裂压力和断层开启压力两者最小值的 90%，以确保注入不会在盖层中产生新的裂隙，扩大盖层中的现有裂隙，导致已有断层开启。

（4）封存场地基本信息指标，具体包括：

①储层深度：注入二氧化碳需要达到超临界状态，以增大二氧化碳存储量。②储层

厚度：厚的储层更适合封存二氧化碳且减小泄漏风险。③储层压力系数：较低的初始储层压力系数有利于二氧化碳的注入，并减少压力显著积累的可能性，从而减小泄漏风险。④储层孔隙度及平均横向渗透率：较高的储层孔隙度和渗透率有利于二氧化碳的注入，并可减少压力显著积累的可能性，从而减小泄漏风险；平均横向渗透率对二氧化碳量和注入能力的影响最为显著。⑤储层岩性：储层岩石的矿物类型和含量与泄漏风险存在关联。绝大多数二氧化碳地质封存项目是在砂岩和碳酸盐岩储层中开展的，因此其泄漏风险较低。在煤层、页岩储层、玄武岩储层等开展二氧化碳地质封存的项目较少，支撑泄漏风险评价的数据十分有限。因此，其泄漏风险可能高于砂岩和碳酸盐岩储层。⑥储层流体环境：大多数二氧化碳地质利用与封存项目将二氧化碳注入油气储层和深部咸水层，故油气储层和深部咸水层的泄漏风险较其他流体环境的储层低。⑦储层咸水矿化度：矿化度越低，溶解封存的二氧化碳量越大，对应较低的泄漏风险。⑧盖层厚度：对于地下咸水层封存，盖层的厚度越大，注入的二氧化碳突破盖层发生泄漏的可能性越低。需考虑的厚度指标为紧邻储层上覆盖层厚度和至地表盖层累计厚度。⑨盖层覆盖范围：盖层若能够覆盖储层内二氧化碳羽的范围，且分布基本连续，则二氧化碳发生泄漏的风险显著降低。⑩盖层完整性：具有完整的储层—盖层组合，盖层密封性好，无裂隙或裂隙分布较离散，则二氧化碳发生泄漏的风险显著降低。⑪盖层渗透率：较低的盖层渗透率有利于二氧化碳在储层中长期封存，显著减少二氧化碳通过盖层泄漏的风险。⑫温度：较低的储层温度可增加二氧化碳密度，同时可以降低二氧化碳浮力，从而减少二氧化碳发生泄漏的风险。

（5）二氧化碳泄漏环境影响指标，具体包括：

①周边人口：一般情况下，空气中二氧化碳的浓度达到3%～5%时，人就会感到恶心和眩晕；当浓度增加到7%～10%时，将会使人失去意识，甚至导致死亡。因此，注入井与固定居民点的距离应大于3000 m，并且注入井应位于居民点全年主导风向的下风向。②注入井与特别保护区的距离：注入井距特别保护区较近时，若发生二氧化碳泄漏，可能会对特别保护区造成环境危害。因此，注入井与特别保护区的距离应大于3000 m。③地下水：地下水是二氧化碳地质封存环境风险评估的主要受体。泄漏的二氧化碳、咸水等进入评估范围内的地下水后，一方面降低地下水pH值，另一方面改变地下水的溶解性总固体量（TDS），导致地下水的盐度增加。上述指标值如与环境本底值产生显著差异，则相当于地下水遭到泄漏的二氧化碳、咸水等的污染。为减小发生污染的可能性，注入井与受保护地下水区域的距离应大于 3000 m。④空气质量：二氧化碳泄漏进入大气后，一方面形成持续的二氧化碳通量，另一方面造成泄漏点附近大气中二氧化碳的浓

度波动。若二氧化碳通量和二氧化碳浓度与环境本底值产生显著差异，则表明空气遭到泄漏的二氧化碳的污染。⑤生态系统：二氧化碳泄漏可能对评估范围内的动植物与微生物群落的生长造成影响。

4. 环境本底值调查

环境本底值调查一般应选择地上空间监测指标、地表监测指标和地下监测指标。

（1）地上空间监测指标，具体包括：①距地表 2 m 高度范围内大气二氧化碳浓度；②大气二氧化碳通量；③大气 SF6 示踪剂浓度（可选）。

（2）地表监测指标，具体包括：①地表浅层土壤二氧化碳通量；②地表植被的生长/健康状况；③雷达图像相位差（可选）。

（3）地下监测指标，具体包括：①地下土壤二氧化碳通量；②浅层地下水水质指标：pH、溶解性总固体量、总硬度、溶解砷含量、溶解铅含量；③储层压力、温度；④紧邻盖层上部地层的温度、压力、水质指标；⑤垂直地质剖面地震（VSP）监测（可选）。

在评估范围内，基于上述监测指标，依据《环境影响评价技术导则　大气环境》（HJ 2.2—2018）、《环境影响评价技术导则　地下水环境》（HJ 610—2016）、《土壤环境监测技术规范》（HJ/T 166—2004）和其他相关监测技术方法和标准，明确泄漏风险评价范围内的监测布点数目和监测频率，确定上述监测指标在环境风险受体中的环境本底值。

5. 二氧化碳泄漏风险分析

依据二氧化碳泄漏风险判定指标，采用打分法，给出每个指标的对应分值，该分值即反映二氧化碳地质利用与封存项目存在泄漏风险的可能性和严重程度（表 5-13）。

表 5-13　二氧化碳泄漏风险判定分值与风险指标程度关系表

分值	风险指标
0.2 分	高风险
0.4 分	较高风险
0.6 分	中风险
0.8 分	低风险
1.0 分	基本无风险

为了突出部分高风险指标（如存在活动断层）的权重，采用连乘模式，将所有风险判定指标的分值相乘，得到项目的二氧化碳泄漏风险判定因子的大小。

$$L=\prod_{i=1}^{n} a_i \tag{5-1}$$

式中：L 为二氧化碳泄漏风险判定因子；a_i 为指标 i 对应的分值。

根据项目的二氧化碳泄漏风险判定因子的计算结果，将项目的二氧化碳泄漏风险划分为可接受、可容忍和不可接受三级，与其对应的项目可行性及相应的二氧化碳泄漏监测方案见表 5-14。

表 5-14　二氧化碳泄漏风险等级划分表

风险等级划分	二氧化碳泄漏风险判定因子计算结果	监测方案
可接受	0.02～1	采用简化的二氧化碳泄漏监测方案
可容忍	10^{-4}～0.02	采用严格的二氧化碳泄漏监测方案
不可接受	$< 10^{-4}$	无对应的监测方案；需调整工程设计方案并进行再评估，直至项目满足可接受或可容忍分级，否则不应继续开展该项目

注：计算结果中包含下限值，但不包含上限值。

5.4　二氧化碳地质封存的环境监测

5.4.1 环境监测及其作用

环境监测是为了特定目的，按照预先设计的时间和空间，对一种或多种环境要素或其指标进行间断或连续的观察、测定，用可比较的环境信息和收集的资料，分析其变化及对环境的影响过程。环境监测是环境保护工作的基础，是环境立法、环境规划和环境决策的依据，是环境管理的重要手段之一。

二氧化碳地质封存环境风险评价虽然可以在项目决策阶段对项目实施优化，提高其安全性和减缓环境影响，但项目实施过程及其前后开展环境监测，仍然是二氧化碳地质封存项目环境安全的最重要保证。二氧化碳地质封存的环境监测是二氧化碳地质封存监测系统中的核心部分之一，对于二氧化碳地质封存项目的成败具有关键作用。环境监测贯穿二氧化碳地质封存项目的前期准备、项目运行和项目结束各个阶段，对于确定二氧化碳地质封存的安全性及其对周围环境的影响以及温室气体减排都发挥着决定性作用。二氧化碳地质封存的环境监测的总体目标是向决策者、监管者以及公众表明，二氧化碳地质封存不会对环境产生显著负面影响，并且是一种非常有效的全球温室气体减排手段。具体讲，二氧化碳地质封存的环境监测目标包括：①提高对二氧化碳地质封存的理解水平，进一步确定其温室气体减排效果。②评估二氧化碳泄漏对于环境、安全和健康的影响。③为公众提供及时有效的信息，确保公众了解和掌握二氧化碳地质封存的环境影响，增强公众对于二氧化碳地质封存的理解和信心。④建立二氧化碳地质封存的市场信息，验证封存量，从而使封存于地质层内的二氧化碳可以作为减排信用，进入二氧化碳交易市场。⑤对解决各类二氧化碳地质封存项目与环境相关的争议和法律问题提供技术支持，包括地下水、地表、土壤及植被和作物损失等。

5.4.2 二氧化碳地质封存监测

5.4.2.1 二氧化碳地质封存监测的相关规定

二氧化碳监测技术是确保工程安全性、风险评价与风险管理的关键技术，也是二氧化碳地质封存技术体系中的关键技术。为了确保封存场地的适宜性、安全性，必须对注入、封存的二氧化碳进行监测与评估，核查地质体内有没有发生二氧化碳泄漏。美国、加拿大、日本、澳大利亚等国家以及欧盟制定了二氧化碳地质封存监测的相关法规，而且一些研究或咨询机构也将二氧化碳地质封存监测工作单独列出，并提出了工作目标以及合理的工作流程建议（表 5-15）。但我国目前还没有明确的关于 CCS 场地监测的法规和标准。

表 5-15　主要的二氧化碳地质封存监测报告和指南

国家/组织/机构	名称	相关内容
EPA	《二氧化碳地质封存井的地下灌注控制联邦法案》	①对二氧化碳注入流量、注入压力，注入井的完整性，地下水水质，地球化学性质进行监测； ②建立注入后监测和注入停止后的场地查看计划； ③明确二氧化碳注入区的位置和压力增加的区域面积，确保地下饮用水资源的安全
英国	《二氧化碳封存管理（2010）》	①封存许可申请必须包含建议的监测方案； ②监测计划必须包含二氧化碳流量（如果可能）以及周围环境监测（如果可行），通过监测，实现储存地点中二氧化碳（和地层水）的实际行为和模型行为的对比； ③了解监测二氧化碳运移、泄漏对周围环境（饮用水、人口及周围生物圈的使用者）的重大危害； ④当封存地点关闭之后，运营商必须继续监测封存地点

续表

国家/组织/机构	名称	相关内容
欧盟	《碳捕集与封存指令》	①基准线、运行和场地关闭后的监测计划必须包含监测参数、使用的监测技术及其选择的理由、监测位置和空间的抽样原理与监测频率； ②监测计划必须针对注入设施的二氧化碳泄漏逃逸情况，注入井口的二氧化碳流量、压力和温度，注入物质的化学成分，二氧化碳注入影响区域内的温度和压力进行连续的和周期性的监测
澳大利亚环境保护和遗产委员会	《二氧化碳地质封存的环境指南》	①CCS 项目的运行必须包括综合的监测制度，包括对空气、地下水、土壤化学性质、潜孔地质化学、地质物理的监测等； ②监测是满足核准条件的必要组成部分； ③注入前的基准线监测和注入后的区域监测； ④具有一个对监测系统设计的独立评价和监测结果的独立评价，以确保环境资源的管理，并符合排放交易市场的要求
日本	《海洋污染防治法》	①二氧化碳海洋封存的许可申请必须包含监测计划，包含对可能的二氧化碳泄漏监测、监测二氧化碳泄漏的负面影响； ②持有二氧化碳封存许可的人员必须监测封存地点污染物的状态，向环保部报告监测结果
ConocoPhillips	《二氧化碳封存技术基础》	二氧化碳封存监测方案、工作指南及案例研究
DNV	《CO_2 地质封存场址和项目选择与资格指南》	监测、验证、核算和报告（MVAR）工作的目标、大纲以及合理的工作流程建议
USCSC	《全球 CO_2 地质封存技术开发现状》	监测技术开发现状与成本、实地项目应用结果
DTI	《CO_2 地质封存监测技术》	①地质封存监测建议监管框架； ②监测技术介绍：应用、性能、检出限和局限性； ③监测成本； ④项目监测实践； ⑤海上监测实践总结； ⑥陆上监测部署； ⑦英国研究现状及未来研究与开发
NETL	《最佳实践：CO_2 深部地层储存的监测、验证和核算（MVA）》	①监测的重要性、目标、目的以及监测活动； ②监测技术介绍：描述、效益和挑战； ③DOE 支持和影响监测活动的监测技术开发； ④监测目标和目的的解决； ⑤不同情景大型试点的 MVA 开发

5.4.2.2 二氧化碳地质封存监测的阶段性

二氧化碳地质封存项目的监测涉及项目周期内及结束后的长期监测，因此从时间上划分，二氧化碳监测技术包括注入前监测、注入中监测、注入后监测和关闭期监测。一个完整的二氧化碳地质利用与封存工程动态监测周期包括注入前、注入中、关闭期与关闭后四个阶段，不同阶段监测的目的见表 5-16。

表 5-16　二氧化碳地质封存项目各阶段的监测目的

项目阶段	持续时间	主要监测目的
注入前	3～5 年	进行场地表征与场地评估
		获取健康、安全、环境和风险评估的基准情景
		开发地质模型与系统行为的预测模型
		开发有效的修复策略
		建立未来场地运行性能对比的基线数据
注入中	5～50 年	监测、核查与报告制度需求
		验证封存的物质是否安全
		场地是否满足当地的健康、安全和环境性能标准
		为利益相关方提供信心，特别是项目早期与运行阶段
关闭期	50～100 年	与注入期相同
		提供系统将按预测结果发展的证据，判定场址是否可关闭与移交
关闭后	100～10000 年	除特殊情况无须特别监测，维持基本安全监测即可

5.4.2.3 二氧化碳地质封存监测技术

二氧化碳地质封存监测技术的目的是评估项目运行状况和应对措施提供信息，为量化核查二氧化碳地质封存量提供依据，为防控环境风险（泄漏对地下水、地表水、土壤、大气、生态等的影响）提供预警。

按照二氧化碳地质封存工程所关注的空间对象及其特征，二氧化碳地质封存监测包括二氧化碳注入速率、注入压力和地层压力监测井孔的完整性监测，储层地球化学监测，深部二氧化碳运移监测，浅部含水层监测以及包气带和地表监测。

按照二氧化碳监测技术所涉及的空间范围划分，二氧化碳地质封存监测包括天空监测技术、地表（近地表）监测技术与地下监测技术（浅层和深部地下空间），主要监测范围包括空气、土壤化学性质、潜孔地质化学、地下水、二氧化碳流量、注入压力、注入井

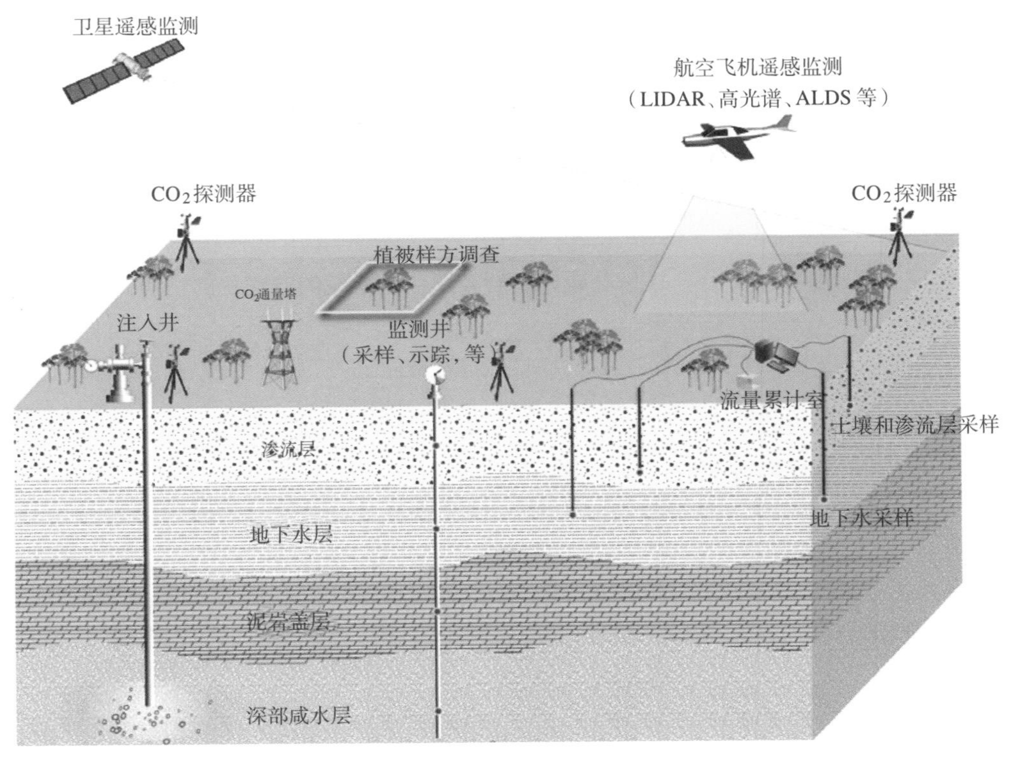

图 5-10　二氧化碳地质封存的环境监测布局（蔡博峰，2012）

的完整性、地球化学性监测等，共同构成“地下—地面—空中”的立体监测体系（图 5-10）。

按照二氧化碳监测技术成熟度划分，包括成熟技术、研发技术与概念技术。成熟技术指在共性领域内成功商用的技术，在二氧化碳地质封存领域大规模应用，但仍然需要进一步改进与深化；研发技术指在共性领域内未成功商用的技术，在二氧化碳地质封存领域内仍需要大幅度改进才能够大规模应用；概念技术指在共性领域未大规模实施的技术，在二氧化碳地质领域还未示范。下面主要介绍按照二氧化碳监测技术所涉及的空间范围划分的几种类型。

1. 天空监测技术

天空监测技术包括大气监测技术和卫星装载监测技术。大气监测技术主要是对大气二氧化碳浓度进行监测，采用遥感技术获取特定谱段（如红外谱段）的影像数据探测二氧化碳是否发生泄漏。监测点主要布设在建设项目场地、影响范围内的环境敏感点，包括封井口附近场地地势最低处和常年主导风向的下风处等，监测频率为一个月至少监测三次。根据美国国家能源技术国家实验室（NETL）的监测技术指南，大气监测技术详见表 5-17。卫星装载监测技术是把遥感监测设备搭载于卫星的天空监测技术，可实现大范围甚至全球环境监测，可用于二氧化碳的检测技术主要包括干涉合成孔径雷达（InSAR）、高光谱分析、重力测量等。我国于 2016 年 12 月 22 日发射的碳卫星，全称为“全球二氧化碳检测科学实验卫星”，搭载了一体化设计的高光谱二氧化碳探测仪及多谱段云与气溶胶探测仪，并通过建立高光谱卫星地面数据处理与验证系统，可以监测全球二氧化碳浓度。

表 5-17　大气监测技术

监测技术	监测目的	技术局限	应用阶段	技术成熟度
远程开放路径红外激光气体分析	空气中二氧化碳浓度分布	对于复杂的天气背景，难以准确计算浓度，不适于监测少量的泄漏	注入前、注入中、注入后、闭场	成熟技术、研发技术
便携式红外气体分析器	空气中二氧化碳浓度分布	不能准确计算泄漏量	注入前、注入中、注入后、闭场	成熟技术
机载红外激光气体分析	空气中二氧化碳浓度分布	距离地面较远，监测准确度受影响	注入前、注入中、注入后、闭场	成熟技术
涡度相关微气象	地表空气中二氧化碳流量	准确地调查大型区域，费用高、耗时长	注入前、注入中、注入后、闭场	成熟技术
红外二极管激光仪	地表空气中二氧化碳流量	应用范围小	注入前、注入中、注入后、闭场	成熟技术

2. 地表监测技术

二氧化碳地表监测技术是二氧化碳驱油封存项目“地下—地面—空中”立体监测及评价的重要组成部分，对快速识别二氧化碳泄漏的位置与风险程度、制定风险管理措施有重要作用。

地表监测技术是监测可能泄漏的二氧化碳对生态环境的影响，分析水、土壤成分的变化及地表生物呼吸、光合作用等，监测内容主要是地表形变监测、土壤气体监测和植被监测。

（1）地表形变监测：利用合成孔径雷达、差分干涉测量等遥感技术进行地表形变测量。需在注入前开展地表形变背景值监测，并综合各方面因素（时间基线、空间基线、季节等），与注入后的监测数据进行对比，判定是否发生地表形变，背景值监测至少四次。

（2）土壤气体监测：通过测量土壤中二氧化碳气体含量的变化，判断二氧化碳是否泄漏到土壤中。使用便携式二氧化碳土壤呼吸测量系统，气温、温度、气压等监测使用便携式气象站，选取一天中最能代表日平均值的某个时间进行监测。每一测点重复测量三次，以算术平均值作为该点监测值。同时根据不同的监测阶段和监测区域设置不同的监测周期。

（3）植被监测：采用遥感技术利用植被光谱差异识别植被的长势异常，从而判断二氧化碳泄漏地点。其数据覆盖宏观全面，而且获取数据传递较快，可以周期性获取。一般在注入前布置一次，开展背景值监测，注入后每月监测一次。另外，机载多光谱和光谱成像提供了一种通过测量植物中叶绿素的含量评价地表植物健康状况的方法。通过与基线值的对比，获取更多详细的地面调查信息，可以对变化进行识别和追踪。

地表监测技术包括近地表、浅水地层水样分析、地表与空气二氧化碳浓度监测、土壤气体流量监测、生态系统监测、热成像光谱分析、地面倾斜度监测等。表 5-18 是根据 NETL 的监测技术指南整理的二氧化碳地表监测技术。

表 5-18　二氧化碳地表监测技术

监测方法	监测目的和范围	技术局限	应用阶段	技术成熟度
卫星或机载光谱成像	监测地表植被健康情况和地表微小或隐藏裂缝裂隙发育	排除因素多、工作量大	注入前、注入中、注入后、闭场	成熟技术
卫星干涉测量	监测地表海拔高度变化	可能受局部大气和地貌条件干扰	注入前、注入中、注入后、闭场	成熟技术
土壤气体分析	监测土壤中二氧化碳浓度和流量	准确地调查大型区域，需费用高、耗时长	注入前、注入中、注入后、闭场	成熟技术
土壤气体流量	监测二氧化碳通过土壤后的流量	适用于在有限空间进行瞬时测量	注入前、注入中、注入后、闭场	成熟技术
地下水和地表水分析	监测地下/表水中二氧化碳含量	需要考虑水流量的变化	注入前、注入中、注入后、闭场	成熟技术
生态系统监测	监测二氧化碳对生态系统的影响	在发生泄漏后才能监测，并且不是所有生态系统都对二氧化碳同样敏感	注入前、注入中、注入后、闭场	研发技术
热成像光谱	监测二氧化碳地表浓度	在地质封存方面没有大量经验	注入前、注入中、注入后、闭场	研发技术
地面倾斜度监测	监测海拔倾斜的微小变化	通常要远程测量	注入前、注入中、注入后、闭场	成熟技术
浅层二维地震	监测二氧化碳在地表浅层的分布情况	在不平坦地面无法监测，对达到溶解平衡的二氧化碳无法监测	注入中	成熟技术

3. 地下监测技术

地下监测技术包括地震法（3D 或 4D）、地表或垂直地震剖面、井间地震、重力、电气和电磁、地面倾斜度、压力、温度和水质监测。地下监测内容包括二氧化碳运移、地下水环境、地下土层等。

（1）二氧化碳运移监测：通过地球物理方法（地震、电磁、重力）确定储盖层、钻孔、二氧化碳前缘时空分布，通过地震、测井确定饱和度和存储量，可掌握二氧化碳地质封存后的运移情况，通过监测井监测分析二氧化碳扩散逃逸状况。

（2）地下水环境监测：主要监测地下水水质的动态变化，以识别二氧化碳是否泄漏及其对地下水的污染程度。监测井点主要布设在二氧化碳地质封存场地及其周围环境敏感点、现状调查存在环境水文地质问题以及对于确定边界条件有控制意义的地点。

（3）地下土层监测：主要是监测土层的 pH 值动态变化，以识别二氧化碳是否泄漏及其对地下土壤的污染。

5.4.3 环境监测方案与应急管理

5.4.3.1 监测方案的制定

确定一个二氧化碳地质封存工程项目的监测方案，首先需要确定基本的场地特征数据及项目信息，如位置、地表条件、土地用途、周边环境、人口密度、储层深度、储层岩性、注入速度、持续时间、项目类型、发展阶段等；然后根据不同的项目阶段、项目条件和监测目的确定监测技术、设备、监测范围和频率，并对监测技术进行成熟度分析；最后完成预测建模和公众调查。

1. 监测目的

二氧化碳地质封存项目的生命周期包括注入前、注入中、注入后、闭场四个阶段，不同的项目执行阶段，其监测目的不同。

（1）注入前阶段：注入前阶段的监测目的是建立背景值，以便获得地质特征并确定主要的环境风险，为工程设计、地质建模和注入阶段的监测提供基础数据。背景值的监测方案是其他阶段监测工作的基础。其主要监测内容包括：

①二氧化碳排放源调查：调查二氧化碳地质封存区附近一定区域内二氧化碳源分布、源强等，建立生态系统二氧化碳及已有的工业、农业二氧化碳源模型。该模型能够为大气监测点位的布置提供数据支撑，提高后续大气监测数据准确度。

②环境背景调查与监测：二氧化碳注入前，开展大气、地表水、地下水、土壤环境

背景调查及监测，建立环境背景及其变化特征规律，为注入期二氧化碳泄漏监测比对建立基准。环境背景调查与检测周期最少为一年。

③流体示踪：通过建立流体携带气体的示踪研究，监测二氧化碳的可能突破途径，确定二氧化碳运移模式，调整模式参数，优化注入方案，使储层模拟更加精确。

④注入层流体化学分析：对注入层流体化学进行分析，并进行动态流体测试，评价不同方式的二氧化碳驱替性能。对于驱油项目来说，要分析样品中的气体组分和油的性质。

（2）注入阶段：注入阶段的主要监测目的是确定二氧化碳有无泄漏，并获知二氧化碳晕流的行为。注入阶段监测的内容是在背景值监测的基础上，制定一些场地特征调查项目的监测方案。同时随着二氧化碳的注入，项目的泄漏风险增加，应提高某些项目的监测频率。该阶段的监测要点包括：

①注入期监测内容是以背景监测为基础的，其监测点位基本与背景监测相同，在条件允许的情况下，可以适当加密监测布点。

②井底压力温度和井底流体化学监测是指采用深井取样与监测技术，根据监测井井底的压力和流体化学变化，监测储层二氧化碳运移情况。

③在注入期间，大气与土壤气的监测频率设定为与背景值相同（每月一次），但是在条件允许的情况下，可以适当提高监测频率，并加密监测点布置。

④地表水与浅层地下水监测，在注入期间，可以适当提高监测频率。

（3）注入后阶段：注入后阶段二氧化碳注入已经停止，井口堵塞，仪器和设备移除，并完成了场址修复，但仍需对二氧化碳泄漏和晕流行为进行监测。一般在注入停止之后的一定时间内，监测频率保持与注入期相同。随着时间的推移，可以根据储层二氧化碳晕流分布模拟结果以及前期的监测结果验证有无泄漏的可能，适当降低监测频率和密度。

（4）闭场阶段：闭场阶段的持续监测是用来证明封存项目如预期一样安全，一旦证实场址是稳定的，就不再需要进行监测，除非一些突发泄漏事件、法律纠纷或其他原因导致需要封存项目的新信息。

2. 监测范围

监测范围的确定需要充分考虑场区及其周边的二氧化碳排放源、气象、地层以及二氧化碳可能分布范围等条件，根据不同的监测类别确定不同的监测范围。监测范围是二氧化碳地质封存区域及影响的范围，包括空中、地表和地下的三维立体空间，具体涉及注入井、生产井、监测井与周边其他井口，二氧化碳可能泄漏的断层与裂隙，地表土壤，植被，浅层地下水，大气，风向，深部二氧化碳地质封存区域及影响区域等。

3. 监测方案的制定原则

详细的监测方案包括监测设备或技术，监测范围和监测频率，二氧化碳泄漏位置的快速识别与风险程度评估，并制定风险管理措施。

不同的监测目的所采用的监测技术也不尽相同。安全性是项目运行的基础条件，二氧化碳泄漏监测是验证项目是否安全运行的重要手段，而本底值监测则是为后期的常规监测提供对比的基线数据。因此，在制定监测方案时，应该充分考虑常规监测项目的实施。对监测对象和技术的选取，应该遵循有效性、灵敏性、经济性和可操作性原则。监测范围的确定，则应该充分考虑场区及其周边的二氧化碳排放源、气象、地层以及二氧化碳晕流可能的分布范围等条件，根据不同的监测类别确定不同的监测范围。

4. 监测方案制定工具

英国地质调查局开发了监测选择工具 Monitoring Selection Tool（MST），帮助用户设计从二氧化碳地质封存场地特征描述到闭场的整个项目周期的监测方案。MST 根据监测目标进行监测技术的初步筛选，对每一种监测技术对应选定的监测目标给定一个数值分类，通过定义项目场景得到该技术的信任度，形成推荐的监测方案。

MST 包含了 40 种监测技术，每种技术都包含了插图和适用性的完整描述，有一些还包含了技术应用案例研究的细节以及相关参考文献的引用。除了作为一种监测草案设计的帮助工具以外，MST 还是监测技术的一个丰富的参考源。

MST 的使用，首先要定义封存项目的基础场址特征，包括位置、储层深度和类型、注入速率和持续时间、封存场址的土地使用类型、监测阶段和监测目标。MST 将监测目标定义为二氧化碳晕流、储层上覆盖层完整性、二氧化碳在覆盖层的迁移（深度大于 25 m）、出于监管和财政目的的二氧化碳注入量量化、存储效率和小尺度过程、预测模型校准、地表泄漏（深度小于 25 m）以及大气检测和测量、地震和地壳运动、井的完整性、公众信任等 10 个目标。每一种监测技术对应选定的监测目标并给定一个数值，包括 0、1、2、3、4 五类，其中 0~4 分别表示不适用、也许适用、很可能适用、肯定适用和强烈推荐。MST 能够为监测技术的选择提供依据和参考，但不是最终决定因素。

5.4.3.2 监测方案

根据《二氧化碳地质利用与封存项目泄漏风险评价规范》（T/CSES 71—2022）中二氧化碳泄漏风险等级划分，将项目的二氧化碳泄漏风险划分为可接受、可容忍和不可接受三个等级，其中不可接受等级的项目无对应的监测方案，需调整工程设计方案并进行再评估，直至项目满足可接受或可容忍等级，否则不应继续开展该项目。只有可接受或可容忍等级的项目为可行项目，但需要通过监测方案保证项目的实施，其中泄漏风险等级为可接受的项目，在后续项目运行阶段应采用简化的二氧化碳泄漏监测方案；泄漏风险等级为可容忍的项目，在后续项目运行阶段应采用严格的二氧化碳泄漏监测方案。泄漏风险为可容忍类项目较可接受类项目的监测指标和监测频率均有所增加（表 5–19、表 5–20）。

表 5–19　可接受风险等级的二氧化碳泄漏监测方案

监测位置	监测方式	监测指标	监测频率
地上空间监测	近地表大气二氧化碳浓度监测	距离地表 2 m处的大气二氧化碳浓度	每 2 个月 1 次
	二氧化碳通量监测	距离地表 5 m 和 10 m 处的大气二氧化碳通量	连续
地表监测	土壤二氧化碳通量监测	浅层土壤二氧化碳通量	每 2 个月 1 次
	地表植被的生长状况监测	定期观察典型地表植被叶面、根茎形态变化	每 3 个月 1 次
地下监测	土壤二氧化碳通量监测	地下土壤 10 m 深处二氧化碳通量	连续
	土壤层下部浅层地下水水质监测	pH、溶解性总固体量、环境有害物含量（砷、铅）	每 2 个月 1 次
	紧邻盖层上部地层深井取样与温压监测	温度、压力、pH、溶解性总固体量	每 2 个月 1 次
	二氧化碳注入井井底温度压力监测	温度、压力	连续
井内监测	井筒套管壁缺陷（腐蚀和磨损）	套管柱各部件的腐蚀和磨损、管柱剖面上管柱内径的变化、管壁缺陷	每年 1 次
	评估范围内存在井筒的所有环空压力情况	环空压力变化是否在 30 天平均变化范围内	每年 1 次
	水泥环第一界面、水泥环第二界面固井质量及水泥环完整性	水泥声波测井曲线	每年 1 次

表 5–20　可容忍风险等级的二氧化碳泄漏监测方案

监测位置	监测方式	监测指标	监测频率
地上空间监测	近地表大气二氧化碳浓度监测	距离地表 2 m处的大气二氧化碳浓度	每月 1 次
	二氧化碳通量相关参数监测	距离地表 5 m 和 10 m 处的大气二氧化碳通量	连续
	近地表大气 SF_6 示踪剂浓度监测	距离地表 2 m 处的大气 SF_6 示踪剂浓度	每月 1 次

续表

监测位置	监测方式	监测指标	监测频率
地表监测	土壤二氧化碳通量监测	浅层土壤二氧化碳通量	每月 1 次
	雷达地表变形监测	雷达图像相位差信息	每月 1 次
	地表植被的生长状况监测	定期观察典型地表植被叶面、根茎形态变化	每月 1 次
地下监测	土壤原位二氧化碳通量监测	地下土壤 10 m 深处二氧化碳通量	连续
	土壤层下部浅层地下水水质监测	pH、溶解性总固体量、钙镁离子含量、环境有害物含量（砷、铅）	每月 1 次
	紧邻盖层上部地层深井取样与温压监测	温度、压力、pH、溶解性总固体量	每月 1 次
	垂直地质剖面地震（VSP）监测	VSP 地震监测结果	共 4 次
	四维地震监测	四维地震监测结果	至少 1 次
	二氧化碳注入井井底温度压力监测	温度、压力	连续
井内监测	生产套管壁缺陷（腐蚀和磨损）	套管内径、管壁厚度及横截面的变形；套管损伤，即腐蚀损伤和机械损伤（磨损、裂缝、断裂、切口等）；射孔层段和筛管（必要时）位置；套管接头连接程度；不密封区域	每 6 个月 1 次
	评估范围内存在井筒的所有环空压力情况	环空压力变化是否在 30 d 平均变化范围内	每天 2 次
	水泥环第一界面、水泥环第二界面固井质量及水泥环完整性	水泥声波测井曲线	每 3 个月 1 次

监测方案采取的监测方式主要包括地上空间监测、地表监测、地下监测和井内监测四类，监测持续时间宜根据项目规模、所在区域地质条件和人口等因素，确定合适的监测持续时间。

1. 地上空间监测

地上空间监测包括大气二氧化碳浓度监测和大气二氧化碳通量监测。

（1）大气二氧化碳浓度监测：以二氧化碳注入后产生储层压力增高的区域边界为依据界定监测范围，最大监测半径不宜超过 25 km（二氧化碳注入井为圆心）。每两个月监测一次距离地表 2 m 处二氧化碳浓度分布。

（2）大气二氧化碳通量监测：通量塔的位置应综合考虑安全、观测范围、建筑物影响、人为活动、汽车尾气排放等因素。涡动相关设备安装在 10 m 高度处，可以观测到 350 m 半径范围内的通量增加量。连续监测距离地表 5 m 和 10 m 的大气二氧化碳通量。

2. 地表监测

地表监测包括土壤二氧化碳通量的监测和地表植被的生长/健康状况监测。

（1）土壤二氧化碳通量的监测：监测时，首先将土壤呼吸室置于土壤表面，然后连接在二氧化碳气体分析仪上，接好进气管和出气管。每个点位重复测量读数三次，取平均值作为监测点的土壤二氧化碳通量。根据该项目的环境监测方案，每两个月监测一次地表土壤的二氧化碳通量。

（2）地表植被的生长/健康状况监测：基于二氧化碳泄漏对农业生态系统（玉米、苜蓿等）的影响机理，定期观察封存场地典型地表植被叶面、根茎形态的变化，并判断相关形态变化是否与二氧化碳泄漏相关联。

3. 地下监测

地下监测包括地下土壤二氧化碳通量监测、井底监测、浅层地下水水质监测和盖层上部地层深井取样与监测。

（1）地下土壤二氧化碳通量监测：以二氧化碳注入后产生储层压力增高的区域边界为依据界定监测范围，最大监测半径不宜超过 25 km（二氧化碳注入井为圆心）。连续监测距离地下 10 m 处土壤二氧化碳通量。

（2）井底监测：在注入井的目标储层深度处埋设监测装置，长期监测和记录井底压力、温度数据。

（3）浅层地下水水质监测：以二氧化碳注入后产生储层压力增高的区域边界为依据界定监测范围，最大监测半径不宜超过 25 km（二氧化碳注入井为圆心）。每两个月监测一次地下水 pH、溶解性总固体量和环境有害物含量。

（4）盖层上部地层深井取样与监测：每两个月监测一次紧邻盖层的上部地层的温度、压力及地层水质。

4. 井内监测

井内监测方案包括生产套管壁缺陷（腐蚀和磨损）监测、环空压力监测及水泥环第一界面、水泥环第二界面固井质量及水泥环完整性监测。

（1）生产套管壁缺陷（腐蚀和磨损）监测：通过声波测井、变密度测井、磁脉冲探伤等方法，每年监测一次套管柱各部件（套管鞋、封隔器、筛管等）的腐蚀和磨损情况；监测在管柱剖面上管柱内径的变化；检查管壁缺陷，评价磨损程度。

（2）环空压力监测：在封存井各环空处埋设监测装置，每天监测一次并记录所有环空的压力变化。

（3）水泥环第一界面、水泥环第二界面固井质量及水泥环完整性监测：通过声波水泥测井法，每年测井一次，监测关键层位（盖层段连续 25 m）水泥环第一界面、水泥环第二界面固井质量及水泥环完整性变化。

5.4.3.3 应急处置方案与应急处置措施

按照《二氧化碳地质利用与封存项目泄漏风险评价规范》（T/CSES 71—2022）的规定：二氧化碳泄漏风险为可接受和可容忍的项目，均应制定二氧化碳发生泄漏的应急处置方案。

1. 应急监测方案

应急处置方案应包含以下内容：

①对事故类型及危害程度进行分析与评估。

②设计应急响应程序，划分响应责任。

③结合实际泄漏位置，制定明确的二氧化碳泄漏补救措施。

④对于泄漏风险为可容忍的项目，应急处置方案的制定和实施应由专人负责，方案应包括详细的工作人员疏散安排并考虑二氧化碳大量泄漏造成局部冷却时，设备和部件能否正常运行。

2. 应急处置措施

针对大量二氧化碳发生急剧泄漏的情况和发生二氧化碳缓慢泄漏的情况，应采取不同的应急处置措施。

（1）急剧泄漏的应急处置措施。

如二氧化碳发生急剧泄漏，应采取的应急处置措施如下：

①若二氧化碳从注入井处发生急剧泄漏，首先应立即关闭阀门，如注入井已安装防喷器，则立即关闭防喷器；如注入井无防喷器，则需抢装井口，封住注入井，压住二氧化碳喷射。

②若二氧化碳在地面设备或室外管路处发生急剧泄漏，应立即停运系统，打开前、后门，并确保排风扇打开，在确保自身安全的前提下，切断泄漏点二氧化碳来源。必要时及时疏散周围人员，并向主管领导汇报事故情况。

（2）缓慢泄漏的应急处置措施。

如二氧化碳发生缓慢泄漏，应采取的应急处置措施如下：

①二氧化碳发生缓慢泄漏时，首先需查明漏点，再根据漏点位置采取针对性的措施。

②如二氧化碳在地面设备/管路/阀门处发生缓慢泄漏，首先应切断泄漏点二氧化碳

来源，并封堵漏点或更换设备/管路/阀门。

③如二氧化碳通过井筒套管—固井水泥界面、固井水泥自身缺陷、固井水泥—围岩界面缓慢泄漏，则应向漏点注入堵漏凝胶/封窜剂。

④如二氧化碳通过套管—油管环空发生缓慢泄漏，首先应查明泄漏原因。如因套管、油管处有漏点，则应泵注封窜剂至漏点位置，堵塞漏点；如因封隔器失效，则应更换封隔器或向环空保护液中加入高密度颗粒，使其沉积到封隔器处，堵塞封隔器。

本章思考题

（1）为什么 CCUS 项目环境影响评价非常重视其环境风险评价？

（2）试分析二氧化碳地质封存项目环境监测过程的阶段性和时间的持续性。

本章参考文献

[1] 蔡博峰. 二氧化碳地质封存及其环境监测 [J]. 环境经济，2012，104（08）：44-49.

[2] 陈新新，马俊杰，李琦，等. 国内地质封存 CO_2 泄漏的生态影响研究 [J]. 环境工程，2019，37（2）：27-34.

[3] 程萌，马俊杰，刘丹，等. CO_2 封存泄漏的稻田土壤细菌监测指标筛选研究 [J]. 环境科学学报，2021，41（6）：2390-2401.

[4] 邓红章. 高浓度二氧化碳入侵包气带对土壤—植物的影响研究 [D]. 长安大学，2018.

[5] 关笑坤. 二氧化碳在土壤包气带中的运移规律及对环境影响研究 [D]. 长安大学，2014.

[6] 环境保护部. 二氧化碳捕集、利用与封存环境风险评估技术指南（试行）（环办科技〔2016〕64 号）[Z]. 2016.

[7] 黄晶. 中国碳捕集利用与封存技术评估报告 [M]. 北京：科学出版社，2021.

[8] 李琦，蔡博峰，陈帆，等. 二氧化碳地质封存的环境风险评价方法研究综述 [J]. 环境工程，2019，37（02）：13-21.

[9] 李晓春. 高浓度二氧化碳对鼠类的影响实验研究 [D]. 西北大学，2015.

[10] 刘丹，马俊杰，程萌，等. CO_2 泄漏对稻田水基础水质指标的影响研究 [J]. 环境科学学报，2020，40（4）：1298-1308.

[11] 陆诗建，赵东亚，刘建武，等. 50 万 t/aCO_2 输送管道泄漏仿真模拟研究 [J]. 山东化工，2019，48（8）：229-235.

[12] 陆诗建. 碳捕集利用与封存技术 [M]. 北京：中国石化出版社，2020.

[13] 马劲风，杨杨，蔡博峰，等. 不同类型二氧化碳地质封存项目的环境监测问题与监测范围 [J]. 环境工程，2018，36（2），10-14.

[14] 马俊杰，胡芊，薛璐，等. 基于土壤和气象条件的点源泄漏 CO_2 土壤扩散时空变化研究 [J]. 安全与环境学报，2022，22（05）：2720-2729.

[15] 生态环境部. 建设项目环境风险评价技术导则: GB/T HJ 169—2018 [S].

[16] 田地，马欣，查良松，等. 地质封存 CO_2 泄漏对近地表陆地生态系统的影响综述 [J]. 生态与农村环境学报，2013，29（02）：137-145.

[17] 王晓桥，马登龙，夏锋社，等. 封储二氧化碳泄漏监测技术的研究进展 [J]. 安全与环境工程，2020，27（2）：23-34.

[18] 谢健，魏宁，吴礼舟，等. CO_2 地质封存泄漏研究进展 [J]. 岩土力学，2017，38（S1）：181-188.

[19] 薛璐，马俊杰，胡芊，等. C_4 植物稳定碳同位素分析助力地质封存 CO_2 泄漏风险识别 [J]. 干旱区资源与环境，2020，34（1）：79-86.

[20] 张丙华，景炯炯，耿春香，等. 地质封存 CO_2 泄漏对地表水中非金属类指标的影响 [J]. 水土保持通报，2016，36（02）：161-164+170.

[21] 张成龙，郝文杰，胡丽莎，等. 泄漏情景下碳封存项目的环境影响监测技术方法 [J]. 中国地质调查，2021，8（4）：92-100.

[22] 赵晨阳，马俊杰，薛璐，等. 地质封存 CO_2 泄漏对蚯蚓的毒性效应 [J]. 生态毒理学报，2020，15（2）：213-222.

[23] 中国环境科学学会.二氧化碳地质利用与封存项目泄漏风险评价规范: T/CSES 71—2022 [S].

[24] Benson S A. Geological Storage of CO_2: Analogues and Risk Management [C]. Carbon Sequestration Leadership Forum, 2007.

[25] IPCC. IPCC Special Report on Carbon Dioxide Capture and Storage [M]. Cambridge: Cambridge University Press, 2005.

[26] Jones D G, Beaubien S E, Blackford J C, et al. Developments Since 2005 in Understanding Potential Environmental Impacts of CO_2 Leakage from Geological Storage [J]. International Journal of Greenhouse Gas Control, 2015, 40: 350-377.

[27] Li P, Shao Q, Ma J, et al. Effect of Simulated CO_2 Leakage on Blood Indexes of Crucian Carps in Water. 14th Greenhouse Gas Control Technologies Conference Melbourne, 21-26 October 2018 (GHGT-14).

[28] Ma J, Wang S, Xue L, et al.Research of the Impact of Elevated CO_2 on Soil Microbial Diversity [J]. Energy Procedia, 2017, 114: 3070-3076.

[29] Ma J, Zhu X, Liu D, et al. Effects of Simulation Leakage of CCS on Physical-chemical Properties of Soil [J]. Energy Procedia, 2014, 63: 3215-3219.

[30] NETL. Monitoring, Verification,and Accounting (MVA) for Geologic Storage Projects

[R]. USA, 2012.

[31] Nordbotten J M, Kavetski D, Celia M A, et al. Model for CO_2 Leakage Including Multiple Geological Layers and Multiple Leaky Wells [J]. Environmental Science & Technology, 2009, 43 (3), 743-749.

[32] RISCS. A Guide to Potential Impacts of Leakage from CO_2 Storage [R]. England: British Geological Survey, 2014.

[33] Wang S, Ma J, Xue L, et al. Simulation Experiment Research of the Impact of CO_2 Leakage from Geological Storage on Soil Microbes [J]. Energy Procedia, 2014, 63: 3220-3224.

[34] West J M, Jones D G, Annunziatellis A, et al, Comparison of the Impacts of Elevated CO_2 Soil Gas Concentrations on Selected European Terrestrial Environments [J]. International Journal of Greenhouse Gas Control, 2015, 42: 357-371.

[35] Xue L, Ma J, Hu Q, et al. Identification of CO_2 Leakage from Geological Storage Based on Maize Spectral Characteristic Indexes [J]. International Journal of Greenhouse Gas Control, 2021, 112: 1-10.

[36] Xue L, Ma J, Hu Q, et al.Superoxide Dismutase Plays an Important Role in Maize Resistance to Soil CO_2 Stress [J]. Acta Geologica Sinica (English Edition), 2023, 97 (3): 995-1001.

[37] Xue L, Ma J, Wang S, et al. Effect of CCS Technology for CO_2 Leakage on Physiological Characteristics of C_4 Crops [J]. Energy Procedia, 2014, 63: 3209-3214.

[38] Xue L, Ma J, Wu J, et al. Comprehensive Evaluation on the Tolerance of Eight Crop Species to CO_2 Leakage from Geological Storage [J]. International Journal of Agriculture and Botany, 2019, 22 (3): 561-568.

[39] Zhang T, Shao Q, Ma J, et al. Effect of Large Flow CO_2 on Indexes of Water Quality and LD_{50} of Crucian Carp [J]. 14th International Conference on Greenhouse Gas Control Technologies, Melbourne, Australia, 21-26 October 2018 (GHGT-14).

第 6 章　二氧化碳地质封存典型案例剖析

2023 年 10 月，澳大利亚全球碳捕集与封存研究院（GCCSI）发布《2023 年全球 CCS 现状》(*Global Status of CCS* 2023)（GCCSI，2023）。该报告显示，全球范围内 CCS 项目数量大幅增加，其中 11 个新设施开始运营，15 个新项目正在建设。截至 2023 年 7 月，在建项目 392 个，同比增长 102%。2023 年，CCS 项目较 2022 年新增了 113 个，所有正在开发的 CCS 设施二氧化碳捕集能力已增长至 3.61×10^8 t/a，与 2022 年全球 CCS 状况报告相比增长了近 50%。由此可见全球已加快了 CCS 或 CCUS 项目的投资和落地。

CCUS 技术最早起源于美国，1972 年 1 月，雪佛龙公司在得克萨斯州斯库瑞县开展了世界上第一个大规模二氧化碳驱油项目 SACROC（斯库瑞地区峡谷礁作业委员会）（Gill，1982；秦积舜等，2015），该项目的二氧化碳来自科罗拉多州的天然二氧化碳，通过管道运输到油田驱油，在 1972—2009 年，该项目累积注入超过 1.75×10^8 t 天然二氧化碳（Hovorka et al.，2021）。但现代意义上的二氧化碳捕集、运输与封存作为减少人为排放二氧化碳的概念，最早是由意大利学者 Marchetti（1977）提出的。1996 年开始的挪威 Sleipner 咸水层地质封存项目和 2000 年开始的加拿大 Weyburn—Midale 二氧化碳驱油与地质封存项目，则是国际上最早开展的对人为排放二氧化碳进行大规模捕集、利用与封存的示范。英国 BP 公司在阿尔及利亚开展的 In Salah 二氧化碳咸水层封存项目、挪威 Sleipner 项目和加拿大 Weyburn—Midale 项目，除了提供持续的科学研究机会外，还因其愿意分享实施 CCS 技术的经验而被公认为全球典范。表 6-1 中列出了国际上开展的典型 CCUS/CCS 项目的特点。

表 6-1　全球典型 CCUS/CCS 项目技术创新与特点

名称	捕集类型与规模	运输	封存	特点
加拿大 Weyburn—Midale	美国北达科他州煤气化公司 300×10^4 t/a 煤气化过程碳捕集；加拿大 SaskPower 边界大坝燃煤电厂 100×10^4 t/a 燃烧后捕集装置	美国到加拿大 325 km 管道；SaskPower边界大坝燃煤电厂到油田 80 km 管道	1450 m 深度二氧化碳驱油与封存，约 180×10^4 t/a；2000 年 9 月 15 日开始注入，仅 Weyburn 油田累积封存量就超过 3100×10^4 t	①全球最大的二氧化碳地质封存科学研究设施； ②开展 5 次三维三分量地震监测、3 次三维九分量地震监测、3 次井中 80 级三维三分量 VSP 监测及 5 次被动地震监测、快慢横波测井、地表环境监测等世界上最先进、最全面和完整的观测、监测与验证（MMV），获得了数量最多的大规模二氧化碳地质封存数据集； ③形成了加拿大和美国发布的 CSA Z741 Geological Storage of Carbon Dioxide Standard 国家标准
加拿大 Aquistore	加拿大 SaskPower 边界大坝燃煤电厂 100×10^4 t/a 燃烧后捕集装置	10 km 管道输送到咸水层封存点（直线距离为 3.4 km）	地下 3400 m 深度咸水层封存，2015 年开始注入，累积封存二氧化碳 50×10^4 t	①吸取 Weyburn—Midale 项目监测技术的经验教训，带动二氧化碳地质封存永久监测装备与技术的发展； ②目前世界上最深的二氧化碳地质封存（3400 m）项目，监测技术难度最大； ③布置永久性三维地震、井中光纤垂直地震剖面 DAS VSP、深井光纤温度、压力 DTS、被动地震、Tiltmeter/GPS（地面水平与垂直变形）、环境监测等设施； ④为检测监测技术的重复性和分析非二氧化碳注入因素，注入前开展了多次重复三维地震、环境等监测
挪威 Sleipner	Sleipner Vest Field 天然气分离二氧化碳，规模为 85×10^4 t/a。捕集技术化学溶剂（胺吸收）	海上平台就地分离二氧化碳和注入海底以下深部咸水层	海底以下 800~1100 m 咸水层封存，1996 年 9 月 15 日开始注入，是世界上第一个海上 CCS 项目，累积封存二氧化碳约 2000×10^4 t	①两套砂岩咸水地层注入； ②世界上首个时延重力监测项目，发现注入二氧化碳后储层密度减小； ③ 8 次海洋拖缆三维地震监测（四维地震监测）； ④海洋表面地下深部监测技术难度大、技术含量高； ⑤主要研究目标是二氧化碳封存地下后羽状流体在储层内的移动过程，通过全面的监测技术来采集和记录数据，数据分析有助于进行复杂储层的二氧化碳安全封存操作和环境评估

续表

名称	捕集类型与规模	运输	封存	特点
澳大利亚 CO_2 CRC Otway	天然气分离二氧化碳，二氧化碳浓度 80%，甲烷浓度 20%	2.25 km 管道	深部 1565 m 咸水层封存，2009 年 9 月开始注入，累积封存二氧化碳 8×10^4 t	①按照科学任务确定不同阶段注入量；②研究不同二氧化碳注入量，特别是注入量不大情况下的地球物理监测与成像技术；③世界上首个专门研究二氧化碳注入与断层封闭性影响的设施；④具备目前最为完善的现场和室内实验设施；⑤布置永久性三维地震、井中光纤 DAS VSP、被动地震、地表变形、环境监测等设施
德国 Ketzin	小规模工业制氢项目 Schwarze Pumpe	罐车运输	地下 630～650 m 深度咸水层封存，2008 年 6 月 30 日开始注入，2013 年 8 月 29 日注入结束。累积封存二氧化碳 6.7271×10^4 t	①四维地震监测最成功；电阻率法监测最成功；井中与地面地球物理联合监测独特；封井后长期监测；②主要研究目标是二氧化碳封存后羽状流体在储层内的移动过程，通过全面的监测技术来分析，有助于进行复杂储层的二氧化碳安全封存操作和环境评估；③二氧化碳储量及封存量预测最成功
日本苫小牧	炼油厂制氢过程的低浓度二氧化碳捕集（工业分离/化学吸附），规模为 10×10^4 t/a	从捕集端将二氧化碳直接压入位于陆地的注入井中	海底深部 1000 m、3000 m 两套咸水层封存，水平井注入方式，累积封存二氧化碳 30.011×10^4 t	①采用日挥公司（JGC）与德国巴斯夫公司（BASF）合作开发的 HiPACT 设备进行捕集二氧化碳。使用新开发吸收溶剂的一种化学吸收过程，具有抗热、降解性能稳定、二氧化碳吸收性能优异等特点；在高压下（3～5 个大气压）实现二氧化碳液气分离过程并节省能源，这大大降低了 CCS 项目的能源和成本负担；使二氧化碳的回收和压缩成本从 35%降至 25%；②海底电缆（OBC）四分量时移地震监测、海面漂缆四维地震监测、海底地震仪（OBS）监测、陆地井中监测及地震台网结合的监测系统先进、独特；③从陆地向海底砂岩、玄武岩两套地层注入二氧化碳

续表

名称	捕集类型与规模	运输	封存	特点
In Salah	BP石油公司阿尔及利亚 In Salah Oil Field 天然气分离二氧化碳（5.5%二氧化碳含量），规模为 $100\times10^4\sim120\times10^4$ t/a	井口生产天然气直接分离二氧化碳，就地输送到二氧化碳注入井	科学研究项目：地下 1880 m 深度，20 m 厚度咸水层封存，2004 年 8 月开始注入；到 2011 年 6 月，因监测分析确定继续注入会造成盖层泄露风险而结束；累积封存二氧化碳 380×10^4 t	①一套咸水层地层注入； ②世界上首次开展 InSAR（干涉合成孔径雷达）监测地表变形的研究，发现二氧化碳注入地下深部咸水层后，地表发生明显形变，可能造成突破盖层泄露的风险； ③多次三维地震监测（四维地震监测）、微地震监测、Tiltmeter/GPS（地面水平与垂直变形）； ④井筒完整性监测发现存在井壁泄露，可能是固井水泥与二氧化碳的地球化学反应造成

资料来源：Ma et al.，2022。

6.1 二氧化碳深部咸水层地质封存案例

6.1.1 国外案例

本节依次介绍三个国外典型的二氧化碳深部咸水层地质封存案例：一是加拿大萨斯喀彻温省（简称萨省）电力集团边界大坝燃煤电厂（SaskPower Boundary Dam Power Station）燃烧后碳捕集设施与就近开展的 Aquistore 咸水层地质封存项目；二是加拿大阿尔伯塔省壳牌石油重油制氢过程碳捕集与咸水层地质封存项目（Quest 项目）；三是挪威 Sleinper 天然气分离二氧化碳回注至海底咸水层进行封存的项目。

6.1.1.1 加拿大 Aquistore 二氧化碳咸水层地质封存项目

萨省电力集团边界大坝燃煤电厂在其第三发电机组建设的 100×10^4 t/a 碳捕集设施捕集的二氧化碳，大部分运输到约 80 km 以外的 Weyburn 油田进行二氧化碳驱油与地质封存，剩余的小部分二氧化碳被运输到直线距离 3.4 km 的深部咸水层进行纯地质封存，该项目被称为 Aquistore 咸水层地质封存项目。

Aquistore 项目是由实施 Weyburn—Midale 油田二氧化碳驱油封存项目的同一科学和工程团队，在加拿大石油技术研究中心（The Petroleum Technology Research Centre,

PTRC）组织和领导下开展研究工作的，鉴于 Aquistore 项目吸取了 Weyburn—Midale 项目的经验教训，加之封存监测的深度为目前全球最深、监测难度最大的，因而使 Aquistore 成为世界上最全面的二氧化碳地质封存现场地质科学实验室。

之所以开展 Aquistore 咸水层二氧化碳地质封存，是考虑到边界大坝燃煤电厂捕集的二氧化碳在出售给油田进行二氧化碳驱油时，驱油的收益和二氧化碳购买量随原油市场价格变化很大，油价低和驱油效益不好时，油田需求就会下降。但是边界大坝燃煤电厂的碳减排却不能停止。为避免捕集的额外二氧化碳释放到空气中，萨省电力集团将多余的二氧化碳通过管道运输到距离 3.4 km 的 Aquistore 注入井（图 6−1），将其注入 3.4 km 深的含咸水砂岩。这是目前为止萨省最深的钻井，也是全球咸水层封存最深的井。边界大坝燃煤电厂就近开展的咸水层地质封存实际上是一个“缓冲区”，起到调节二氧化碳供给油田驱油和企业碳减排达标的双重效果。

图 6−1　Aquistore 项目二氧化碳注入井

Aquistore 项目注入二氧化碳的层位为地下多孔砂岩层，被称为深部咸水层或咸水储层，这些微小的孔隙已经安全地封存了大量的液体和气体长达数百万年，并为永久封存二氧化碳提供了一个安全的空间。半个多世纪以来，石油和天然气行业一直在地质封存点附近注入二氧化碳，因此已经完全掌握技术，测试并证明是安全的。二氧化碳地质封存的最佳地点是埋藏深、有良好的封闭机制与密封结构的砂岩或碳酸盐岩储层，并且极少有断层和裂缝，Aquistore 项目封存二氧化碳的砂岩咸水层就恰好具备这些特性（图 6−2）。

到 2023 年 3 月，Aquistore 项目累计安全封存二氧化碳超过 50×10^4 t，每日最大注入量为 2100 t，无诱发地震事件发生。Aquistore 项目由高精度仪器控制的注入井和观测井组成，目前只有一口二氧化碳注入井和一口监测井。为持续监测注入二氧化碳产生的影响和二氧化碳在地下迁移的轨迹，Aquistore 项目开展了先进的监测和验证实施计划。

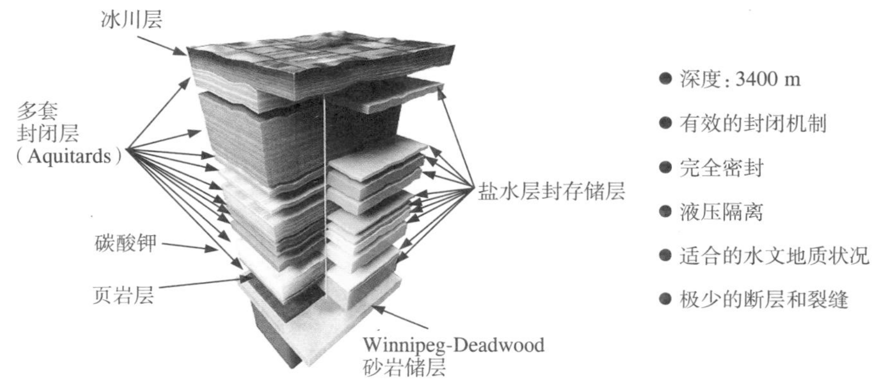

图 6-2 Aquistore 项目咸水层封存安全性评价（图改自加拿大萨省政府）

Aquistore 项目在地下和地上开展了 30 多种监测技术（图 6-3），包括基于地表的区域三维地震勘探、永久地震阵列、电阻率/电磁勘探、重力勘探、被动地震（宽带和短周期阵列）、干涉合成孔径雷达、全球定位系统、测斜仪、地下水和土壤气体监测仪、碳同位素分布等，以及基于井下布置的井间地震和垂直地震剖面、垂直地震监测（VSP）、跨井和地面井下电气监测、实时压力和温度监测、流体取样、延时记录、分布式声/温度传感器等。

Aquistore 项目之所以设计如此多的监测技术，并不是因为这些监测手段每一种都十分有效。在开展研究之初，研究人员并不知道哪种监测技术较好，因此想通过不断地研究探索和筛选技术，来确定哪种监测手段更有效，哪种监测手段缺乏必要性，为的是给后续开发的项目提供经验教训。

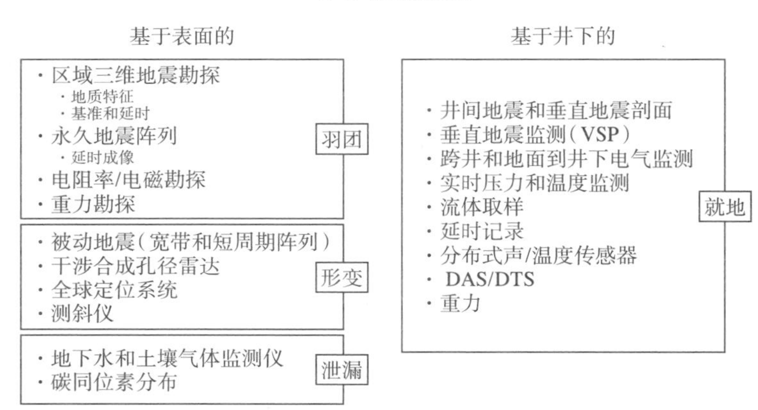

图 6-3 Aquistore 项目监测计划（图片改自 PTRC）

监测手段中，最重要的是多次三维地震监测，也称作四维地震或者时移、时延三维地震监测。注入之前，Aquistore 项目就进行了三次三维地震监测（White et al.，2015），用于确定在不同季节采集三维地震资料时，季节变化是否会导致浅地表的地震波速度、潜水面深度等发生变化从而造成地震信息的差异。注入二氧化碳后，Aquistore 项目共进行了三次地震数据的采集，分别为 2016 年 2 月第一次采集（此时已注入二氧化碳 3.6×10^4 t）、2016 年 12 月第二次采集（此时已注入二氧化碳 10.2×10^4 t）、2018 年 3 月第三次采集（此时已注入二氧化碳 14.1×10^4 t）。在注入初期三维地震采集间隔较密集，是因为注入初期二氧化碳运移较快，对地下岩层的影响较大，需及时用三维地震的手段监测其流动规律。

四维地震资料的成功，要建立在四维信号的可检测性和非四维地震的重复性这二者的平衡之上，要想准确提取四维有效信息，四维地震资料的重复性要足够好，两次地震采集的信息中非二氧化碳影响的因素要最小，确保二氧化碳注入咸水层中储层变化产生的地震响应最大。科学家们通过四维地震资料处理和解释，分析了注入二氧化碳的层位大约 10 ms 时窗范围内的重复性参数 NRMS 值（图 6−4）。从图中可以看出，注入二氧化碳之前，注入井和监测井周围 NRMS 值几乎为零，说明重复性很好；注入二氧化碳之后的第一阶段、第二阶段、第三阶段，明显看到 NRMS 值呈“羽团”状散开，并在监测井有所体现，但 NRMS 值均介于 0.1～0.2，一般认为这个范围内代表地震资料重复性较好，即非重复信息占 10%～20%。

注入二氧化碳后，会引起地震波速度的变化，从而造成地震振幅的变化，从剖面上观察，基础剖面注入储层位置并未见明显的强振幅反射，随着二氧化碳注入的不断增加，储层地震振幅发生明显变化，体现为振幅值逐渐增大（图 6−5）。

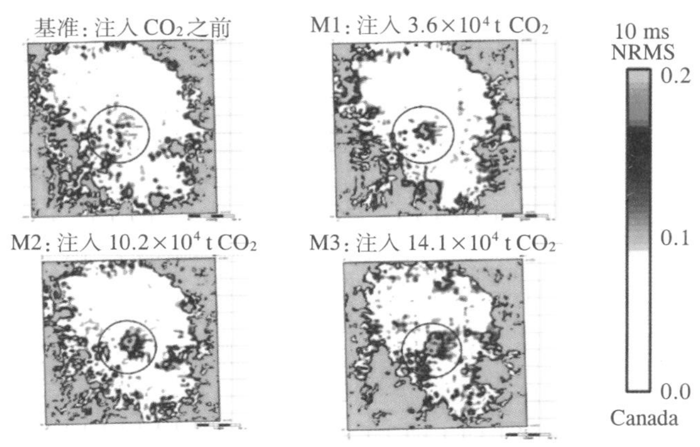

图中圆圈内左下位置为二氧化碳注入井，右上为监测井。

图 6−4　Aquistore 项目四维地震资料重复性解释（图片改自 PTRC）

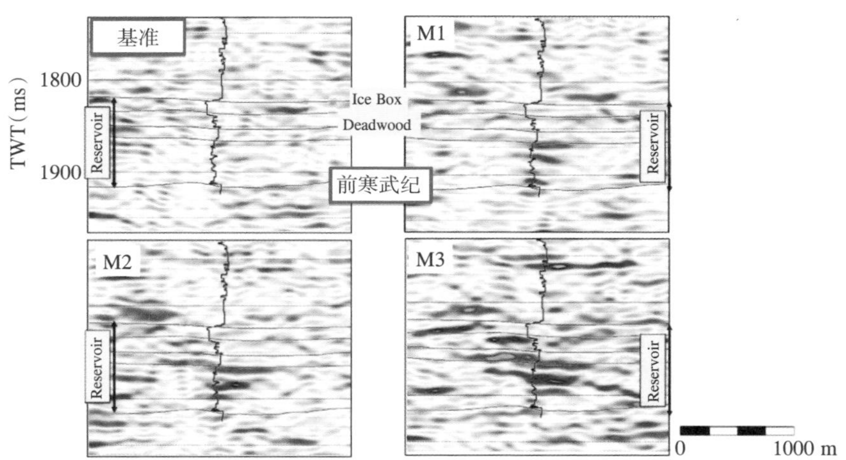

图 6-5 Aquistore 项目注入二氧化碳后四维地震剖面差异（图片来自 PTRC）

从二氧化碳注入地下后分散示意图中，可以清楚地看到 二氧化碳注入地下后，在平面上呈“羽团”状逐渐散开（图 6-6），注入第一阶段（注入 3.6×10^4 t 二氧化碳）扩散范围约为 3.2×10^4 m^2，第二阶段（10.2×10^4 t 二氧化碳）扩散范围约为 8.1×10^4 m^2，第三阶段（14.1×10^4 t 二氧化碳）扩散范围约为 9.7×10^4 m^2，随着时间的推移，二氧化碳扩散范围逐渐增大。这既可以证明二氧化碳地质封存的安全性，没有泄漏到未知区域造成环境影响，也证明了四维地震监测技术的有效性。

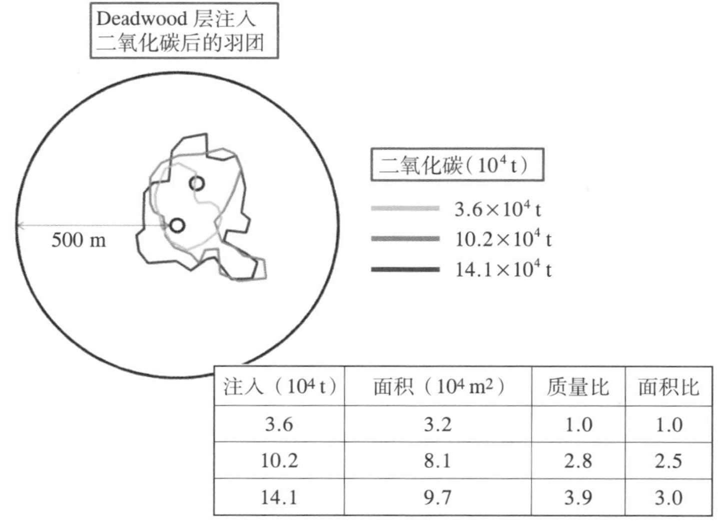

注入（10^4 t）	面积（10^4 m^2）	质量比	面积比
3.6	3.2	1.0	1.0
10.2	8.1	2.8	2.5
14.1	9.7	3.9	3.0

图 6-6 二氧化碳注入地下后呈羽团状分散示意图（图改自 PTRC）

除了地震监测之外，Aquistore 项目还进行了一系列监测研究，如岩心成像和地质力学、土壤气体组成监测与研究、碳同位素追踪、干涉合成孔径雷达探测、流体回收系统、石油物理研究、管路问题和盐沉积等方面的研究。Aquistore 项目开展的其他环境、地表变形等监测装置如图 6−7 至图 6−13 所示。

图 6−7　地面 GPS 监测

图 6−8　四维地震监测检波器

图 6−9　储电箱现场图

图 6-10　地下水监测

图 6-11　空气二氧化碳监测

图 6-12　低频地震监测设施的野外工作室

图 6-13　卫星系统监测地表起伏

6.1.1.2 加拿大壳牌公司 Quest 二氧化碳咸水层地质封存项目

壳牌公司从 2012 年 9 月开始在加拿大阿尔伯塔省埃德蒙顿市以东的 Scotford 工业综合体（Shell Scotford Industrial Complex），开发建设 Quest 重油制氢过程的 100×10^4 t/a 二氧化碳捕集与咸水层封存项目，这是目前世界上第一个用于油砂运营的、形成商业化规模的 CCS 项目（Rock et al.，2017）。

2015 年 8 月 23 日，Quest 碳捕集与封存设施开始往地下约 2 km 深处的咸水层，即加拿大西部沉积盆地基底寒武纪砂岩注入二氧化碳。

壳牌公司 Quest CCS 项目总成本约 13.5 亿加元，包括前端工程设计和 10 年运营成本，阿尔伯塔省和加拿大政府分别向 Quest 项目提供 7.45 亿加元和 1.2 亿加元，共计 8.65 亿加元，其中阿尔伯塔省资金来自累积的政府征收的高碳排放基金收益。由于资金来自政府，Quest 项目的附带条件要求有广泛的知识共享，严格的报告，观测、监测和验证（MMV）计划，所有监测数据与报告必须在阿尔伯塔省政府网站公开。

到 2020 年 7 月 13 日，Quest 项目已经捕集和运输了约 500×10^4 t 二氧化碳，相当于每年减少 125 万辆汽车的排放量。Scotford 工业综合体碳捕集设施是从制氢工厂捕集二氧化碳，捕集的二氧化碳浓度为 17%（虽然浓度不高，但是纯度很高，几乎没有杂质），最终达到减排 35%的目的，捕集的二氧化碳通过长度为 65 km 的管道输送到封存地进行永久封存。

1. 项目选址

选址研究是项目实施的第一步，科学家们考虑了很多因素：储层质量、密封位置、裂缝、断层、预测压力反应、利益相关方关系、废弃井等，最终选择阿尔伯塔省埃德蒙顿市东北方向的 Lower Lotsberg Salt 区域，进行咸水层二氧化碳地质封存，地质封存区域面积约为 3670 km^2，设计了图中红色点位置的三口井进行二氧化碳注入和监测（图 6−14）。封存二氧化碳的层位为基底寒武纪砂岩，这套基底寒武纪砂岩层封存的复合构造，砂岩孔隙度约 17%，渗透率极佳（约 1000 mD），是高质量砂岩，上覆盖层是一套既厚又连绵不断的厚度超过 200 m 的多套盖层（图 6−15）。

2. 二氧化碳捕集流程

用胺液通过吸收塔从制氢工厂捕集（或“吸收”）二氧化碳，然后胺和二氧化碳在再生塔中分离。胺液循环使用，二氧化碳被脱水。然后将二氧化碳压缩成液态，通过管道输送到注入井，在那里封存于地下超过 2 km 处。地面设施概貌，包括四大部分，即吸收塔、解析塔、压缩、管道输入至封存（图 6−16）。

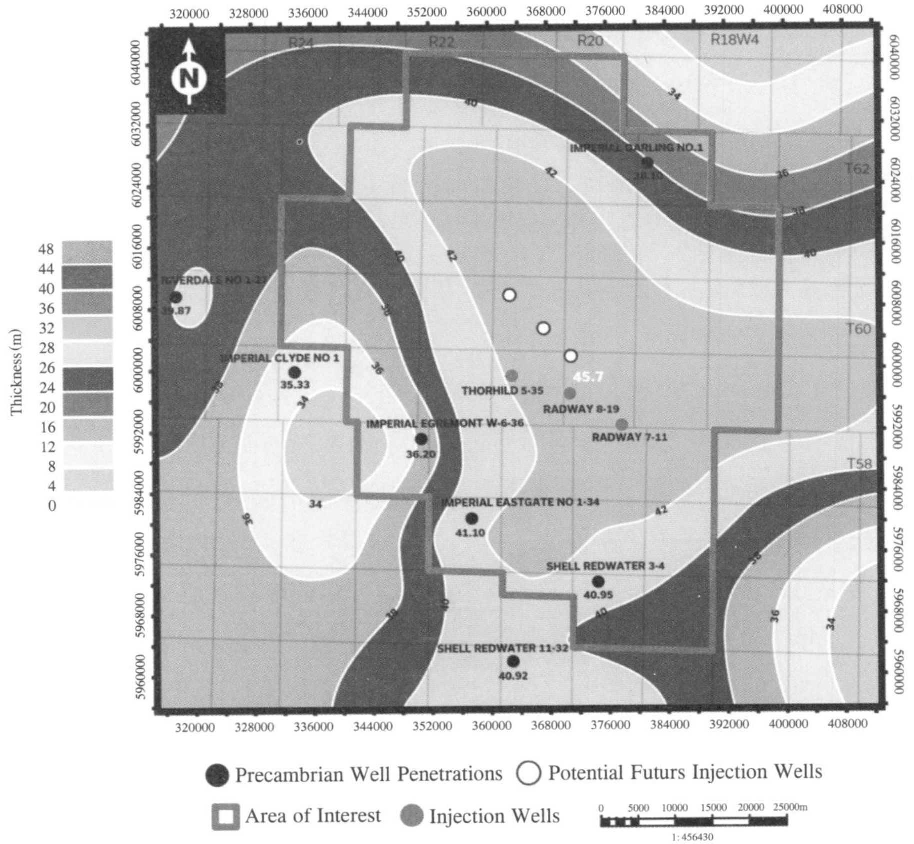

图 6-14　Quest 项目地质封存选址与咸水层厚度分布图（IEAGHG，2019）

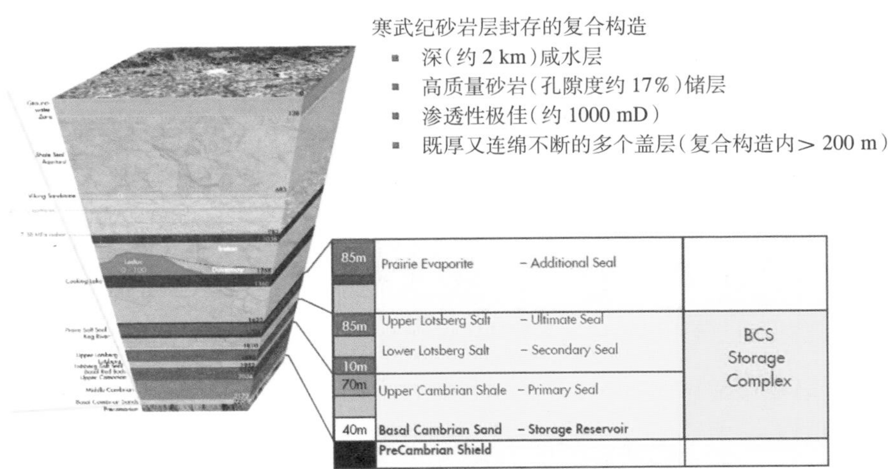

图 6-15　封存场地地层结构图（Harvey et al.，2022）

图 6-16　Quest 重油制氢过程 100×10^4 t/a 碳捕集设施全貌

3. 二氧化碳运输

二氧化碳运输管道长度为 65 km，二氧化碳以超临界相通过整个管道，管道中共有 6 个截流阀（每 4～15 km 一个），整个管道于 2014 年 8 月建成，中途为满足土地所有者的要求，改道了 30 多处，其中 28 km 是在现有管道基础上改造的，另外 37 km 是按照土地所有者的希望建造的。图 6-17 为管道布置图，红色方框为二氧化碳捕集设施，三个绿色的方框为注入二氧化碳井和监测井，管道布置并非在直线位置，而是在偏东侧方向。管道设计压力为 14.8 MPa，材料为 Z245.1 的碳钢材料，确保了在低温下的高强度、高韧性，以防止长距离运输发现韧性断裂。

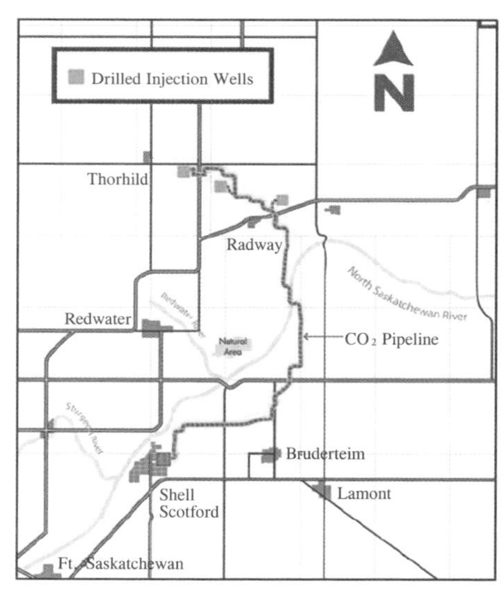

图 6-17　二氧化碳管道运输示意图（图片来自 Quest）

4. 二氧化碳地质封存与监测

设计三口井用于二氧化碳注入和监测，使用其中两口井作为二氧化碳注入井，另一口为监测井，另外还有 2～5 个浅层地表水井；钻井采用常规方法，多级套管，淡水区三套，全部胶结到地表；目前二氧化碳羽流最大长度估计为 2.5～4.2 km，即二氧化碳注入后扩散的范围为 2.5～4.2 km。

为了证明注入的二氧化碳被安全封存，实施了观测、监测和验证（MMV）计划（图 6-18）。作为计划的一部分，对多个范围进行监测，包括大气、生物圈、水圈、地圈和井。时延地震方法主要用于一致性监测，其次用于地圈域内二氧化碳羽流的安全壳监测（Harvey et al.，2022）。目前，这些方法包括三维地面地震（SEIS3D）、二维地面地震（SEIS2D）和二维多方位走行式井眼垂直地震剖面（VSP2D）。

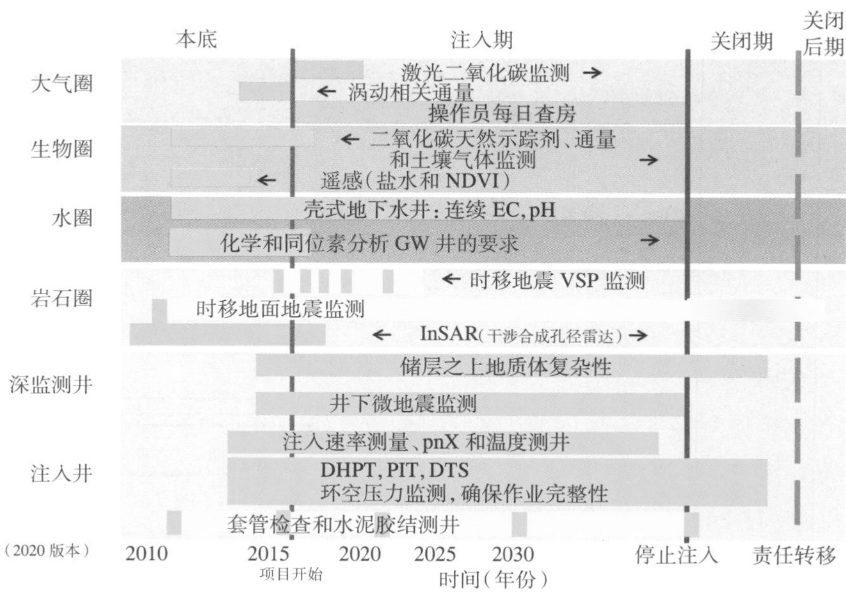

图 6-18 观测、监测和验证（MMV）方案

6.1.1.3 挪威 Sleinper 二氧化碳咸水层地质封存项目

Sleipner 是世界上第一个商业二氧化碳咸水层地质封存项目（图 6-19）。Sleipner West 油田从侏罗纪和第三系储层中生产的天然气含有高达 9% 的二氧化碳，但是为了满

图 6-19 位于北海的挪威 Sleipner CCS 项目

足出口规格和客户要求，需要将其降至最高 2.5%。在将天然气采出地面和通过管道输送至陆地之前，必须在 Sleipner T 海上平台从生产的天然气中去除二氧化碳，否则 Sleipner West 油田的运营商将支付一定金额的挪威碳税。

从 1996 年开始，挪威国家石油公司（原 Statoil，现 Equinor）以约 90×10^4 t/a 规模开始注入二氧化碳。迄今为止累积封存了约 2000×10^4 t 二氧化碳，且没有证据表明二氧化碳泄漏，二氧化碳仍在原位。二氧化碳捕集使用胺技术完成。目前，二氧化碳注入成本为 17 美元/t。

1. 开展 Sleipner CCS 项目的原因

该项目是在 1990 年北海 Sleipner West 气田和凝析气田开发之后开始的。开采的天然气储层中含有约 9%的二氧化碳，需要显著降低二氧化碳含量以达到商业规格以下才能出售。

而在 1991 年，挪威政府就引入了二氧化碳排放税，以减少挪威近海石油和天然气活动的温室气体排放。挪威对碳排放征收 200 美元/t 的税，后来降至 140 美元/t。如果不采用二氧化碳捕集与封存技术，每年 90×10^4 t 二氧化碳，按照每吨 140 美元碳税，每年需支付 1.26 亿美元碳税。这促使挪威国家石油公司 Statoil 开始捕集并压缩捕集的二氧化碳，将其注入海床以下的深水地层。该项目于 1996 年启动时，需要 8000 万美元的投资，这为公司每年可节省 4600 万美元的碳税。

碳税是挪威国家石油公司将去除的二氧化碳重新注入 Utsira 砂岩地层的驱动因素之一。挪威的碳税适用于不同的行业部门。如今，离岸产业根据欧盟排放交易体系（ETS）缴纳碳税和配额。对于海上石油和天然气行业，ETS 规定的碳税和配额价格在 2017 年约为 60 美元/t。

即便碳税降至 60 美元/t，如果不采用 CCS，每年仍需支付 5400 万美元。CCS 项目自 1996 年开展，运行成熟后，现今的成本为 17 美元/t，年投资 1530 万美元，远低于碳税。

2. Sleipner CCS 项目的独特之处

尽管在其他地方缺乏类似的经验，但部署 CCS 的大胆和开创性商业决定吸引了大量的关注，因为这证明了从工业活动中捕集二氧化碳并实现地质封存的概念。能够在 1996 年开始实施这样的项目，是非常有远见的决定。该项目的重要意义体现在：是自 1996 年以来成功的二氧化碳地质封存运行的示范；是在工业规模上测试基于胺溶剂的二氧化碳捕集技术的先例；证明了如何将石油和天然气部门的经验应用于实现大规模二氧化碳地质封存项目；证明了地球物理成像和其他监测数据在优化二氧化碳注入项目和证明封存安全性、法规合规性方面的价值；是现场实际封存量和注入性能的实践，进一步理解了二氧化碳地质封存流程和捕集机制的内在意义。

3. Sleipner 地质封存与监测技术

二氧化碳注入海平面下 800～1000 m 深度中新世 Utsira 组砂岩，砂岩厚度为 200～250 m，含砂量为 90%～98%，平均孔隙度为 35%～40%，砂岩有效厚度与总厚度比为 0.90～0.97，渗透率为 1～8 达西范围。

Sleipner 二氧化碳监测计划（需要证明长期封存的安全性）包括时移地震、重力场监测以及海洋和海底调查。其中一些方案能够从欧盟、挪威和世界各地的研究资金中受益，以便开发更广泛部署二氧化碳地质封存的具体技术。

监测地下二氧化碳羽流成像的六次时移三维地震，成功地从海水表面监测到不同注入量和注入时期 Sleipner 地区二氧化碳羽流的演变（图 6−20）。同时，该项目是全球首次处理出地震剖面上（垂向）二氧化碳分布范围。

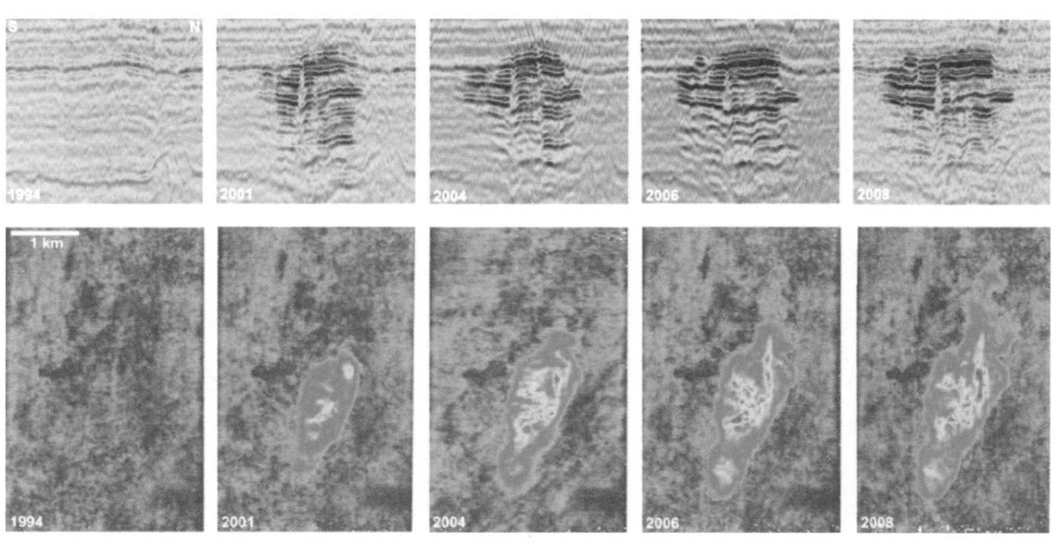

图 6−20　挪威 Sleipner 油气田二氧化碳分布的不同年份时移地震图像（Chadwick et al.，2010）

上部为南北向地震测线穿过二氧化碳注入与封存区域，下部为从上向下看的二氧化碳分布区域。

4. 作为基准的 Sleipner 项目技术方法

从 Sleipner 这一工业规模示范项目中吸取的许多经验教训被采纳为行业最佳实践，Sleipner 项目的经验被用作 2009 年由欧洲议会通过的《欧盟二氧化碳地质封存指令》的指南。《伦敦议定书》和《保护东北大西洋海洋环境公约》的修改，以允许在近海地质地层中封存二氧化碳，也将 Sleipner 项目作为基准。

6.1.2 国内案例

中国神华煤制油深部咸水层二氧化碳地质封存示范项目，是国内首个以封存为目的的二氧化碳咸水层封存示范工程。2010 年，示范项目在内蒙古自治区鄂尔多斯市伊金霍洛旗启动建设，当年年底完成二氧化碳捕集、提纯、加压、注入设备安装和注入井、监测井的钻井工作（任会斌，2019；Zhao et al.，2017）。

煤制油项目产生的高浓度二氧化碳被捕集后，先要去除水、硫、氮、有机物等杂质，将纯度提高到 99.9%，再经冷却、加压制成温度为零下 20℃的液体二氧化碳，然后用专用罐车运到作业区。其中，注入井和监测井深为 2495 m，借助压力，二氧化碳被注入地下 1500～2500 m 的咸水层封存。自 2011 年 5 月 9 日开始，二氧化碳连续注入作业，至 2015 年 4 月 16 日，共试验封存二氧化碳 30.26×10^4 t。随后，项目进入监测期。

通过近九年的监测数据显示，封存区地下水质、压力、温度和地面沉降、地表二氧化碳浓度等指标没有明显变化，采用示踪技术也未监测到二氧化碳泄漏现象。

6.2 CO_2-EOR 地质封存案例

6.2.1 国外案例

加拿大最早开展 CO_2-EOR 项目的是 Weyburn 和 Midale 两个油田。早在 1998 年，这两个油田因产量下降快而决定采用二氧化碳作为三次采油的一种手段来驱油提高石油采收率，一部分二氧化碳随原油从井口出来后被回收重新注入，另一部分二氧化碳将被永久封存在地下孔隙空间，这一过程实现了减少温室气体排放与增加石油采收率的双赢。Weyburn—Midale 油田的二氧化碳来自美国北达科他州煤气化厂排放的高浓度二氧化碳尾气，捕集后的二氧化碳通过长为 325 km 的管道输送到 Weyburn—Midale 油田进行驱油与封存。油田注入二氧化碳后产量回升至至少 30 年前的状态，使得 CO_2-EOR 技术一直有利可图，因此 Weyburn—Midale 油田二氧化碳驱油与封存项目一直维持至今，已运行至第三阶段，且对二氧化碳的需求有增无减。

Weyburn—Midale 油田二氧化碳驱油与封存项目的实施，是 1998 年《京都议定书》

签署后发达国家开展的碳减排项目，同时这是人类历史上第一次大规模通过地质封存来减少来自煤炭排放的二氧化碳。因此，在加拿大石油技术研究中心的组织下，美国能源部、加拿大自然资源部、国际能源署温室气体控制技术协会等数十家政府、大学及美国三大国家实验室与油田合作，对大规模二氧化碳驱油与地质封存进行了长达 10 年的连续监测与研究，将 Weyburn 油田二氧化碳注入与封存区建成了世界最大的地质封存地球科学实验场，采集了当时技术条件下最为完善的监测数据，为后续 CCUS/CCS 技术发展奠定了坚实的基础。该项目从 2000 年 10 月开始注入二氧化碳，年注入规模在 150×10^4 t 以上，采用井口回收回注方式，确保二氧化碳不泄漏，在获得良好经济效益的同时实现了大规模碳减排，到 2023 年 3 月累计封存二氧化碳超过 4000×10^4 t。

6.2.1.1 Weyburn—Midale 油田二氧化碳驱油与封存项目基本情况

1. 捕集与运输

2000 年 10 月开始注入二氧化碳时，Weyburn—Midale 项目的二氧化碳来源于美国北达科他州的大平原合成燃料厂（煤气化厂），是在煤制天然气的煤化工过程中捕集二氧化碳，捕集的二氧化碳纯度为 95.9%，通过 325 km 长的管道穿越加美边境运到 Weyburn—Midale 油区，该管道受美国能源部的规范管理。自 2014 年起，加拿大边界大坝燃煤电厂碳捕集项目实施后，开始向 Weyburn—Midale 油田输送二氧化碳，输送管道长度约为 80 km。因两个捕集企业的输送容量及二氧化碳浓度不同，因此形成了两条并行的输送二氧化碳的管道，二者同时存在且不重合。

2. 二氧化碳集输站

捕集的二氧化碳首先通过管道运输到 Weyburn 油田注入区附近的二氧化碳集输站（图 6–21），再依次输送到二氧化碳注入井。该集输站同时也储存了井口回收的二氧化碳，同样再次处理后回注到地下。

图 6–21　二氧化碳集输站（图片来自 Weyburn 油田）

3. 驱油与封存

当油田开始缓慢减产时，二氧化碳可以用来驱油提高采收率，“增加”石油开采量。

二氧化碳是以高压超临界状态被注入地下 1.4 km 处 16～28 m 厚的碳酸盐岩储层中（图 6–22），主要是两套地层：一套是 Marly 层白云岩，厚度为 2～12 m、孔隙度为 16%～38%、渗透率为 1～50 mD；另一套是 Vuggy 层石灰岩，厚度为 8～22 m、孔隙度为 8%～20%、渗透率为 10～300 mD。注入井采用 16 种注入模式，来检验注入效果，包括垂直井与水平井的组合，确保了注入面大、驱油效率高。其注入压力为 24 MPa，原始地层温度为 63℃，原始孔隙压力为 15 MPa，盖层为封堵效果最好的石膏层。

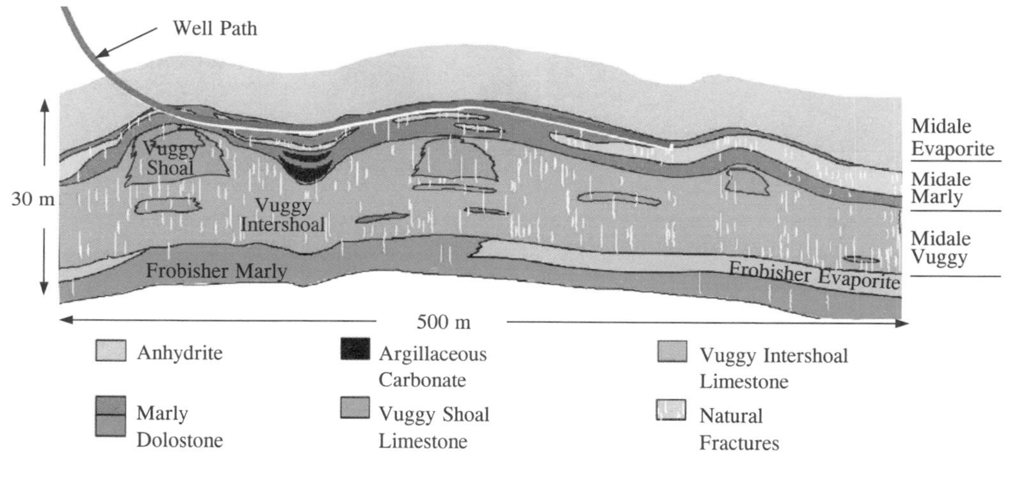

图 6–22　储层地质特征（Wilson，Monea，2004）

因为二氧化碳本质上是石油的溶剂，与原油混相时，可以降低原油黏度，降低界面张力，增加流动性，使原油从孔隙中膨胀出来，以此实现了二氧化碳驱替原油提高石油采收率。

当油被泵送到地面时，压力和温度开始下降，并且所含的二氧化碳开始从油中释出。释出的二氧化碳（约为初始注入量的 60%）经地面收集、压缩并重新注入。剩余 40%注入的二氧化碳永久保留在储层的孔隙中，永远不会回到地表。

4. 驱油效果

Weyburn 项目历年石油生产的曲线图（图 6–23），明显说明了技术进步所带来的影响。一次采油仅采出 15%的原油，经水驱、增打垂直井、注入二氧化碳前增打水平井并进行多级压裂等方式增产至采出了 30%的原油，三次采油采用二氧化碳驱油后将可采石油储量增至 45%，有效地提高了采收率。

使用二氧化碳驱油来提高采收率的技术突破，让 Weyburn—Midale 油田重新焕发了活力，产量提高了 60%，并且重新回到了 50 年前的高产水平。

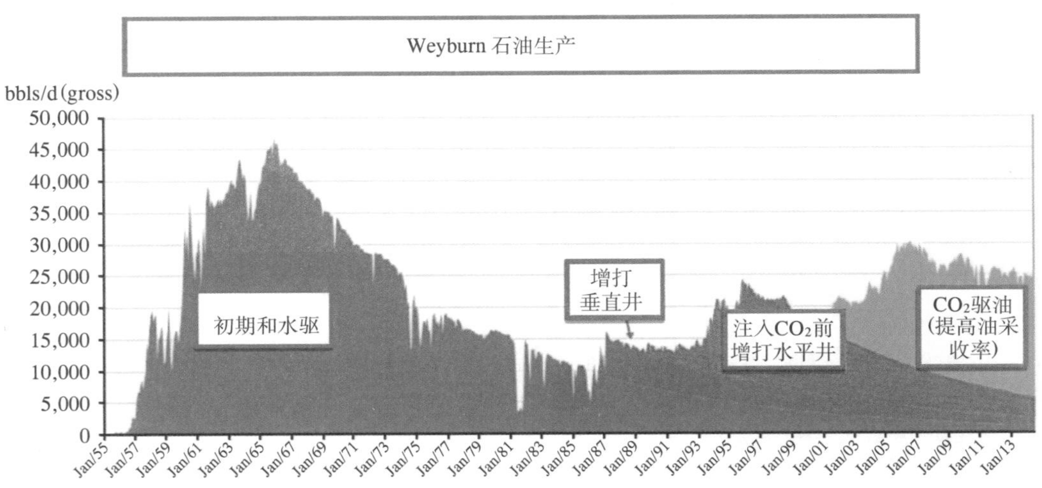

图 6-23　Weyburn 油田石油产量曲线（图片来自 PTRC）

5. 二氧化碳注入安全性研究

要满足具体标准以确定封存地点的可行性，必须具备四个因素：深度、位置、封闭性和容量。CCS 地质封存地点以零泄漏为根本依据进行选址、特性鉴定和设计，以便所有注入的二氧化碳永久封存。

经过 10 年的研究，在 IEA-GHG Weyburn—Midale 二氧化碳监测和封存项目资助下，科学家通过对油井产液进行取样来监测由于二氧化碳注入而导致的盖层液体成分的变化，这些变化并未对盖层或周围岩层造成任何负面影响。驱油操作在该油田仍然活跃，二氧化碳继续安全封存。科学家和工程师使用收集的数据也模拟和验证了在世界其他地区地质构造的安全封存。

6.2.1.2 Weyburn 项目的监测技术研究

Weyburn 项目同时也是世界上最大的二氧化碳地质封存监测项目，这个世界级研究项目经费来自世界多国政府、学术机构、石油公司等（Hitchon，2013）。监测技术包括了最先进的四维地震监测技术。四维地震监测是油气田开发中监测储层流体变化最有效的技术（Ma et al.，2016）。由于二氧化碳在储层中的弹性特性类似于天然气，因此采用四维地震监测更容易监测二氧化碳在地下的分布范围。一方面可以证实二氧化碳分布范围；另一方面可以确定剩余油分布范围和二氧化碳驱油效果。Weyburn 项目二氧化碳封存的地震监测开始于 1999 年，即注入二氧化碳之前。从 1999 年开始到 2010 年，共监测七次三维三分量地震数据（2001 年 12 月、2002 年 12 月、2004 年 12 月、2005 年 5 月、2005 年 11 月、2007 年 7 月、2008 年 12 月），三次三维九分量地震和三次井中三维三分量 VSP 监测。截至目前这些监测采用的仍然是最先进的地球物理监测技术。这些技术严密地监测二氧化碳在地底下的活动以及地质物理与化学性质，还有全面性的风险分析与管理，共开展了 30 多项由世界各地重点研究机构主持的研究项目。

研究结果表明，注入的二氧化碳会留在 Weyburn 油层至少几千年。该研究项目提供了严密的科学证据，证明长期二氧化碳地质封存是安全的。研究内容包括地质完整性、井筒完整性、地球物理监测和化学监测、风险管理等。图 6−24 展示了不同二氧化碳注入量时，四维地震监测的结果，从中可以看出二氧化碳在地下的波及范围、未波及区域和二氧化碳地质封存的区域。

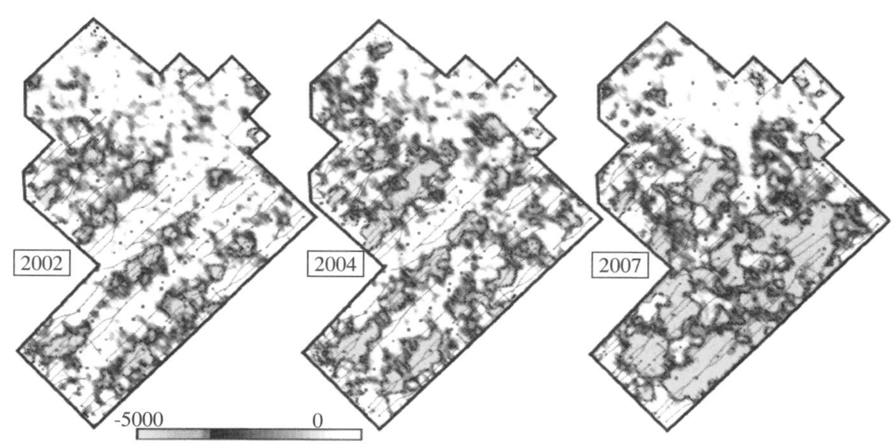

图 6−24　注入 280×10^4 t（2002 年）、370×10^4 t（2004 年）和 740×10^4 t（2007 年）二氧化碳后，Weyburn 油田四维地震振幅属性差异分析（黄色区域为二氧化碳分布范围）（White，2009）

6.2.2 国内案例

中国石油长庆油田黄 3 区块二氧化碳驱油与地质封存项目，位于陕西省定边县冯地坑乡稍沟塬村附近（图 6−25）。二氧化碳捕集主要来自宁夏宁东煤化工企业的高浓度二氧化碳尾气，通过罐车运输到距离约 170 km 外的黄 3 区块。

一期为先导试注工程于 2017 年 7 月建成投运，采用“3 注 19 采”，注入能力 100 t/d，设计压力 25 MPa。2018 年形成“9 注 37 采”的先导性试验整体注入方式，设计注入能

图 6−25　中国石油长庆油田黄 3 区 CCUS 国家示范工程鸟瞰图（《中国能源报》苗娟/摄）

力 260 t/d，管辖注入井九口。2021 年建成拥有 10×10^4 t/a 注入能力和 5×10^4 t 原油处理能力的综合试验站和国家级 CCUS 示范工程。

黄 3 区长 8 油藏岩性以灰色、浅灰色细砂岩，粉砂岩，深灰色泥岩，泥质粉砂岩为主，自上而下分为长 8_1^1、长 8_1^2、长 8_2^1 和长 8_2^2 共四个小层，主力油层为长 8_1^1。油藏埋深为 2600 m，平均砂体厚度为 17.5 m，平均油层厚度为 13 m，孔隙度为 8.3%，渗透率为 0.27 mD，属于超低渗透油藏。

黄 3 区油藏于 2009 年开始开发，2010—2012 年进入规模开发阶段，主要采用同步、超前注水开发的方式，开发初期单井产能为 2.6 t/d。到 2017 年 6 月，单井产能降低至 1.52 t/d（李坤全等，2021）。二氧化碳注入后，试验区平均地层压力由 15.1 MPa 上升到 18.1 MPa，对应一、二线井总数 45 口，见效井 35 口，实现了控水增油。

截至 2023 年 3 月，黄 3 区 CCUS 试验区累计注入液态二氧化碳超过 20×10^4 t，增油 2.6×10^4 t，降水 1.8×10^4 m^3，不仅实现控水增油，埋存的二氧化碳更相当于超过 5.3 km^2 阔叶林年吸碳量，助力油田走出了一条效益开发和保护环境的双赢之路。

本章思考题

（1）结合国际上成功开展的 CCUS/CCS 项目案例，分析成功案例的特点，并浅谈中国高碳排放企业布局 CCUS/CCS 项目的思路及运行模式。

（2）对比 CO_2-EOR 项目与二氧化碳咸水层地质封存项目，分析二者的优缺点。

本章参考文献

[1] 李坤全，黎平，魏敏章，等. 长庆油田黄 3 区长 8 特低渗油藏二氧化碳驱油与埋存先导试验 [J]. 工程地质学报，2021，29 (5): 1488-1496.

[2] 秦积舜，韩海水，刘晓蕾. 美国 CO_2 驱油技术应用及启示 [J]. 石油勘探与开发，2015，42 (2): 209-216.

[3] Chadwick A, Williams G, Delepine N, et al. Quantitative Analysis of Time-lapse Seismic Monitoring Data at the Sleipner CO_2 Storage Operation [J]. Leading Edge, 2010, 29 (2): 170-7.

[4] GCCSI. Global Status of CCS 2023-Scaling up through 2030. 2023.

[5] Gill TE. Ten Years of Handling CO_2 for SACROC Unit [J]. In: Proceedings of SPE Annual Technical Conference and Exhibition; 1982 Sep 26-29; New Orleans, LA, USA. OnePetro; 1982. p. SPE-11162-MS.

[6] Harvey S, Hopkins J, Kuehl H, et al. Quest CCS Facility: Time-lapse Seismic Campaigns [J]. International Journal of Greenhouse Gas Control, 2022, 117, 103665.

[7] Hitchon B. Best Practices for Validating CO_2 Geological Storage: Observations and Guidance from the IEAGHG Weyburn-Midale CO_2 Monitoring Project. Sherwood Park: Geoscience Publishing.

[8] Hovorka S D, Smyth R C, Romanak K D, et al. SACROC Research Report. Austin:Bureau of Economic Geology, 2021.

[9] IEAGHG. The Shell Quest Carbon Capture and Storage Project. Technical Report. https://www.ieaghg.org/publications/technical-reports/reports-list/9-technical-reports/949-2019-04-the-shell-quest-carbon-capture-and-storage-project

[10] Ma J, Li L, Wang H, et al. Carbon Capture and Storage: History and the Road Ahead [J]. Engineering, 2022, 8 (7): 33-43.

[11] Ma J, Li L, Wang H, et al. Geophysical Monitoring Technology for CO_2 Sequestration [J]. Applied Geophysics, 2016, 13 (2): 288-306.

[12] Marchetti C. On Geoengineering and the CO_2 Problem [J]. Climatic Change, 1977, 1 (1): 59-68.

［13］Rock L, O'Brien S, Tessarolo S, et al. The Quest CCS Project: 1st Year Review Post Start of Injection［J］. Energy Procedia, 2017, 114: 5320-5328.

［14］Wilson M, Monea M. IEA GHG Weyburn CO_2 Monitoring & Storage Operation Summary Report 2000—2004［C］. Proceedings of 7th International Conference on Greenhouse Gas Control Technologies; 2004 Sep 5-9; Vancouver, BC, Canada. Regina: PTRC Internet Homepage; 2004.

［15］White D. Monitoring CO_2 Storage During EOR at the Weyburn—Midale Field［J］. The Leading Edge, 2009, 28：838-842.

［16］Zhao X, Ma R, Zhang F, et al. The Latest Monitoring Progress for Shenhua CO_2 Storage Project in China［J］. International Journal of Greenhouse Gas Control, 2017, 60: 199-206.